精确制导技术系列丛书

高速机动目标拦截有限时间收敛制导理论与方法

李炯　张旭　张涛　著

西北工业大学出版社

西　安

【内容简介】 本书主要介绍有限时间收敛控制理论基础、基于 L_2 -增益的视线角速率收敛鲁棒制导律、视线角速率有限时间收敛制导律、侧窗探测约束有限时间收敛制导律、攻击角度约束有限时间收敛制导律、攻击时间/角度约束的多弹协同制导律、考虑导弹自动驾驶仪延迟的有限时间收敛制导律、制导控制一体化有限时间收敛控制算法等内容。全书内容广泛，系统汇集了作者多年在该领域的最新研究成果。

本书可供从事高速机动目标拦截制导理论和应用研究的科技人员阅读参考，也可作为高等学校导航、制导与控制专业或其他相关专业的教师、研究生和高年级本科生的专题阅读教材。

图书在版编目(CIP)数据

高速机动目标拦截有限时间收敛制导理论与方法/李炯，张旭，张涛著. —西安：西北工业大学出版社，2021.1

ISBN 978-7-5612-6820-9

Ⅰ.①高… Ⅱ.①李… ②张… ③张… Ⅲ.①导弹制导-研究 Ⅳ.①TJ765.3

中国版本图书馆 CIP 数据核字(2020)第 009473 号

GAOSU JIDONG MUBIAO LANJIE YOUXIAN SHIJIAN SHOULIAN ZHIDAO LILUN YU FANGFA

高速机动目标拦截有限时间收敛制导理论与方法

责任编辑： 张　潼　　**策划编辑：** 华一瑾

责任校对： 王梦妮　　**装帧设计：** 李　飞

出版发行： 西北工业大学出版社

通信地址： 西安市友谊西路 127 号　　邮编：710072

电　　话： (029)88491757，88493844

网　　址： www.nwpup.com

印 刷 者： 陕西向阳印务有限公司

开　　本： 787 mm×1 092 mm　1/16

印　　张： 11.875

字　　数： 312 千字

版　　次： 2021 年 1 月第 1 版　　2021 年 1 月第 1 次印刷

定　　价： 48.00 元

前　言

新型高速机动目标的涌现给传统导弹武器系统带来了新的威胁和挑战，针对该问题，开展有限时间收敛制导方法研究，使导弹对目标的拦截在有限时间内达到准平行接近状态，可有效提高制导精度，并满足新拦截情形下精确制导的需求。

本书主要基于有限时间收敛控制理论，研究各种有限时间收敛制导律及制导控制一体化有限时间收敛算法，共九章。第一章主要介绍经典制导律、现代制导律以及有限时间收敛制导律的研究现状，提出有限时间收敛制导方法研究中需要解决的问题；第二章对有限时间收敛控制理论进行介绍，重点论述有限时间收敛Lyapunov稳定性理论、终端滑模有限时间收敛控制理论和高阶滑模有限时间收敛控制理论；第三章针对新型高速机动目标的拦截问题，介绍基于改进视线坐标系（MLC）的制导律设计问题，并对制导律的捕获方法进行阐述；第四章对视线角速率的收敛特性进行分析，介绍视线角速率有限时间收敛制导律；第五章主要介绍侧窗探测约束的轨控有限时间收敛制导律；第六章主要介绍攻击角度约束有限时间收敛制导律；第七章主要介绍攻击时间/角度约束的多弹协同制导律；第八章对导弹自动驾驶仪延迟影响下的有限时间收敛制导律进行介绍，论述考虑自动驾驶仪延迟的视线角速率有限时间收敛制导律和零控脱靶量有限时间收敛制导律设计问题；第九章主要介绍导弹制导控制一体化有限时间收敛控制算法。

笔者及其研究团队多年来一直从事高速机动目标拦截制导控制理论和方法的研究工作，在国家自然科学基金项目“反高超声速目标多拦截器中末制导协同交接过程研究（6157020240）”、“高超声速目标拦截中制导最优轨迹在线生成方法研究（61773398）”和“多拦截器协同覆盖临近空间高超声速目标中制导弹道生成（61873278）”以及航空科学基金“基于多模自适应制导估计一体化的反临近空间高速目标制导方法研究（20130196004）”的资助下对高超声速目标拦截制导问题及有限时间收敛制导方法做了深入的研究和探索，取得了一些成果。

本书内容是笔者及其研究团队长期科研成果的结晶。其中，第一章、第二章、第六章、第七章由李炯执笔，第三章、第四章、第八章、第九章由张旭执笔，第五章由张涛执笔，全书由张涛统稿。

衷心感谢笔者所在单位对课题研究和本书撰写给予的大力支持。空军工程大学雷虎民教授对笔者的研究工作和本书的撰写提供了许多有益建议和热心支持，刘滔、周觐、王华吉等博士研究生和王斌、张朋飞、李世杰等硕士研究生参与了课题的研究，为本书提供了大量素材，在此一并表示谢意。

另外，需要说明的是，本书的撰写过程中参阅并引用了国内外大量文献资料，这些成果包含了专家学者们的智慧和汗水，对他们的创造性劳动表示敬意！最后，感谢国家自然科学基金委员会和航空科学基金委员会在国家自然科学基金项目和航空制导武器航空科技重点实验室航空科学基金(实验室类)项目研究中给予的资助，感谢西北工业大学出版社对本书出版的大力支持。

由于笔者理论水平有限，书中难免有不尽如人意之处，恳切希望读者提出宝贵意见。

著　者

2019 年 9 月

目　　录

第一章 绪 论

近年来，弹道导弹和临近空间高超声速飞行器等高速机动目标威胁的不断涌现，尤其是美国退出《中程导弹条约》(以下简称《中导条约》)以后，各国空间竞争变得日趋激烈，也给传统的导弹拦截系统带来了严峻的挑战。2019 年 8 月 18 日，美国在撕毁《中导条约》的第 15 天，便在加利福尼亚试射了一枚常规陆基中程巡航导弹。作为回应，8 月 24 日，俄罗斯分别从俄西北部白海和北冰洋水域发射了“布拉瓦”和“深蓝”两枚潜射洲际弹道导弹，导弹成功击中位于勘察加和阿尔汉格斯克州的目标，新一轮的装备竞赛愈演愈烈。2018 年 1 月 18 日，印度成功试验了“烈火－5”远程弹道导弹，可打击其周边 5 000 km 的地区，进一步增强了印度弹道导弹自主研发能力和威慑力量。此外，我国周边的其他国家也跃跃欲试：2017 年 11 月 29 日，朝鲜成功试射了新开发的“火星－15”型洲际弹道导弹，这是朝鲜扩展其核打击能力的又一举措；2017 年 4 月 7 日，韩国成功试射了一枚弹道导弹，导弹有效射程超过了 800 km，可对我国部分领土构成威胁；越南也购买了“飞毛腿 B”型弹道导弹，用以提升军力。

除弹道导弹的威胁之外，临近空间高超声速飞行器的威胁也日益突出。高超声速飞行器是指大部分时段处于 *Ma* 5 以上高超声速状态的飞行器，从动力系统上可分为吸气式高超声速飞行器和助推滑翔式高超声速飞行器两大类。由于其高超声速能力，该类武器具备打击速度快、攻击范围广、突防能力强以及毁伤效果高的特点。在“第三次抵消战略”背景下，美军将高超声速打击武器视为维持美国军事战略优势、应对 2020 年后挑战的重要领域。

当前，高超声速飞行器已呈现出“加速武器化转变”的特点，世界上有能力参与高超声速武器研制的国家已形成“雁阵排序”。2018 年以来，以美、俄为首的世界超级大国全力推进高超声速武器化发展，美、俄同步启动了多型高超声速助推滑翔导弹的型号研制，加速形成导弹装备，表现出新的军备竞赛的态势。

美国加强高超声速技术顶层规划与牵引，着力发展高超声速攻防两端能力。在美国国防部的统筹部署下，美陆海空三军于 2018 年达成合作协议，以“先进高超声速武器”(AHW)项目验证的圆锥体构型高超声速滑翔飞行器方案为基础，依托“远程高超声速武器”(LRHW)项目、“常规快速打击”(CPS)项目和“高超声速常规打击武器”(HCSW)项目，分别开展陆射型、潜射型和空射型高超声速助推滑翔导弹的型号研制，并计划在 2022 年前形成早期作战能力。美军还以原“高超声速技术验证飞行器－2”(HTV－2)项目研发的楔形构型高超声速滑翔飞行器方案为基础，依托“战术助推滑翔”(TBG)、“空射快速响应武器”(ARRW)和“作战火力”(OpFires)等项目，分别开展空射/舰射型助推滑翔导弹演示验证、空射型助推滑翔导弹型号研制以及陆射型助推滑翔导弹演示验证，并计划在 2022 财年前完成飞行试验和形成早期作战能力。2019 年 6 月 22 日，美军 B－52H 轰炸机从加利福尼亚州爱德华兹空军基地起飞，对代号“AGM－183A”的空射快速反应武器(ARRW)进行了第一次飞行试验，并计划于 2022 年之前投入实战。此外，美国国防高级研究计划局(DARPA)仍依托“高超声速吸气式武器概念”(HAWC)项目，继续推动空射型和舰射型高超声速巡航导弹技术验证。

俄罗斯近期也展示了两种高超声速武器，体现了其先进的高超声速技术研发能力。一种名为“先锋”(Avangard)高超声速助推滑翔导弹系统，与美国的 HTV-2 项目类似，是一种战略打击高超声速武器，其最大速度可达 *Ma* 20，可在飞行期间进行机动，避开敌方反导系统，对目标实施有效打击；另一种即为已经进入战斗值班的“匕首”(Kinzhal)高超声速空射型导弹，以米格-31 战机作为发射平台，射程可达 2 000 km，具备核常兼备打击能力，速度可达 *Ma* 10，能够在飞行弹道全程进行机动，其作战应用场景与美国 HAWC 和 TBG 项目类似。2019 年 2 月，俄罗斯总统普京在向联邦议会发表年度国情咨文时表示，速度最高可达 *Ma* 9 的“锆石”(Tsirkon)先进高超声速导弹研制工作进展得非常顺利，将按时完成相关研制工作。该导弹能够达到 *Ma* 9 的飞行速度，射程可达 1 000 km 以上，能够打击海上和陆上目标，用于配装已批量生产的水面舰艇和潜艇。

此外，其他国家也在高超声速武器系统上采取了一系列动作。2019 年，法国宣布将在 2021 年进行高超声速滑翔飞行器验证机的飞行试验，用于评价鉴定滑翔飞行器概念的潜在优势和局限。在英国航天局和欧洲航天局的联合主导下，英国 Reaction Engines 公司研发的吸气式火箭发动机“佩刀”验证机已经通过初步设计评审，并于 2020 年完成制造和实验。2019 年 6 月 12 日，印度“高超声速技术验证飞行器”(HSTDV)项目超燃冲压发动机进行了首次高超声速飞行试验，飞行器成功发射升空。

一般而言，目标飞行器的高速度和大机动特性不可兼得，上述各种新型高速目标的机动能力均不大，因此该类目标统称为高速机动目标。在传统的低速目标拦截过程中，导弹在飞行速度和机动能力上优势突出，传统的制导律可以取得较好的作战效能。然而，空间各种高速机动目标的涌现，对导弹的快速性、耦合特性、敏捷性、鲁棒性等提出了更高的要求。在高速拦截的情况下，由于导弹的速度大小可能与目标相当，甚至小于目标的速度，且末制导拦截时间极短，往往在 10 s 左右，所以导弹相对目标的速度特性等优势逐渐丧失，传统的制导律已经难以适应新拦截情况的需求[1-4]。作为新型导弹拦截武器系统的关键技术之一，针对高速机动目标拦截的新型制导方法的研究已成为防空反导武器系统研发领域中亟待解决的重要问题。

因此，在新的高速机动目标的拦截情形下，为使导弹能够对目标进行直接碰撞杀伤[8-12]，需研究使导弹-目标的视线角速率或零控脱靶量具有有限时间收敛特性的制导律，该特性能够保证视线角速率或零控脱靶量在有限时间内收敛到零或者以零为中心的邻域内，从而使导弹对目标的拦截达到准平行接近状态，有效提高其制导精度。目前，有限时间收敛控制理论得到了广泛的研究，主要集中于齐次系统方法、有限时间 Lyapunov 函数法和终端滑模控制方法等[5-10]，但是，将其应用到导弹制导领域才刚刚起步，方兴未艾。

针对以上军事需求，本书以高速机动目标的拦截为背景，对拦截导弹的有限时间收敛制导方法展开研究。为提高制导律的鲁棒性和导引精度，提出基于鲁棒控制理论的视线角速率收敛制导律，并对其捕获能力进行研究；为进一步提高视线角速率的收敛性能，运用动态终端滑模及智能控制理论，提出视线角速率有限时间收敛制导律；为满足末段高空拦截的需求，提出侧窗探测约束的轨控有限时间收敛制导律；为实现多样化拦截任务，提出攻击角度约束的有限时间收敛制导律；为增加打击成功的概率，提出攻击时间/角度约束的多弹协同制导律；为进一步提高制导律的实际应用能力，考虑导弹自动驾驶仪动态延迟，提出分别使视线角速率和零控脱靶量达到有限时间收敛的制导律；为充分体现导弹控制回路对制导回路的影响，将控制系统模型引入制导系统设计当中，提出制导控制一体化有限时间收敛控制算法。通过上述研究，一方面，对有限时间收敛制导方法研究的思路和技术途径进行一定的拓展和完善；另一方面，为我国新一代防空导弹武器系统新技术的研究和开发提供新的设计理念和技术支撑。因此，面对新威胁和新挑战，基于有限时间收敛控制理论，对导弹有限时间收敛制导方法进行研究，具有重要的理论意义和军事应用价值。

1.1 制 导 律

当导弹朝一个运动或静止的目标飞去时，导弹会根据与目标之间的运动几何关系或导弹、目标与制导站之间的相对几何关系所形成的某种规律，实时地修正飞行弹道，并最终命中目标，这种规律即为制导律，它决定了自动驾驶仪输入的控制指令。当导弹和目标在相同的初始条件下时，选择使用不同的制导律，会使导弹飞行的弹道各异。一般而言，导弹的飞行弹道应当尽量平直，飞行时间应尽量短。导弹制导律包括两种类型：古典制导律和基于现代控制理论的制导律。

1.1.1 古典制导律研究现状

古典制导律主要是指制导律研究早期所形成的几种典型制导方法，主要包括平行接近法、三点法、前/半前置量法、追踪法、比例导引法等。近几十年来，虽然现代制导律的研究取得了很大进步，但是古典制导律及其改进形式仍然在工程中有着广泛的应用。根据 Goodstein[11] 的分类方法，可将其分为三类：视线导引法、追踪法和比例导引法。

(1)视线导引法

通常将三点法、前置量法、半前置量法和平行接近法等称为视线导引法[11-14]。三点法是引导导弹始终飞行在目标和控制点(如制导站)的连线上的一种导引方法。这种方法会导致弹道出现较大的弯曲并引起较大的过载。为克服该缺点，人们提出了前置量法和半前置量法，即导弹-控制点的连线提前于目标-控制点连线一个特定的前置角度，这种方法本质上是对三点法制导方程中加入了一个补偿项。平行接近法是保持导弹-目标的视线始终与导弹初始发射点和初始目标点连线相平行的一种导引方法。通常将导弹与其期望轨迹之间的距离定义为距离误差，地面制导站通过测量该误差并形成制导指令，引导导弹将距离误差尽快减小至零，以便使其保持平行接近状态。平行接近法是弹道最为平直的制导方法，但是它对导弹的执行机构要求过于苛刻，往往很难用于工程实践。

关为群[15]通过预测导弹位置偏差，运用激光制导，对传统三点法的制导方法进行补偿，大大提高了导弹的制导精度。Duan Xinyao[16]研究了虚拟三点法的导引方法，通过仿真验证了其具有很高的制导性能。Nobahari[17]研究了带有前置角的平行接近法，并提出了一种变结构控制器，用于监控并消除导弹的位置偏差，仿真结果表明，改进的平行接近法较传统的平行接近法弹道更为平直，且具有更小的脱靶量。赵文成[18]通过滤波方法预测目标弹道的位置，设计了准平行接近法，仿真结果表明其性能优于传统的平行接近法。因此，通过对经典视线导引法进行改进，大大提高了其实际应用能力。

(2)追踪法

追踪法是使导弹的速度向量一直瞄准目标的制导方法，它对弹上设备要求相对简单，其不足之处在于导弹与目标的相对速度矢量往往在视线之后，从而导致弹道弯曲，因此只有在攻击低速目标时才能有较好的性能，当攻击高速目标时，弹道非常弯曲且在攻击点附近的过载非常大。Yang Chunlei[19]研究了一种导弹姿态前置追踪制导律，用于攻击地面目标，取得了较好的仿真结果。

(3)比例导引法

比例导引法[20-27]是令导弹的弹道角(弹道倾角和弹道偏角)速率和导弹-目标视线的旋转速率成比例的制导策略。它是基于当导弹和目标之间的距离不断减小，且其视线不发生变化的情况下，两者最终一定会相撞的事实而提出来的；当视线发生旋转时，导弹需要进行适当的机动以修正其相对于理想弹道的偏差。比例导引法，包括它的改进形式，是当前世界上导弹武器系统中最受欢迎的制导方法。基本的比例导引法包括纯比例导引方法(PPN)和真比例导引方法(TPN)两种；改进形式的比例导引法有增广比例导引法(APN)、理想比例导引法(IPN)等。PPN 的加速度指令是基于导弹的速度矢量的，而 TPN 的加速度指令是基于弹目视线的。相对而言，TPN 在工程实现上比 PPN 更为复杂一些。APN 是在比例导引的基础上，增加了一个加速度补偿项，往往需要使用滤波或观测方法对加速度进行有效估计。

文献[21]采用类 Lyapunov 方法研究了三维纯比例制导律攻击随机机动目标的捕获区，取得了较好的仿真结果，且其研究成果可移植到其他比例制导律当中去；文献[23]研究了一种带角度约束的偏置反比例制导律，可用于攻击高速目标，虽然较传统偏置比例制导律其具有更长的拦截时间，但是其捕获区大大增加；文献[25]研究了特殊作战情形下比例制导律的剩余飞行时间的估计方法，与传统方法相比，该方法具有更高的估计精度。

1.1.2 基于现代控制理论的制导律研究现状

虽然古典制导律仍然有着广泛的应用，但是对于高速、大机动等新型目标，古典制导律的缺点日益突显，难以满足拦截新型威胁目标的需求。自 20 世纪 50 年代后期以来，最优控制、微分对策控制、鲁棒控制、滑模变结构控制、模糊控制、神经网络等现代控制理论陆续出现，基于现代控制和估计理论的现代制导律也应运而生，开辟了制导律研究的新领域。

(1)最优制导律

最优制导律[28-37]是基于最优控制理论发展起来的一种制导律，它需要在制导回路微分方程的基础上，制定最优性能准则，考虑多种约束条件，如初始误差、目标机动、导弹动态特性、能量消耗等，从而推导出最优制导律的具体表示形式。文献[28－29]最先设计了两种最优制导律，开创了最优制导律研究的先河；文献[30]推导了一种基于非线性运动学模型的最优制导律，并将其与线性最优制导律进行了详细的对比分析；文献[31]在仅能获得目标视线角速率信息的情况下，提出了一种新型最优交会制导律，具有很好的实际应用特性；文献[32－33]考虑导弹导引头的最大过载限制和制导增益的最大值，研究了新型最优制导律，并运用蒙特卡罗方法对其有效性进行了验证；文献[34]针对大气层外的机动目标，设计了基于零控前置角误差的最优制导律，较古典比例制导律具有更好的制导性能；文献[35]设计了攻击机动目标的改进形式的最优制导律，并通过卡尔曼滤波对制导信息进行估计，可确保拦截末端加速度趋向于零；

文献[36]设计了考虑和不考虑导弹自动驾驶仪动态延迟的两种加权最优制导律，形成了该类制导律中带角度约束的一般形式；文献[37]针对对地攻击导弹的多约束条件下的角度约束问题，设计了改进的多约束制导律，并研究了制导律参数 n 的计算方法。由于一般最优制导需要求解 Hamilton-Jacobi-Bellman 方程，而在很多情况下，求解该方程较为困难，所以 J. R. Cloutier[38]提出了一种状态相关 Riccati 方程(State Dependent Riccati Equation, SDRE)次最优控制方法，文献[39]基于 SDRE 方法，提出了三维次最优制导律，较理想比例制导律具有更高的制导精度，该制导律虽然具有一定的视线角速率收敛能力，但是未对其收敛特性进行理论分析与证明。

(2)微分对策制导律

现代微分对策理论是古典微分对策理论与最优控制相结合的产物，它研究对抗双方都能够决策情况下的博弈问题[40-41]，将其应用于导弹-目标的追逃问题，便形成了微分对策制导律，国内学者对其进行了广泛的研究。文献[42]设计了迎击情况下的三维微分对策制导律，所生成的最优策略满足相应的条件限制，且提出了吸引和分散曲线；文献[43]针对大机动目标的拦截问题，根据最优和非最优两种信息模式所形成的两种制导律，提出了基于混合拦截对策理论的自适应估计制导律；文献[41]针对气动力/直接力(Reaction-jet Control System, RCS)复合控制的力矩型 RCS 导弹，结合实际作战中 RCS 燃料受限等问题，提出了微分对策制导律，具有一定的实际应用价值；文献[44]针对导弹攻击目标过程中出现的数据链信息不连续现象，基于马尔科夫跳变系统模型，设计了新型微分对策制导律，具有很强的噪声抑制能力；文献[45]基于微分对策理论，提出了攻击机动目标的角度约束制导律，并运用导弹实际模型对所设计算法的有效性进行了检验，但是该制导律的设计仅限于二维平面，未拓展到三维空间中去。

(3)鲁棒制导律

鲁棒制导律是基于鲁棒控制理论的产生[46-47]而发展起来的。鲁棒控制理论主要包括 H_2/H_∞ 控制理论、μ 控制理论和 L_2 增益控制理论等，因此衍生出各种各样的鲁棒制导律[48-54]。文献[48]针对弹道导弹的拦截中存在的高阶非线性动态特性和结构不确定性，设计了 H_∞ 制导律，并通过仿真对其鲁棒性进行了深入的分析；文献[49]基于保性能控制设计了攻击机动目标鲁棒制导律，并通过仿真对所设计制导律的有效性进行了验证；文献[50]针对机动目标拦截问题，考虑自动驾驶仪的动态特性及其不确定性，利用输入-状态稳定性理论和广义小增益定理设计了一种新型三维鲁棒非线性制导律，具有很强的鲁棒性；李新国[51-52]针对大机动目标的拦截问题，通过求解 Jacobi-Bellman 方程，提出了空间非线性鲁棒制导律，为检验其鲁棒性能，运用 Monte-Carlo 方法进行了深入的分析。文献[53]基于 H_2/H_∞ 控制理论和微分对策控制理论，通过求解纳什平衡点，推导了新型鲁棒制导律，仿真结果证明其鲁棒性强于 L_2 增益制导律；文献[54]结合多模型导引头复合制导过程中信息传输的特点，提出了鲁棒非线性制导律，仿真结果验证了其有效性，但是该制导律不具备系统状态的有限时间收敛能力。

(4)模糊制导律

模糊控制理论是智能控制理论的一种，它不需要被控对象的精确数学模型，仅依靠专家经验，便可实现对非线性被控对象的精确控制，因此成为控制理论研究的热点之一[55-57]；相应地，基于模糊控制理论的模糊制导律也成为制导律研究的热点。文献[58]针对雷达寻的拦截弹攻击大机动目标的问题，提出了模糊制导律，仿真表明其性能优于 APN；文献[59]为拦截高速目标，分别设计了模糊中制导律和模糊末制导律，分析表明：与传统制导律相比，所设计的模糊制导律制导精度更高、捕获能力更强；文献[60]设计了一种反导导弹中制导律，针对预测命中点不停变化的现象，设计了基于 T－S 模糊控制和滑模控制的模糊制导律，分析表明所设计的制导律即使在存在不确定性和干扰的情况下，也能够将导弹引导到指定区域；文献[61]基于三种模糊控制器，提出了一体化模糊制导律，其中每种模糊控制器在一定攻击区域内会被激活，仿真显示所设计的制导律较比例制导律和一般模糊制导律具有更高的制导性能；文献[62]设计了串联模糊复合制导律，并采用扩张状态观测器对目标过载进行估计；文献[63]设计了两种新型伸缩因子，构造了变论域模糊制导律，起到了增加模糊控制规则的作用，大大提高了控制和制导精度；文献[64]将模糊逻辑引入到预测制导设计当中，大大减小了指令在线求解时间，并具有良好的制导性能；文献[65]针对高速目标拦截时导弹初始过载过大的问题，设计模糊控制器对制导律参数进行实时调节，减小了初始过载，仿真结果表明：与比例导引相比，所设计的模糊制导律具有更好的制导性能；上述模糊制导律取得了很好的制导精度，但是如果将有限时间收敛制导律的专家经验应用于模糊规则的设计中，将会大大提高制导系统状态的有限时间收敛能力。

(5)滑模变结构制导律

滑模变结构制导律是基于滑模变结构控制理论的发展而产生的一种鲁棒制导律。由于滑模变结构控制理论[66-68]对外部扰动及模型不确定性具备很强的鲁棒性，且结构简单，可实现性强，所以在国内外制导律研究领域中得到了广泛且深入的研究。文献[69]针对导弹攻击空中目标，设计了滑模制导律，开启了滑模制导律研究的里程碑；文献[70]将二阶滑模控制应用到机动目标拦截中，设计了平滑二阶滑模制导律，且比 APN 具有更加优异的制导特性；文献[71]根据拦截弹末段飞行的特点，将基于自适应扩展 Kalman 滤波算法的随机性模型应用到末制导律设计中去，所设计的算法具有很强的鲁棒性和视线角速率收敛特性，以及很高的估计精度，可大大提高导弹的制导精度；文献[72]针对多约束拦截问题设计了滑模变结构制导律，用饱和函数法消除了抖振，并通过序列二次规划(Sequential Quadratic Programming, SQP)算法对制导律的参数实施在线实时优化，该制导律不仅能够满足特定约束，而且可以减少在拦截目标过程中的能量损耗；文献[73]研究了采用部分滑模变结构技术的三维制导律，通过运用部分变结构控制技术，可使部分系统变量的相轨迹到达部分滑模面，该制导律具有在有限时间内攻击高机动目标的能力；文献[74]针对高超声速飞行器俯冲段多约束制导问题，设计了智能滑模制导律，并以相对距离为依据研究了智能方法，以实现制导系数的智能化改变，最终削弱了控制量的振荡；文献[75]针对导弹攻击目标中的机动突防问题，设计了考虑自动驾驶仪动态特性的运动跟踪滑模制导律，大大提高了导弹的突防概率；文献[76]针对空中目标拦截问题，设计了三维滑模制导律，通过仿真验证了其有效性；文献[77]设计了攻击非机动目标的基于时变滑模控制的角度约束制导律，通过对切换增益进行实时在线调整，有效地消除了有界不确定性对制导系统的影响；文献[78]综合了最优控制和变结构控制，提出了一种随机滑模制导律，充分考虑了模型噪声、各种参数不确定性、目标机动和量测噪声的影响，通过大量仿真试验，对所提出制导律的优越性能进行了验证，但是该制导律未考虑导弹的自动驾驶仪延迟，也未将制导律拓展到三维空间。

1.1.3　考虑自动驾驶仪动态特性的制导律研究现状

经典的导弹制导控制系统设计思路是将制导律和控制律分开设计，但是这种思路没有充分考虑制导系统和控制系统间的相互影响，如耦合作用等，尤其在新型高速或大机动目标的拦截情形中，传统的设计方法往往难以满足高精度制导的需求，因此，人们开始研究考虑导弹自动驾驶仪动态特性的制导律[79-81]。一般而言，它可以分为两种类型：

1)部分考虑导弹的自动驾驶仪模型，将导弹的自动驾驶仪简化为一阶、二阶或三阶动态环节，将其与制导模型放在一起进行制导律综合设计，输出为导弹的过载指令。文献[82]提出了一种目标动态延迟大小未知情况下的微分对策制导律，具有一定的实际应用价值；文献[83]将导弹自动驾驶仪延迟环节考虑到线性二次型微分对策模型中，设计了考虑自动驾驶仪延迟的最优制导策略，大大提高了该算法的最优性能；文献[84]针对地面静止或低速移动目标的攻击问题，设计了考虑自动驾驶仪一阶延迟和落角约束的滑模制导律，大量仿真实验证明了所提出的制导律具有优异性能；文献[85]首先设计了不考虑自动驾驶仪情况下的基于落角约束的变结构制导律，然后将自动驾驶仪考虑为二阶环节，研究并提出了采用动态面控制的角度约束制导律，所提出的制导律可充分补偿自动驾驶仪二阶延迟；文献[86]考虑自动驾驶仪的一阶动态特性，采用模型预测静态程序技术来计算多约束情况下的最优控制问题，提出了空面导弹三维落角约束制导律；文献[87]将导弹自动驾驶仪视为二阶动态环节，基于李亚普诺夫控制理论，提出了一种滑模制导律，该滑模制导律制导精度高且易于实现；文献[88]将自动驾驶仪简化为惯性环节，提出了三维非线性制导律，有效地消除了自动驾驶仪延迟对导弹制导所引起的不良作用；刁兆师[89-90]设计了考虑自动驾驶仪一阶延迟的目标蛇形机动最优制导律和终端角约束反演制导律，该制导律具有一定的实际应用价值；文献[91]考虑自动驾驶仪为惯性环节，提出了基于落角约束的最优制导律，可使导弹的纯量过载在拦截末端为零。但是上述制导律未充分考虑系统的不确定性，若用观测器方法对该不确定性进行估计，将会大大提高制导律的精度。

2)完全考虑导弹的自动驾驶仪模型，将制导模型和控制模型综合起来进行分析和设计，即制导控制一体化设计，其输出为导弹的攻角及舵偏角指令。文献[92]运用微分对策理论将导弹的估计、制导和控制系统进行综合研究，首次提出了制导控制一体化的构想；文献[93]针对攻击机动目标直接碰撞的需求，基于高阶滑模控制提出了制导控制一体化算法，具有很高的制导精度；文献[94]利用最优控制理论，设计了多无人机制导控制一体化算法，并采用六自由度模型对算法的有效性进行了验证；文献[95]使用非线性运动学和动力学模型，提出了双联装导弹的滑模制导控制一体化算法，并对输入和响应速度进行了综合平衡；文献[96]在考虑输入饱和及终端角度约束的情况下，设计了制导控制一体化算法，并采用平滑函数消除饱和估计的非线性，最后用非线性六自由度仿真证明了所设计算法的优越性；文献[97]基于模糊变结构控制，提出了新型制导控制一体化控制律，大大提高了系统综合效能；文献[98]和文献[99]基于空空导弹的近似线性化模型，设计了滑模自适应一体化控制算法，仿真结果优于传统的一体化设计方法；文献[100]运用自抗扰技术和反演控制方法，提出了一体化算法，具有很强的鲁棒性。

上述基于现代控制理论的制导律在应对高速或大机动目标的拦截情况时，具有很多传统制导律不具备的优点，但是，在高速目标的拦截情形下，它们大多难以实现控制系统状态的有限时间收敛，也难以使导弹对目标的攻击达到准平行接近状态，从而提高制导精度；而有限时间收敛制导律则可以实现这种需求，因此，下一节着重对有限时间收敛制导律的研究现状进行论述。

1.2 有限时间收敛制导律国内外研究现状

有限时间收敛控制理论主要包含有限时间齐次性理论、有限时间 Lyapunov 稳定性理论和终端滑模控制理论等[101-106]。伴随着新型军事威胁的出现，近年来，基于有限时间收敛控制理论的有限时间收敛制导律得到了快速发展。目前，对有限时间收敛制导律的研究主要集中于两种类型：基于有限时间 Lyapunov 稳定性理论的制导律和基于终端滑模控制理论的制导律。因此，下面将有限时间收敛制导律划分为三种类型，对其国内外研究现状进行描述和分析。

1.2.1 基于有限时间收敛 Lyapunov 稳定性理论的制导律

周荻、孙胜、曲萍萍等团队较早研究并设计了一系列有限时间收敛制导律，为有限时间收敛控制理论在制导领域的应用做出了很大贡献[107-116]。孙胜基于有限时间 Lyapunov 稳定性控制理论，提出了一种有限时间收敛条件和有限时间收敛滑模制导律；文献[108]采用有限时间 Lyapunov 稳定性理论，设计了平面和三维的制导律及基于角度约束的制导律；文献[109]将导弹自动驾驶仪考虑为二阶延迟，设计了基于有限时间 Lyapunov 稳定性理论的制导律，可有效补偿动态延迟对制导律带来的不利影响；文献[110]针对前述有限时间收敛制导律的缺点，研究了制导律参数对制导性能的影响，结合专家经验，设计了模糊控制方法对制导参数进行在线调节，取得了很好的改进效果；文献[111]采用有限时间 Lyapunov 稳定性理论，设计了考虑导弹一阶延迟的制导律，取得了良好的导引性能；文献[112]利用有限时间 Lyapunov 稳定性理论和 Terminal 滑模控制理论，设计了有限时间收敛制导律，并对有限收敛时间进行了详细的分析；文献[113]利用有限时间 Lyapunov 控制提出了三维非线性制导律，可使导弹的视线角速率在有限时间内收敛到零附近的较小邻域内，仿真表明该制导律具有良好的制导性能；文献[114－116]基于动态面控制方法，考虑导弹的二阶动态延迟，利用反演方法推导了基于观测器的有限时间收敛制导律，取得了很高的制导精度。

文献[117]采用有限时间 Lyapunov 控制理论，设计了平面内的制导律及带角度约束的双通道制导控制一体化有限时间收敛算法。张运喜在文献[118－121]中，在考虑角度约束的情况下，采用滑模控制及有限时间收敛控制理论，设计了新型落角约束制导律，该制导律具有优越的制导性能。此外，文献[121]采用考虑导弹动态延迟的导引模型，设计了基于有限时间收敛 Lyapunov 控制理论的有限时间收敛制导律，同时，为满足工程应用中离散形式的需求，相对于连续形式，设计了离散形式的有限时间收敛制导律，最后通过仿真对其有效性进行了验证。文献[122]基于导弹前向拦截目标的制导模型，提出了前向拦截有限时间收敛非线性制导律，并对其收敛时间进行了分析。文献[123]基于连续有限时间收敛控制方法，设计了光滑和非光滑情况下的制导律，并采用反馈技术对制导律进行优化，有效提高了制导精度。文献

[124]设计了带双闭环滤波器的有限时间收敛制导律，并对该情况下的有限时间收敛定理进行了详细证明。文献[125]采用有限时间收敛 Lyapunov 控制理论，分别提出了二维和三维高超声速飞行器制导律，并应用扩张状态观测器对制导系统的未知部分实施补偿。类似地，文献[126]使用扩张状态观测器估计了目标的过载大小，并提出了有限时间收敛制导律，有效地减小了系统的未知不确定性，但是该制导律的研究仅限于二维平面，且未考虑自动驾驶仪延迟。

1.2.2　基于终端滑模控制理论的有限时间收敛制导律

终端滑模控制理论由于其自身表现出了良好的有限时间收敛特性，所以也被广泛地应用于有限时间收敛制导律的设计领域当中。文献[127]针对直接碰撞杀伤的需求，运用 Global 终端滑模控制理论，设计了俯仰平面和偏航平面的有限时间收敛制导律，得到了良好的仿真结果。文献[128]针对高精度拦截问题，采用自适应方法对模型的未知不确定性进行估计，研究了采用非奇异 Terminal 滑模的有限时间收敛制导律，并对收敛时间进行了详细的推导，仿真表明其制导性能优于经典变结构制导律。类似地，文献[129]也采用非奇异终端滑模控制技术，将目标机动视为有界不确定性，设计了有限时间收敛制导律；文献[130]基于传统非奇异终端滑模面，引入不连续项，对趋近律进行改进，研究了新型非奇异终端滑模有限时间收敛制导律，并通过仿真对所设计制导律的有效性进行了验证；文献[108]采用非奇异 Terminal 滑模控制理论研究了考虑导弹自动驾驶仪延迟的有限时间收敛制导律，并分析了系统的有限时间收敛特性，取得了良好的制导效果。文献[131]运用一种多输入多输出终端滑模控制方法，研究了一种有限时间收敛制导律，大量仿真数据表明，所设计制导律的制导精度优于比例制导律和经典变结构制导律。文献[132]考虑航空炸弹的落角约束问题，采用非奇异 Terminal 滑模控制理论，提出了视线角速率有限时间收敛制导律，所提出的制导律具有很高的制导精度。类似地，文献[133]针对落角约束问题，分别设计了基于普通和非奇异终端滑模的有限时间收敛角度约束制导律，并通过仿真验证了其有效性。不仅如此，文献[134]采用有限时间收敛 Lyapunov 理论和 Terminal 滑模理论，设计了基于角度约束的非奇异快速 Terminal 滑模制导律，通过对攻击三种不同机动类型目标的仿真，证明了其实际应用特性。此外，文献[135]基于非奇异 Terminal 滑模控制理论，提出了协同导引策略，大大提高了防空武器系统的杀伤效率。文献[98]针对传统快速终端滑模面设计存在的缺陷，提出了修正形式的滑模面，并对其有限收敛时间进行了分析，然后提出了非线性终端滑模制导律，取得了良好的制导性能，但是未充分考虑导弹的自动驾驶仪延迟。

1.2.3　基于其他控制理论的有限时间收敛制导律

文献[136]基于 Barbala 定理设计了基于二阶滑模的有限时间收敛制导律，该制导律可使滑模面在拦截终端趋向于零。文献[137]采用非光滑控制技术设计了使导弹过载估计及视线角速率等信息在有限时间内跟踪上期望数值的制导律，具有很高的制导精度。文献[138]基于齐次性有限时间收敛控制理论提出了一种制导律，并采用超扭曲算法对系统的不连续项进行估计，而超扭曲算法本身也具有有限时间收敛特性，因此该制导律具有良好的收敛特性。类似地，文献[139]也利用齐次性有限时间收敛控制理论，提出了鲁棒最优有限时间收敛制导律，并利用超扭曲算法构造了制导律的非连续项，具有良好的制导精度，但是所设计的滑模面的收敛能力有限。

1.3 有限时间收敛制导方法研究中需要解决的问题

根据有限时间收敛控制理论的定义和内涵可知，只要使系统的状态在有限时间内收敛到原点，即认为该系统是有限时间收敛的；而针对具体的导弹制导系统而言，只要使特定的状态量，如导弹的视线角速率或零控脱靶量等，在有限时间内收敛到零或零附近的较小邻域内，即可认为该制导律是有限时间收敛的。零化视线角速率制导律，按照其定义，若可使视线角速率在导弹命中目标之前趋向并收敛到零或零附近的较小邻域内，亦可认为是有限时间收敛制导律。因此，广义上讲，只要与有限时间收敛控制理论的概念相符，即可认为该制导律是有限时间收敛的。

但是，在导弹制导领域的具体应用中，由于高速机动目标拦截的新型作战情形对导弹的反应速度和机动性能提出了更高的需求，所以期望系统的状态，如导弹的视线角速率或零控脱靶量等，在导弹成功拦截目标之前，最好在末制导开始的初期，便达到有限时间收敛状态，从而提高制导精度。以视线角速率有限时间收敛为例，若使其在末制导初期便达到有限时间收敛状态，即准平行接近状态，那么导弹在随后的攻击过程中，便可以用较小且平稳的过载准确命中目标，这样既可以使导弹在末制导的中后期游刃有余地应对出现的各种复杂问题，又可以克服传统制导律在制导末段出现的过载激增现象，以及导弹导引头盲区导致的制导信息无法获取等问题，充分提高制导律的鲁棒性和制导精度。

因此，本书在制导领域中所涉及的有限时间收敛问题，即有限时间收敛制导律，可具体限定为，使导弹制导系统特定的状态，在末制导初期便收敛到期望状态值所在的邻域内。本书着重对该类制导方法展开论述。

本书涉及的有限时间收敛制导方法有一个特点，即按照能量分配的原则，为使导弹的某些状态，如视线角速率，在末制导初期便达到有限时间收敛状态，那么在该阶段，必然需要付出更多的能量消耗，有时控制量会达到饱和状态，但是一旦视线角速率达到有限时间收敛状态，控制量便会降低至很小值，这样可以使制导系统在末制导初期充分利用其机动能力和能量，以便使导弹在有限时间内达到准平行接近状态，从而提高制导精度，而在末制导后期则可以充分节省能量消耗。当然，也可以设定控制量上限，使其低于导弹的可用过载，但是这样会稍稍增加有限收敛时间。

此外，虽然在最近几年中，有限时间收敛制导方法的研究已经取得了不少成果，但是仍处于起步阶段、方兴未艾，还有很多研究领域需要补充、拓展、深化和完善，如基于新型制导模型的有限时间收敛制导律、制导律捕获能力的研究、基于新型有限时间收敛控制理论的制导律、基于有限时间收敛专家经验的模糊控制理论在制导律设计中的应用、制导信息受限情况下的有限时间收敛制导律设计、终端滑模控制研究中的奇异问题、零控脱靶量有限时间收敛制导方法的研究、有限时间收敛控制理论在导弹制导控制一体化领域方面的应用等等。因此，本书针对上述问题，对有限时间收敛制导理论与方法展开详细论述。

参考文献

[1] ZARCHAN P. Tactical and strategic missile guidance[M]. 6th ed. New York: American Institute of Aeronautics and Astronautics, 2012.

[2] JI D G, HE F H, YAO Y. Finite time L1 approach for missile overload requirement analysis in terminal guidance[J]. Chinese Journal of Aeronautics, 2009, 22: 413 - 418.

[3] 李运迁，齐乃明. 基于零控脱靶量的大气层内拦截弹制导律[J]. 宇航学报，2010，31(7)：1769 - 1774.

[4] LI K B, CHEN L. Differential geometric modeling of guidance problem for interceptors[J]. Science China(Technological Sciences), 2011, 54(9): 2283 - 2295.

[5] SHEN Y J, XIA X H. Semi-global finite-time observers for nonlinear systems[J]. Automatica, 2008, 44(12): 3152 - 3156.

[6] SHEN Y J, SHEN W M, JIANG M H, et al. Semi-global finite-time observers for multi-output nonlinear systems[J]. International Journal of Robust and Nonlinear Control, 2009, 20(7): 789 - 801.

[7] TAN C P, YU X H, MAN Z. Terminal sliding mode observers for a class of nonlinear systems[J]. Automatica, 2010, 46(8): 1401 - 1404.

[8] DING S H, LI S H. Stabilization of the attitude of a rigid spacecraft with external disturbances using finite-time control techniques [J]. Aerospace Science and Technology, 2009, 13(4 - 5): 256 - 265.

[9] MOHAMMAD N, ElBSAT EDWIN E. Robust and resilient finite-time bounded control of discrete-time uncertain nonlinear systems[J]. Automatica, 2013, 49: 2292 - 2296.

[10] LIU H T, ZHANG T. Neural network-based robust finite- time control for robotic manipulators considering actuator dynamics[J]. Robotics and Computer-Integrated Manufacturing, 2013, 29: 301 - 308.

[11] GOODSTYEIN R. Guidance law applicability for missile closing[C]// Guidance and Control of Tactical Missiles, AGARD Lecture Series, 1972.

[12] 江加和. 导弹制导原理[M]. 北京：北京航空航天大学出版社，2012.

[13] 雷虎民. 导弹制导与控制原理[M]. 北京：国防出版社，2006.

[14] 钱杏芳，林瑞雄，赵亚男. 导弹飞行力学[M]. 北京：北京理工大学出版社，2011.

[15] 关为群，张靖. 运用"状态最优预报"原理修正三点法导引弹道[J]. 兵工学报，2002，23(1)：86 - 89.

[16] DUAN X Y, WANG J. Trajectory simulation of virtual three point guidance[C] // International Conference on Electronics, Communications and Control (ICECC), Beijing, China, 2011: 1755 - 1758.

[17] NOBHARI H, ALASTY A, POURTAKDOUSTSEID H. Design of a supervisory controller for CLOS guidance with lead angle[C]// AIAA Guidance, Navigation, and Control Conference and Exhibit, San Francisco, USA, 2005: 1 - 13.

[18] 赵文成，那岚，金学英. 准平行接近法导引律的研究与实现[J]. 测控技术，2009，28(3)：92 - 95.

[19] YANG C L, TANG S J, SHI J. Attitude head pursuit transition guidance law[J]. Chinese Journal of Aeronautics, 2010, 3: 359 - 363.

[20] GUELMAN M. The closed-form solution of true proportional navigation[J]. IEEE Transaction on Aerospace and Electronic Systems, 1976, 12(4): 472 - 482.

[21] OH J H, HA I J. Capturability of the 3-dimemsional pure PNG law[J]. IEEE Transactions on Aerospace and Electronic Systems, 1999, 35(2): 491 - 503.

[22] LI K B, ZHANG T T, CHEN L. Ideal proportional navigation for exoatmospheric interception[J]. Chinese Journal of Aeronautics, 2013, 26(4): 976 - 985.

[23] YAN L, ZHAO J G, SHEN H R. Biased retro-proportional navigation law for interception of high-speed targets with angular constraint[J]. Defence Technology, 2014, 1: 60 - 65.

[24] 梅林林，李擎，范军芳. 基于捷联导引头的比例导引制导律设计[J]. 系统仿真学报，2011，23(1)：200 - 203.

[25] 张友安，马国欣. 大前置角下比例导引律的剩余时间估计算法[J]. 哈尔滨工程大学学报，2013，34(11)：1409 - 1414.

[26] 高峰，唐胜景，师娇. 一种基于落角约束的偏置比例导引律[J]. 北京理工大学学报，2014，34(3)：277 - 282.

[27] 周须峰，孟博. 空空导弹越肩发射的虚拟目标比例导引律[J]. 飞行力学，2014，32(3)：248 - 252.

[28] KELLEY H. An optimal guidance approximation theory[J]. IEEE Transactions on Automatic Control, 1964, 9(4): 375 - 380.

[29] COTTRELL R G. Optimal intercept guidance for short-range tactical missile[J]. AIAA Journal, 1971, 9(7): 1414 - 1415.

[30] PING L. Nonlinear optimal guidance[C]// AIAA Guidance, Navigation, and Control Conference and Exhibit, 2006 - 6079.

[31] JONATHAN G, WALTER F. Optimal rendezvous guidance with enhanced bearings-only observability[J]. Journal of Guidance and Dynamics, 2015, 38(6): 1131 - 1139.

[32] HEXNER G, SHIMA T, WEISS H. LQG guidance law with bounded acceleration command[J]. IEEE Transactions on Aerospace and Electronic Systems, 2008, 44(1): 77 - 86.

[33] HEXNER G, PILA A W. A practical stochastic optimal guidance law for a bound acceleration missile[C]// AIAA Guidance Navigation and Control Conference, 2010 - 8054.

[34] DANIEL R, TAL S. Optimal guidance-to-collision law for an accelerating exoatmospheric

interceptor missile[J]. Journal of Guidance, Control and Dynamics, 2013, 36(6): 1695 - 1708.

[35] WEN Q Q, XIA Q L, LI R. Advanced optimal guidance law with maneuvering targets[J]. Journal of Beijing Institute of Technology, 2014, 23(1): 8 - 15.

[36] 张友安，黄诘，孙阳平. 带有落角约束的一般加权最优制导律[J]. 航空学报，2014，35(3)：848 - 856.

[37] 温求遒，刘大卫，夏群利. 扩展的多约束最优制导律及其特性研究[J]. 兵工学报，2014，35(5)：662 - 669.

[38] ClOUTIER J R. State-Dependent Riccati Equation Techniques: An Overview[C]// Proceedings of the American Control Conference, Albuquerque, New Mexico, 1997: 932 - 935

[39] 刘利军，沈毅，赵振昊. 基于多项式拟合 SDRE 的三维导引律设计[J]. 宇航学报，2010，31(1)：87 - 92.

[40] 李登峰. 微分对策及其应用[M]. 北京：国防工业出版社，2000.

[41] 李运迁. 大气层内导弹制导控制一体化研究[D]. 哈尔滨：哈尔滨工业大学，2011.

[42] SHAUL G, ORLY G. 3D differential game guidance[J]. Applied Mathematics and Computation, 2010, 217: 1077 - 1084.

[43] ZHANG P, FANG Y W, ZHANG F M. An adaptive weighted differential game guidance law[J]. Chinese Journal of Aeronautics, 2012, 25: 739 - 746.

[44] 蔡文新，方洋旺，吴彦锐. 基于马尔科夫跳变系统的微分对策制导律[J]. 弹道学报，2013，25(3)：24 - 27.

[45] RAJARSHI B, DEBASISH G. Nonlinear differential games-based impact angle constrained guidance law[J]. Journal of Guidance, Control and Dynamics, 2015, 38 (3): 384 - 402.

[46] DAVISON E J. The output control of linear time invariant multivariable systems with unmeasurable arbitrary disturbances[J]. IEEE Transaction on Automatic Control, 1971, AC - 17: 621 - 630.

[47] PEARON J B, STAATS P W, Jr. Robust controllers for linear regulators[J]. IEEE Transaction on Autumatic Control, 1974, AC - 19:231 - 234.

[48] EMIDIO P. H_∞ Robust guidance law in ATBM applications[C]// AIAA Guidance, Navigation, and Control Conference and Exhibit, Texas, USA, 2003: 2003 - 5580.

[49] ZHANG H M, ZHANG G S, ZUO Z Q. Design of robust homing missile guidance laws based on guaranteed cost control[C]// Proceedings of the 7th World Congress on Intelligent Control and Automation, Chongqing, China, 2008:5574 - 5579.

[50] YAN H, JI H B. A three-dime nal robust nonlinear guidance law coder input dynamics and uncertainties[C]// Proceedings of the 29th Chinese Control Conference, Beijing, China, 2010: 29 - 31.

[51] 李新国，陈红英. 非线性三维 H_∞ 鲁棒制导律设计[J]. 飞行力学，2002，20(4)：61 - 64.

[52] 李新国，毛承元，陈红英．H_∞制导律的统计性能分析[J]．西北工业大学学报，2004，22(1)：21－24.

[53] 桑保华．基于状态反馈的导弹非线性 H_2/H_∞鲁棒制导律[J]．弹道学报，2009，21(4)：56－59.

[54] 田宏亮，梁晓庚，贾晓洪．基于结构不确定性的非线性鲁棒制导律设计[J]．飞行力学，2011，29(4)：80－83.

[55] 周荻．寻的导弹新型导引规律[M]．北京：国防工业出版社，2002.

[56] 张小红，裴道武，代建华．模糊数学与 Rough 集理论[M]．北京：清华大学出版社，2013.

[57] 蔡自兴，余伶俐，肖晓明．智能控制原理与应用[M]．北京：清华大学出版社，2014.

[58] CREASER P A. Fuzzy missile guidance laws[C]// AIAA Guidance, Navigation, and Control Conference and Exhibit, Boston, USA, 1998: 1067－1071.

[59] LIN C L. Design of fuzzy logic guidance law against high-speed target [J]. Journal of Guidance, Control and Dynamics, 2000, 23(1): 1067－1071.

[60] CHEN C H, LIANG Y W, LIAW D. Design of midcourse guidance laws via a combination of fuzzy and SMC approaches [J]. International Journal of Control, Automation and Systems, 2010, 8(2): 272－278.

[61] HANAFY M O, ABIDO M A. Enhancement of integrated fuzzy-based guidance law by tabu search [J]. Research Article-Mechanical Engineering, 2012, (37): 2035－2046.

[62] 郑晓华．基于模糊逻辑的导弹制导律应用研究[D]．哈尔滨：哈尔滨工业大学，2010.

[63] 魏丽霞．变论域模糊控制器及其在末制导中的应用研究[D]．哈尔滨：哈尔滨工业大学，2011.

[64] 王俊波，曲鑫，任章．基于模糊逻辑的预测再入制导方法[J]．北京航空航天大学学报，2011，37(1)：63－66.

[65] 熊俊辉，唐胜景，郭杰．基于模糊变系数策略的迎击拦截变结构制导律设计[J]．兵工学报，2014，35(1)：134－139.

[66] 高为炳．变结构控制理论基础[M]．北京：中国科学技术出版社，1990.

[67] HUNG J Y, GAO W B, HUNG J C. Variable structure control: a survey[J]. IEEE Transactions on Aerospace and Electronic Systems, 1993, 40(1): 2－18.

[68] FEI J T, DING H F. Adaptive sliding mode control of dynamic system using RBF neural network[J]. Nonlinear Dynamics, 2012, 70: 1563－1573.

[69] BRIERLEY S D, LONGCHAM R. Application of sliding mode control to air-air interception problem[J]. IEEE Transactions on Aerospace and Electronis Systems, 1990, 26(2): 306－325.

[70] YURI B S, ILYA S, ARIE L. Smooth second-order sliding modes: missile guidance application[J]. Automatica, 2007, 43: 1470－1476.

[71] ZHAN H, LIU W J, YANG J H. Design of stochastic sliding mode variable structure guidance law based on adaptive EKF[J]. Procedia Engineering, 2011, 23: 276－283.

[72] ZHANG Q Z, WANG Z B, TAO F. On-line optimization design of sliding mode guidance law with multiple constraints[J]. Applied Mathematical Modelling, 2013, 37(14): 7568-7587.

[73] SHAFIEI M H, BINAZADEH T. Application of partial sliding mode in guidance problem[J]. ISA Transactions, 2013, 52(2): 192-197.

[74] ZHU J W, LIU L H, TANG G J. Intelligent sliding-mode guidance for hypersonic vehicle in dive phase with multiple constraints[C]// Proceedings of the 32nd Chinese Control Conference, Xi'an, China, 2013: 4931-4936.

[75] 周荻，邹昕光，孙德波. 导弹机动突防滑模制导律[J]. 宇航学报，2006，27(2)：213-216.

[76] 陈鹏，朱战霞. 滑模方法在空空导弹制导律中的应用[J]. 飞行力学，2013，31(2)：135-138.

[77] ZHAO Y, SHENG Y Z, LIU X D. Time-varying sliding mode guidance with impact angle constraints against non-maneuvering targets[C]// Proceedings of the 32nd Chinese Control Conference, Xi'an, China, 2013: 4898-4903.

[78] WANG H Q, CAO D Q, WANG X D. The stochastic sliding mode variable structure guidance laws based on optimal control theory[J]. Journal of Control Theory and Applications, 2013, 11(1): 86-91.

[79] MENON P K, OHLMEYER E J. Integrated design of agile missile guidance autopilot system, Control Engineering Practice[J]. 2001, 9(10): 1095-1106.

[80] SHIMA T, IDAN M, GOLAN O M. Sliding-mode control for integrated missile autopilot guidance[J]. Journal of Guidance, Control and Dynamics, 2006, 29(2): 250-260.

[81] ZHURBAL A, IDAN M. Effect of estimation on the performance of an integrated missile guidance and control system[J]. IEEE Transactions on Aerospace and Electronic Systems, 2011, 47(4): 2690-2708.

[82] CHEN R H, SPEYER L. Game-theoretic homing missile guidance with autopilot lag [C] //AIAA Guidance, Navigation and Control Conference and Exhibit, 2007: 2007-6535.

[83] CHEN R H, SPEYER J L, LIANOS D. Optimal Intercept Missile Guidance Strategies with Autopilot Lag[J]. Journal of Guidance Control and Dynamics, 2010, 33(4): 1264-1272.

[84] LEE C H, KIM T, TAHK M. Design of guidance law for passive homing missile using sliding mode control[C]// International Conference on Control Automation and Systems, Kintex, Korea, 2010: 2380-2385.

[85] ZHOU D, QU P P, SUN S. A guidance law with terminal impact angle constraint accounting for missile autopilot[J]. Journal of Dynamic Systems, Measurement, and Control, 2013, 135: 1-10.

[86] MAITY A, OZA H B, PADHI R. Generalized model predictive static programming and its application to 3D impact angle constrained guidance of air-to-surface missiles

[C] //American Control Conference, Washington, USA, 2013: 4999 - 5004.
[87] 佘文学，周凤岐，周军. 考虑自动驾驶仪动态鲁棒自适应变结构制导律[J]. 系统工程与电子技术，2003，25(12)：1513 - 1516.
[88] 孙胜，周荻. 考虑导弹自动驾驶仪动特性的三维非线性导引律[J]. 宇航学报，2009，30(3)：1052 - 1056.
[89] 刁兆师，李海田，单家元. 拦截蛇形机动目标考虑自动驾驶仪动态特性的最优制导律[J]. 北京理工大学学报，2013，33(3)：229 - 238.
[90] 刁兆师，单家元. 考虑自动驾驶仪动态特性的含攻击角约束的反演递推制导律[J]. 宇航学报，2014，35(7)：818 - 826.
[91] 王辉，王江，王延东. 考虑一阶驾驶仪动力学的角度控制最优制导律[J]. 北京理工大学学报，2015，35(6)：585 - 591.
[92] LIN C F, WANG Q, SPEYER J L. Integrated estimation guidance and control system design using game theoretic approach[C]// Proceeding of American Control Conference. Chicago, USA, 1992: 3220 - 3224.
[93] SHTESSEL Y B, SHKOLNIKOV I A. Integrated guidance and control of advanced interceptors using second order sliding modes [C]// IEEE Conference on Decision and Control, Hawaii, USA, 2003: 4587 - 4592.
[94] SADRAEY M. Optimal integrated guidance and control design for line-of-sight based formation flight [C]// AIAA Guidance, Navigation, and Control Conference, Oregon, USA, 2011: 2011 - 6627.
[95] KIM H G, KIM H J. Integrated guidance and control of dual missiles considering trade-off between input usage and response speed[C]// International Conference on Control, Automation and Systems, Gwangju, Korea, 2013: 55 - 60.
[96] LIANG X L, HOU M Z, DUAN G R. Integrated guidance and control for missile in the presence of input saturation and angular constraints[C]// Proceedings of the 32nd Chinese Control Conference, Xi'an, China, 2013: 1070 - 1075.
[97] 赵国荣，冯淞琪. 适用于制导控制一体化的模糊滑模方法[J]. 控制与决策，2014，29(7)：1321 - 1324.
[98] 朱战霞，韩沛，陈鹏. 基于非线性Terminal滑模的动能拦截器末制导律设计[J]. 西北工业大学学报，2013，31(2)：233 - 238.
[99] 朱战霞，陈鹏，唐必伟. 基于滑模方法的空空导弹一体化制导控制律设计[J]. 西北工业大学学报，2014，32(2)：213 - 219.
[100] 董朝阳，程昊，宇王青. 基于自抗扰的反步滑模制导控制一体化设计[J]. 系统工程与电子技术，2015，37(7)：1604 - 1610.
[101] 丁世宏，李世华. 有限时间控制问题综述[J]. 控制与决策，2011，26(2)：161 - 168.
[102] BHAT S P, BERNSTEIN D S. Continuous finite-time stabilization of the translational and rotational double integrators [J]. IEEE Trans on Automatic Control, 1998, 43(5): 678 - 682.
[103] BHAT S P, BERNSTEIN D S. Finite-time stability of continuous autonomous

systems[J]. SIAM J on Control and Optimization, 2000, 38(3): 751 - 766.

[104] ZHAO L, JIA Y M. Finite-time attitude tracking control for a rigid spacecraft using time-varying terminal sliding mode techniques[J]. International Journal of Control, 2015, 88(6): 1150 - 1162.

[105] MIROSLAW G. Finite-time control of robotic manipulators[J]. Automatica, 2015, 51: 49 - 54.

[106] LI Y C, SANFELICE R G . A finite-time convergent observer with robustness to piecewise-constant measurement noise[J]. Automatica, 2015, 57: 222 - 230.

[107] 孙胜，周荻. 有限时间收敛变结构制导律[J]. 宇航学报，2008，29(4)：1258 - 1262.

[108] 孙胜. 有限时间收敛寻的导引律[D]. 哈尔滨：哈尔滨工业大学，2010.

[109] 周荻，曲萍萍. 考虑导弹自动驾驶仪二阶动态特性的有限时间收敛导引律[J]. 航空兵器，2013，(3)：9 - 24.

[110] 赵海斌，李伶，孙胜. 基于模糊控制的有限时间收敛制导律[J]. 航天控制，2014，32(3)：33 - 37.

[111] 孙胜，张华明，禹春梅，等. 考虑导弹动态延迟特性的滑模导引律设计[J]. 系统工程与电子技术，2014，36(8)：1614 - 1618.

[112] SUN S, ZHOU D, HOU W T. A guidance law with finite time convergence accounting for autopilot lag[J]. Aerospace Science and Technology, 2013, 25(1): 132 - 137.

[113] ZHOU D, SUN S. Guidance laws with finite time convergence [J]. Journal of Guidance, Control and Dynamics, 2009, 32(6): 1838 - 1846.

[114] QU P P, ZHOU D. Observer-based guidance law accounting for second-order dynamics of missile autopilots[J]. Journal of Harbin Institute of Technology, 2013, 20(1): 17 - 22.

[115] 曲萍萍. 基于动态面控制的寻的导引规律研究[D]. 哈尔滨：哈尔滨工业大学，2013.

[116] QU P P, SHAO C T, ZHOU D. Finite time convergence guidance law accounting for missile autopilot[J]. Journal of Dynamic Systems, Measurement and Control, 2015, 137(5): 1 - 8.

[117] 李博. 模糊自适应滑模制导律研究[D]. 哈尔滨：哈尔滨工业大学，2007.

[118] 张运喜，孙明玮，陈增强. 滑模变结构有限时间收敛制导律[J]. 控制理论与应用，2012，29(11)：1413 - 1418.

[119] ZHANG Y X, SUN M W, CHEN Z Q. Finite-time convergent guidance law with impact angle constraint based on sliding-mode control[J]. Nonlinear Dynamics, 2012, 70(1): 619 - 625.

[120] ZHANG Y X, JIAO G L, SUN M W. Finite time convergent sliding-mode guidance law with impact angle constraint[C]// Proceedings of the 30th Chinese Control Conference, Yantai, China, 2011: 2597 - 2601.

[121] 张运喜. 有限时间收敛滑模制导律研究[D]. 天津：南开大学，2013.

[122] 葛连正. 前置追踪拦截方式的拦截器变结构制导律研究[D]. 哈尔滨：哈尔滨工业大

学，2009.

[123] 丁世宏，李世华，罗生. 基于连续有限时间控制技术的导引律设计[J]. 2011，32(4)：727 - 733.

[124] 赵明元，魏明英. 带有双闭环滤波器的有限时间稳定变结构制导律[J]. 航空学报，2010，31(8)：1629 - 1635.

[125] 乔鸿. 高超声速飞行器末端导引规律的设计及仿真研究[D]. 哈尔滨：哈尔滨工业大学，2013.

[126] ZHU Z，XU D，LIU J M. Missile guidance law based on extended state observer [J]. IEEE Transactions on Industrial Electronics，2013，60(12)：5882 - 5891.

[127] 汤一华，陈士橹，徐敏. 基于 Terminal 滑模的动能拦截器末制导律研究[J]. 空军工程大学学报(自然科学版)，2007，8(2)：22 - 25.

[128] 王洪强，方洋旺，伍友利. 基于非奇异 Terminal 滑模的导弹末制导律研究[J]. 系统工程与电子技术，2009，31(6)：1391 - 1395.

[129] 王钊，李世华，费树岷. 非奇异终端滑模导引律[J]. 东南大学学报，2009，39(1)：87 - 90.

[130] 梁卓. SINS/GPS 制导炸弹变结构制导控制系统设计与研究[D]. 南京：南京理工大学，2009.

[131] 张旭，雷虎民，曾华. 一种 Terminal 滑模制导规律研究[J]. 弹道学报，2011，23(4)：10 - 15.

[132] SONG Q Z，MENG X Y. Design and simulation of guidance law with angular constraint based on non-singular terminal sliding mode[J]. Physics Procedia，2012，25：1197 - 1204.

[133] ZHOU H B，SONG S M，XU M Y. Design of terminal sliding mode guidance law with attack angle constraints[C]// Chinese Control and Decision Conference，Xi'an，China，2013：556 - 560.

[134] 熊少锋，王卫红，王森. 带攻击角度约束的非奇异快速终端滑模制导律[J]. 控制理论与应用，2014，31(3)：269 - 278.

[135] 邹昕光，周荻，杜润乐. 主动防御非奇异终端滑模协同制导律[J]. 兵工学报，2015，36(3)：475 - 483.

[136] 花文华，陈兴林. 自适应二阶滑模制导律[J]. 现代防御技术，2011，39(6)：121 - 125.

[137] 马克茂. 高精度制导律的非光滑设计与实现[J]. 弹道学报，2013，25(2)：1 - 5.

[138] 窦荣斌，张科. 基于二阶滑模的再入飞行器末制导律研究[J]. 宇航学报，2011，32(10)：2109 - 2114.

[139] 张合新，范金锁，吴坤. 基于二阶滑模的鲁棒最优末制导律设计[J]. 控制工程，2013，20(3)：513 - 516.

第二章　有限时间收敛控制理论基础

2.1 引　　言

导弹有限时间收敛制导方法研究是有限时间收敛控制理论在导弹制导领域的具体应用，因此，有限时间收敛控制理论研究是本书研究的前提和基础；当前，该类理论在制导领域的应用还刚刚起步、方兴未艾，因此，深入研究和分析有限时间收敛控制理论基础，对设计高性能的导弹制导方法具有重要的理论和实际意义；本章对有限时间收敛控制理论基础进行研究和论述，以便为后序章节开展有限时间收敛制导方法研究奠定基础。

2.2 有限时间控制理论

有限时间控制理论包括有限时间稳定和有限时间收敛两种控制理论[1]。有限时间稳定最早由文献[2-3]提出，它是指系统的状态在一个有限时间区间内不超过一定的界限，即有限时间有界，与传统的渐进稳定不同，它描述的是控制系统的暂态特性，如图 2-1 所示。其具体定义如下：

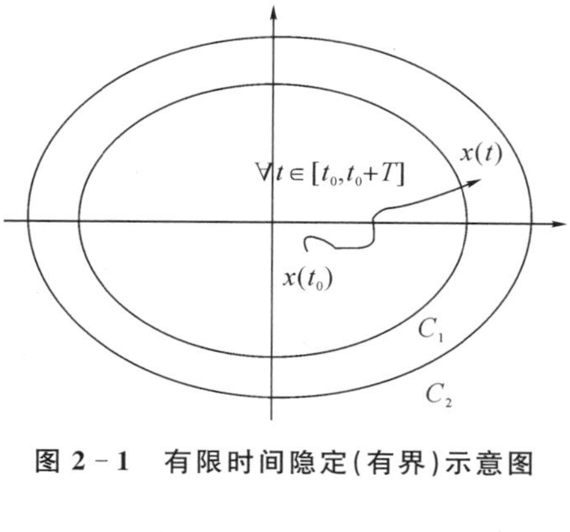

图 2-1　有限时间隐定(有界)示意图

有如下非线性系统[4]

$$\dot{x}=f(x,t) \tag{2-1}$$

式中，$x\in\mathbf{R}^n$，$x(t_0)=x_0$，$f:\mathbf{R}\times[t_0,t_0+T]\to\mathbf{R}^n$ 是光滑映射。

定义 2-1　设 $\gamma(\cdot)$为 K_∞ 类函数、$\varepsilon_1>0$、$\varepsilon_2>0$、$\varepsilon_1>\varepsilon_2$、$T>0$，若式(2-1)所示的系统对所有 $x(t)$的轨迹满足

$$\gamma(\|x(t_0)\|)\leqslant\varepsilon_1\Rightarrow\gamma(\|x(t)\|)\leqslant\varepsilon_2\quad\forall t\in[t_0,\ t_0+T] \tag{2-2}$$

则认为式(2-1)所示的系统对于条件($\varepsilon_1,\varepsilon_2,t_0,T,\gamma(\cdot)$)具有有限时间稳定特性。

定义 2-1 阐述了有限时间稳定的定义,但文献[5]认为,有限时间稳定和有限时间有界是有区别的,即有限时间有界更加侧重于当系统受到外界干扰的情况下,其状态轨线能够保持在一定的界限内;因此认为有限时间有界是有限时间稳定的定义的延伸,总之,两者的定义十分接近。

有限时间稳定控制理论从 1961 年开始发展,至今已经取得了大量的、相对成熟的研究成果;而有限时间收敛控制理论则从 1995 年开始,由 Sanjay Purushottam Bhat 系统地提出[6-7],它是指系统从每一个初始状态开始,均能够在有限时间内收敛到平衡点,如图 2-2 所示,其具体定义如下[1,6-7]:

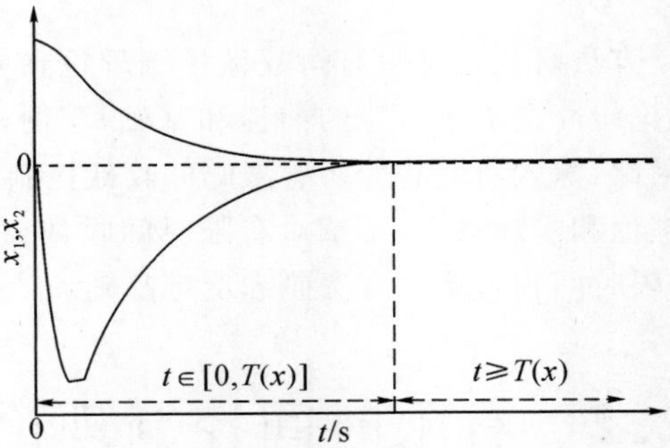

图 2-2　有限时间收敛示意图

针对如下微分方程

$$\dot{x}=f(x,\ t),f(0,t)=0,x\in\mathbf{R}^n \tag{2-3}$$

式中,$f:D\rightarrow\mathbf{R}^n$ 在原点 $x=0$ 的开邻域 $D\subset\mathbf{R}^n$ 上是连续的。

定义 2-2　针对式(2-3)所示的系统,如果存在原点 $x=0$ 上的开邻域 $N\subset D$ 和校正时间函数 $T:N\backslash\{0\}\rightarrow(0,\infty)$,并满足如下条件:

1)有限时间收敛:对于任意 $x\in N\backslash\{0\}$,$\psi(x)$是定义在$[0,T(x))$上的函数,且 $\psi(x,t)\in N\backslash\{0\}$,则对于所有的 $t\in[0,T(x))$,满足 $\lim\limits_{t\rightarrow T(x)}\psi(x,t)=0$;

2)Lyapunov 稳定性:对于任意一个包含零的 N 的开集 U_ε,存在一个包含零的 N 的子开集 U_δ,满足对所有的 $x\in U_\delta\backslash\{0\}$和 $t\in[0,T(x))$,$\psi(x,t)\in U_\varepsilon$。

那么可认为这个原点 $x=0$ 是(部分)有限时间收敛的平衡点,且对于定义在 $\mathbf{R}_+\times N$ 上的 $\psi(x,t)$满足:对于所有 $t\geqslant T(x)$、$x\in N$,$\psi(x,t)=0$,若 $D=N=\mathbf{R}^n$,那么该原点 $x=0$ 是全局有限时间稳定的平衡点。

2.3　有限时间收敛 Lyapunov 稳定性理论

本节首先给出基础性的 Lyapunov 稳定性理论及判据,然后给出有限时间收敛 Lyapunov 稳定性理论和方法。

2.3.1 Lyapunov 稳定性理论

针对式(2-3)所描述的系统，给出如下 Lyapunov 稳定性理论，包括两个定义和一个定理[8]。

定义 2-3

1)连续函数 $\alpha:[0,a)\to[0,\infty)$ 为 K 类，需满足 α 为严格递增函数，且 $\alpha(0)=0$；

2)α 为 K_∞ 类，需满足 $\alpha=\infty$ 且当 $r\to\infty$ 时，存在 $\alpha(r)\to\infty$；

3)连续函数 $\gamma:[0,a)\times[0,\infty)\to[0,\infty)$ 为 KL 类，需满足对所有固定的 t，连续函数 $\gamma(r,t)$ 为 K_∞ 类，而对所有固定的 r，γ 关于时间 t 为单调递减函数，且当 $t\to\infty$ 时，$\gamma(r,t)\to 0$。

定义 2-4 若有 K_∞ 类函数 $\alpha(\|x\|)$，使在 $B_a=\{x\in\mathbf{R}^n \mid \|x\|<a\}$ 内的连续函数 $V(x)$ 满足 $V(x)\geqslant\alpha(\|x\|)$[或 $V(x)\leqslant-\alpha(\|x\|)$]和 $V(0)=0$，那么 $V(x)$ 是正定(或负定)的。此外，若在 $\mathbf{R}^n$ 上的正定函数 $V(x)$ 满足 $\lim_{\|x\|\to\infty}V(x)=\infty$，则称 $V(x)$ 是正则的。

定理 2-1 对于式(2-3)所描述的系统：

1)若有定义在 $D_0\subset D$ 上的 C^1 的光滑正定函数 $V(x)$，沿着式(2-3)所描述的系统轨迹的微分在 D_0 中满足 $\dot{V}(x)\leqslant 0, x\in D_0$，则平衡点 $x=0$ 具有 Lyapunov 稳定特性，相应地，$V(x)$ 称为 Lyapunov 函数。

2)若 $V(x)$ 沿式(2-3)所描述的系统轨迹的微分在 D_0 中为负定的，则式(2-3)所描述的系统的平衡点 $x=0$ 是(部分)渐近稳定的；此外，若 $D_0=D=\mathbf{R}^n$ 和 $V(x)$ 是正则的，则 $x=0$ 为全局渐近稳定的。

2.3.2 有限时间收敛 Lyapunov 稳定性理论

下面，给出有限时间收敛 Lyapunov 稳定性理论的主要定理[6-7]。

引理 2-1 假设存在一个连续函数 $V:D\to\mathbf{R}^n$，满足如下条件：

1)V 是正定函数。

2)存在一个实数 $c>0$、$\alpha\in(0,1)$ 和原点开邻域 $V\subseteq D$，满足

$$\dot{V}(x)+c(V(x))^\alpha\leqslant 0 \quad x\in V\backslash\{0\} \tag{2-4}$$

那么这个原点是式(2-3)所描述的系统的有限时间稳定的平衡点；若 N 和 T 的定义与定义 2-2中相同，则

$$T(x)\leqslant\frac{1}{c(1-a)}V(x)^{1-\alpha} \quad x\in N \tag{2-5}$$

并且 T 在 N 上是连续的。此外，若 $D=\mathbf{R}^n$，V 取适当函数，且 $\dot{V}$ 的数值在 $\mathbf{R}^n\backslash\{0\}$ 上为负，那么原点 $x=0$ 是式(2-3)所描述的系统的全局有限时间稳定的平衡点。

引理 2-2 假设式(2-3)所描述的系统的原点是有限时间稳定的平衡点，且校正时间函数 T 在 $x=0$ 处是连续的，$\alpha\in(0,1)$，N 的定义与定义 2-2 中相同，那么存在一个连续函数 $V:D\to\mathbf{R}^n$，使下列条件成立：

1)V 是正定函数。

2)$\dot{V}$ 是实值函数，并且在 N 上是连续的；此外，存在实数 $c>0$，使得 $\dot{V}+cV^\alpha$ 在 N 上是半

负定的。

引理 2-3[8] 如果一个系统是全局渐近稳定的和局部有限时间收敛的，那么该系统也是全局有限时间稳定的。

引理 2-1 和引理 2-2 的详细证明见文献[7]。事实上，有限时间收敛 Lyapunov 稳定性控制理论几乎可以用于证明所有控制系统的有限时间收敛特性，如终端滑模控制、高阶滑模有限时间收敛控制等，但是终端滑模控制往往可利用其终端滑模面求出有限收敛时间的解析解；因此，终端滑模控制的有限时间收敛特性可采用有限时间收敛 Lyapunov 稳定性理论来证明，亦可应用其自身的数学特性来证明，两者能够达到同样的效果。

2.4 终端滑模有限时间收敛控制理论

滑模变结构控制理论由于具有响应速度快、对扰动及参数变化不敏感、不需系统在线辨识、便于工程应用等优势，成为近年来控制与制导领域研究的热点。但是传统的滑模控制一般选取线性滑模面，只能使系统的状态渐近收敛到滑模面上，因此在应用中受到了一些限制；终端滑模控制理论由文献[9,10]于 1988 年首次提出，该文献通过引入神经网络中 Terminal Attractor的概念，设计非线性终端滑模面，能够使跟踪误差在有限时间内收敛到平衡点[11]。

2.4.1 典型终端滑模面的设计与分析

终端滑模面的设计是终端滑模控制理论非常重要的环节，也是终端滑模与其他滑模相区别的关键，目前有多种设计方法可供采用。一般而言，终端滑模面有经典终端滑模面、非奇异终端滑模面、快速终端滑模面、带补偿函数的终端滑模面、积分形式的终端滑模面等，下面对常用的滑模面及其收敛时间进行描述和分析[11-25]。

1. 经典终端滑模

经典终端滑模面

$$s(t)=\dot{x}+\beta x^{q/p} \tag{2-6}$$

式中，状态变量 $x\in\mathbf{R}$，幂次项参数 $\beta>0$，p、q 为正奇数，且 $p>q$。

令滑模面为零，对式(2-6)进行求解，可得

$$\frac{p}{p-q}\left[x(t)^{(p-q)/p}-x(0)^{(p-q)/p}\right]=-\beta t \tag{2-7}$$

根据式(2-7)，可得系统从每一个初始状态 $x(0)\neq 0$ 到 $x(t_s)=0$ 的时间 t_s 的表达式为

$$t_s=\frac{p}{\beta(p-q)}\left|x(0)\right|^{(p-q)/p} \tag{2-8}$$

原点 $x_0=0$ 也称作 Terminal 吸引子，在终端滑模的作用下，$x(t)$将于 t_s 内收敛至 0。对式(2-6)在 $x_0=0$ 附近求雅可比方程，可得

$$J=\frac{\partial\dot{x}}{\partial x}=\frac{\beta q}{px^{(1-q/p)}} \tag{2-9}$$

根据式(2-9)，可得当 $x\to 0^+$ 时，$J\to-\infty$；可以将 J 认为是 $\dot{x}+\beta x^{q/p}=0$ 的特征值，那么当 $x\to 0^+$ 时，系统状态以无穷快的速度趋向于原点，且 x 愈小，趋向速度愈快，这恰恰是终端

滑模控制具有有限时间收敛特性的主要原因。然而,该经典终端滑模面也有缺点,即它在 $x=0$ 处是奇异的,当 Lipschitz 条件不成立时,$x(t)$才能于有限时间 t_s 内收敛至 0;此外,当系统状态距离原点较远时,其收敛速度相对较慢。

上面介绍了一阶系统的终端滑模情况,下面对二阶系统的经典终端滑模设计方法及其有限收敛时间进行分析。

针对如下二阶系统

$$\left.\begin{aligned}\dot{x}_1&=x_2\\ \dot{x}_2&=f(\boldsymbol{x})+g(\boldsymbol{x})+b(\boldsymbol{x})u\end{aligned}\right\} \tag{2-10}$$

式中,$\boldsymbol{x}=[x_1 \quad x_2]^{\mathrm{T}}$,$b(\boldsymbol{x})\neq 0$,$g(\boldsymbol{x})$为系统不确定性和外部扰动,$|g(\boldsymbol{x})\leqslant D(t)|$。

针对式(2-10)所示的系统,经典终端滑模面可设计为

$$s(t)=x_2+\beta x_1^{q/p} \tag{2-11}$$

式中,幂次项参数 $\beta<0$,p、q 为奇数,且 $p>q>0$。

控制量 $u(t)$设计如下

$$u(t)=-b^{-1}(\boldsymbol{x})\left\{f(\boldsymbol{x})+\beta\frac{q}{p}x_1^{q/p-1}x_2+[D(t)+\eta]\mathrm{sgn}(s)\right\} \tag{2-12}$$

式中,$\eta>0$。

设 $s(0)\neq 0$ 收敛到 $s=0$ 的时间为 t_r。当 $t=t_r$ 时,$s(t_r)=0$,$s\cdot\dot{s}=-\eta|s|$。

根据 $s\cdot\dot{s}=-\eta|s|$,可得

当 $s\geqslant 0$ 时,有

$$\dot{s}\leqslant-\eta \quad \int_{s(0)}^{s(t_r)}\mathrm{d}s\leqslant\int_0^{t_r}-\eta\,\mathrm{d}t,s(t_r)-s(0)\leqslant-\eta t_r,t_r\leqslant s(0)/\eta$$

同理,当 $s\leqslant 0$ 时,有 $t_r\leqslant -s(0)/\eta$。综合上述两种情形,可得

$$t_r\leqslant|s(0)|/\eta \tag{2-13}$$

假设 $x_1(t_r)\neq 0$ 收敛到 $x_1(t_s+t_r)=0$ 的时间为 t_s,那么此时,$s=0$,即

$$x_2+\beta x_1^{q/p}=0 \quad \dot{x}_1=-\beta x_1^{q/p}$$

对上式两边积分,可得

$$\int_{x_1(t_r)}^{0}x_1^{q/p}\,\mathrm{d}x_1=\int_{t_r}^{t_r+t_s}-\beta\,\mathrm{d}t$$

及

$$-\frac{p}{p-q}x_1^{1-q/p}(t_r)=-\beta t_s$$

进而可得

$$t_s=\frac{p}{\beta(p-q)}|x_1(t_r)|^{1-q/p} \tag{2-14}$$

因此,可综合式(2-13)和式(2-14),解出二阶系统的最终有限收敛时间。

2. 快速终端滑模

当系统状态距离平衡点较远时,针对经典终端滑模控制中收敛速度较慢的问题,人们研究了快速终端滑模面,通过在原滑模面中引入线性项,大大提高了经典终端滑模控制在距离平衡点较远处的收敛速度。快速终端滑模面设计如下:

$$s(t)=\dot{x}+\alpha x+\beta x^{q/p} \tag{2-15}$$

式中，状态变量 $x\in\mathbf{R}$，幂次项参数 $\alpha>0,\beta>0,p、q$ 为奇数，且 $p>q>0$。

根据式(2-15)可知：αx 项的引入大大地提高了系统状态在距离平衡点较远处的收敛速度；而当 $x\to0^+$ 时，$\beta x^{q/p}$ 项仍可保证系统状态以无穷快的速度趋向于原点。

令 $s(t)=0$，由式(2-15)，可知

$$x^{-q/p}\frac{\mathrm{d}x}{\mathrm{d}t}+\alpha x^{\frac{1-q}{p}}=-\beta \tag{2-16}$$

令 $y=x^{\frac{1-q}{p}}$，那么 $\dfrac{\mathrm{d}y}{\mathrm{d}t}=\dfrac{p-q}{p}x^{-\frac{q}{p}}\dfrac{\mathrm{d}x}{\mathrm{d}t}$，结合式(2-16)，可得

$$\frac{\mathrm{d}y}{\mathrm{d}t}+\frac{p-q}{p}\alpha y=-\frac{p-q}{p}\beta \tag{2-17}$$

式(2-17)的通解为

$$\begin{aligned}y=\mathrm{e}^{-\frac{p-q}{p}\alpha t}\left(-\frac{p-q}{p}\beta\frac{p}{(p-q)\alpha}\mathrm{e}^{\frac{p-q}{p}\alpha t}\Big|_0^t+y(0)\right)=\\-\frac{\beta}{\alpha}+\frac{\beta}{\alpha}\mathrm{e}^{-\frac{p-q}{p}\alpha t}+y(0)\mathrm{e}^{-\frac{p-q}{p}\alpha t}\end{aligned} \tag{2-18}$$

由于 $x=0$ 时，$y=0$，此刻令 $t=t_s$，则式(2-18)可化简为

$$\frac{\beta}{\alpha}\mathrm{e}^{-\frac{p-q}{p}\alpha t_s}+y(0)\mathrm{e}^{-\frac{p-q}{p}\alpha t_s}=\frac{\beta}{\alpha} \tag{2-19}$$

进行得到有限收敛时间 t_s 的最终表达式为

$$t_s=\frac{p}{\alpha(p-q)}\mathrm{In}\frac{\alpha x(0)^{(p-q)/p}+\beta}{\beta} \tag{2-20}$$

3. 非奇异终端滑模

为避免经典终端滑模面中出现的奇异问题，针对式(2-10)所示的二阶系统，人们研究了非奇异终端滑模面，即

$$s(t)=x_1+\frac{1}{\beta}x_2^{\ p/q} \tag{2-21}$$

式中，幂次项参数 $\beta>0,p、q$ 为奇数，且 $p>q>0$。

非奇异终端滑模控制 $u(t)$ 的设计如下

$$u(t)=-b^{-1}(\boldsymbol{x})\left\{f(\boldsymbol{x})+\beta\frac{q}{p}x_2^{2-p/q}+[D(t)+\eta]\mathrm{sgn}(s)\right\} \tag{2-22}$$

式中，$\eta>0,1<p/q<2$。

对式(2-21)两边求导，结合式(2-22)，可得

$$\dot{s}(t)=\dot{x}_1+\frac{1}{\beta}\frac{p}{q}x_2^{\ p/q-1}\dot{x}_2=\frac{1}{\beta}\frac{p}{q}x_2^{\ p/q-1}[g(\boldsymbol{x})-(D(t)+\eta)\mathrm{sgn}(s)] \tag{2-23}$$

由式(2-21)和式(2-23)，可得

$$s(t)\dot{s}(t)=\frac{1}{\beta}\frac{p}{q}x_2^{\ p/q-1}[s(t)g(\boldsymbol{x})-(D(t)+\eta)|s(t)|] \tag{2-24}$$

又因为 $\eta>0,1<p/q<2、\beta<0,p、q$ 为奇数，且 $|g(x)|\leqslant D(t)$，因此式(2-24)可化简为

$$s(t)\dot{s}(t)\leqslant-\eta'|s(t)| \tag{2-25}$$

式中，当 $x_2\neq0$ 时，$\eta'=\dfrac{1}{\beta}\dfrac{p}{q}x_2^{\ p/q-1}\eta>0$。

因此，当 $x_2\neq0$ 时，所设计的控制量 $u(t)$ 是 Lyapunov 稳定的。

4. **带补偿函数的高阶非线性终端滑模**

与前面三种滑模面的设计理念不同，本小节介绍一种带非线性补偿函数的终端滑模面，该类控制方法既可用于低阶系统，又可用于高阶系统；既可应用于单输入单输出系统，又可应用于多输入多输出系统；克服了前面几种终端滑模控制难以扩展到高阶系统的不足，并具有全局鲁棒性。

针对下面 n 阶多输入多输出非线性系统，有

$$\begin{aligned}\boldsymbol{y}^{(n)}=&f(\boldsymbol{y}^{(n-1)},\cdots,\dot{\boldsymbol{y}},\boldsymbol{y})+\Delta f(\boldsymbol{y}^{(n-1)},\cdots,\dot{\boldsymbol{y}},\boldsymbol{y})+\\&\boldsymbol{b}(\boldsymbol{y}^{(n-1)},\cdots,\dot{\boldsymbol{y}},\boldsymbol{y})\boldsymbol{u}+\boldsymbol{d}(t)\end{aligned} \tag{2-26}$$

式中，$\boldsymbol{y}\in\mathbf{R}^m$，$\boldsymbol{u}\in\mathbf{R}^m$ 为系统的输出向量和控制输入向量；Δf 为系统不确定性，$0<\Delta f\leqslant F$；$\boldsymbol{d}(t)$为外部干扰，$0<\mathrm{d}(t)\leqslant D(t)$；$\boldsymbol{b}\in\mathbf{R}^{m\times m}$为函数矩阵，$\mathrm{rank}(\boldsymbol{b})=m$。

为便于设计，令 $\boldsymbol{x}_1=\boldsymbol{y}$，$\boldsymbol{x}_2=\dot{\boldsymbol{y}}$，$\boldsymbol{x}_n=\boldsymbol{y}^{(n-1)}$，这样式(2-26)可重新表示为

$$\left.\begin{aligned}&\dot{\boldsymbol{x}}_1=\boldsymbol{x}_2\\&\cdots\cdots\\&\dot{\boldsymbol{x}}_n=f(\boldsymbol{X},t)+\Delta f(\boldsymbol{X},t)+\boldsymbol{b}(\boldsymbol{X},t)\boldsymbol{u}+\boldsymbol{d}(t)\end{aligned}\right\} \tag{2-27}$$

式中，$\boldsymbol{X}=[\boldsymbol{x}_1^{\mathrm{T}}\ \boldsymbol{x}_2^{\mathrm{T}}\ \cdots\ \boldsymbol{x}_n^{\mathrm{T}}]^{\mathrm{T}}=[\boldsymbol{x}_1^{\mathrm{T}}\ \dot{\boldsymbol{x}}_1^{\mathrm{T}}\ \cdots\ \boldsymbol{x}_1^{(n-1)\mathrm{T}}]^{\mathrm{T}}$。

设系统状态的期望值为 $\boldsymbol{X}_d=[\boldsymbol{x}_{1d}^{\mathrm{T}}\ \ \boldsymbol{x}_{2d}^{\mathrm{T}}\ \cdots\ \boldsymbol{x}_{nd}^{\mathrm{T}}]^{\mathrm{T}}=[\boldsymbol{x}_{1d}^{\mathrm{T}}\ \ \dot{\boldsymbol{x}}_{1d}^{\mathrm{T}}\ \cdots\ \boldsymbol{x}_{1d}^{(n-1)\mathrm{T}}]^{\mathrm{T}}$，那么状态误差可定义为

$$\boldsymbol{E}=\boldsymbol{X}-\boldsymbol{X}_d=[\boldsymbol{e}^{\mathrm{T}}\ \dot{\boldsymbol{e}}^{T}\cdots\ \boldsymbol{e}^{(n-1)\mathrm{T}}]^{\mathrm{T}} \tag{2-28}$$

式中，$\boldsymbol{e}=\boldsymbol{x}_1-\boldsymbol{x}_{1d}=[\boldsymbol{e}_1\ \boldsymbol{e}_2\ \cdots\ \boldsymbol{e}_m]^{\mathrm{T}}$。

带补偿函数的高阶非线性终端滑模面设计如下：

$$\boldsymbol{\sigma}(\boldsymbol{X},t)=\boldsymbol{CE}-\boldsymbol{W}(t) \tag{2-29}$$

式中，$\boldsymbol{W}(t)=\boldsymbol{CP}(t)$，$\boldsymbol{P}(t)=[\boldsymbol{p}(t)^{\mathrm{T}}\ \dot{\boldsymbol{p}}(t)^{\mathrm{T}}\cdots\ \boldsymbol{p}^{(n-1)}(t)^{\mathrm{T}}]^{\mathrm{T}}$；$\boldsymbol{C}=[\boldsymbol{C}_1\ \boldsymbol{C}_2\cdots\ \boldsymbol{C}_n]$为系数矩阵，$\boldsymbol{C}_i=[c_{i1}\ c_{i2}\cdots c_{ij}]$，$c_{ij}(i=1,2,\cdots,n;j=1,2,\cdots,m)>0$ 为常数。

此外，$\boldsymbol{p}(t)=[p_1(t)\ \ p_2(t)\ \ \cdots\ \ p_m(t)]^{\mathrm{T}}$，$p_i(t)$为所设计的时变补偿函数，它满足以下假设：

假设 2-1 设计时变补偿函数 $p_i(t):\mathbf{R}^+\to\mathbf{R}$，$p_i(t)\in\mathbf{C}^n[0,\infty]$，$\dot{p}_i(t),\cdots,p_i^{(n)}(t)\in L^\infty$；$p_i(t)$在时间区间$[0,T]$上有界，且 $T=\mathrm{const}>0$，$p_i(0)=e_i(0)$，$\dot{p}_i(0)=\dot{e}_i(0)$，$\cdots$，$\dot{p}_i^n=\dot{e}_i^{(n)}(0)$；其中，$\boldsymbol{C}^n[0,\infty)$代表在区间$[0,\infty)$上定义的所有 n 阶可微连续函数。

选取非线性时变补偿函数 $p_i(t)$为

$$p_i(t)=\begin{cases}\displaystyle\sum_{k=0}^{n}\frac{1}{k!}e_i(0)^{(k)}t^k+\sum_{j=0}^{n}\left(\sum_{l=0}^{n}\frac{a_{jl}}{T^{j-l+n+1}}e_i(0)^l\right)t^{j+n+l} & 0\leqslant t\leqslant T\\ 0 & t>T\end{cases} \tag{2-30}$$

式中，参数 a_{jl} 可根据假设 2-1 中的条件解方程组求取。

2.4.2 终端滑模控制系统的齐次性

在滑模面上，即 $s(t)=0$ 的情况下，经典终端滑模控制和非奇异终端滑模控制系统可归纳为[26]：$\dot{x}_1=-k\mathrm{sig}^{\alpha}(x_1)$或 $\dot{x}_1=-k^{\alpha}\mathrm{sig}^{\alpha}(x_1)$。因此总体上可归纳为如下模型：

$$\dot{x}=h(x),h(0)=0 \quad x\in\mathbf{R} \tag{2-31}$$

式中，$h:D\to\mathbf{R}$ 在原点 $x=0$ 的开邻域上是连续的。假定系统从任一时刻 $t=t_0$，$x=x_0$ 开始，在 t_0 时刻以后的解是唯一的，可将其表示为 $x(x_0,t)$。

当 $s(t)=0$ 时，上述两种终端滑模均能够实现有限时间稳定控制，且有着类似的系统动态特性，故可把两种滑模面结合到一起进行分析。

引理 2-4[26] 式(2-31)所示的系统在平衡点 $x=0$ 处全局有限时间稳定的充分必要条件是：

1) $xh(x)\in\mathbf{R}$ 且 $xh(x)\leqslant 0$，当且仅当 $x=0$ 时，$xh(x)=0$；

2) 对于 $\forall x_0\in\mathbf{R}$，均满足 $\int_{x_0}^{0}\frac{\mathrm{d}x}{h(x)}$ 有界。

注：引理 2-4 给出了系统(2-31)在平衡点 $x=0$ 处实现全局有限时间稳定应该具备的两个条件。对于任意的 $h(x)$，若具备引理 2-4 所给出的条件，那么 $h(x)$ 可被看作为终端滑模面，且终端滑模控制具有有限时间收敛特性。此外，任意具有有限时间收敛特性的终端滑模面均符合引理 2-4 的要求。

2.4.3 终端滑模控制的设计思路与方法

终端滑模控制理论在最近 30 年中，得到了深入而广泛的研究，形成了很多类型的设计思路和方法，归纳起来，主要可以分为以下几类：

1) 最常用的设计方法。首先设计各种类型的终端滑模面，如经典终端滑模面、非奇异终端滑模面、快速终端滑模面、带补偿函数的高阶非线性终端滑模面等；然后运用 Lyapunov 函数法或采用趋近律的方法，推导出控制律的最终表达形式，并证明其稳定性；最后对所设计的控制律的有限时间收敛特性进行分析和证明，主要有两种方法：①采用终端滑模面本身所具有的有限时间收敛特性进行证明；②采用有限时间收敛 Lyapunov 稳定性定理进行证明。

2) 反演终端滑模设计方法。将终端滑模面的设计与反演设计方法相结合，把复杂的非线性系统分解为若干个子系统[26,27]，构造多个滑模面及虚拟控制量，通过从后向前反推的方法，设计多个控制量并最终完成整个有限时间收敛控制律的设计；最后对其稳定性和有限时间收敛特性进行分析。

3) 自适应终端滑模设计方法。将自适应控制引入终端滑模控制设计中，在第一类设计方案的基础上，运用自适应控制对所提出的控制律的参数进行在线自适应调整，这样对控制律实施优化，提高了控制精度；最后对其稳定性和有限时间收敛特性进行分析。

4) 智能终端滑模设计方法。这种方法将智能控制理论引入终端滑模控制设计中，在第一类设计方法的前提下，运用模糊控制理论、神经网络控制理论等智能控制理论与方法，对模型的不确定性和外部有界干扰进行估计和补偿，有效提高了控制律的鲁棒性和控制精度；最后对其稳定性和有限时间收敛特性进行分析。

2.5 高阶滑模有限时间收敛控制理论

高阶滑模控制除了具备经典滑模的优良特性之外，还可以有效地减小或消除抖振现象。高阶滑模有限时间收敛控制理论主要是指具有有限时间收敛特性的高阶滑模控制理论与方法，一般情况下，高阶滑模的有限时间收敛特性需要使用有限时间收敛 Lyapunov 稳定性理论进行证明，故也属于有限时间收敛 Lyapunov 方法，但是由于其主要集中于几类控制方法，且很多高阶滑模控制方法可直接应用，无须再进行有限时间收敛特性证明，所以将其单列出来进行分析和描述。

一般说来，高阶滑模控制设计过程比较复杂，因此高阶滑模有限时间收敛控制的应用多集中在二、三阶系统的研究上；研究比较集中的高阶滑模有限时间收敛算法主要有 Levent[28-30] 提出的扭曲算法、超扭曲算法、预定收敛算法及 Bartolini 等[31-32] 提出的次优算法等；这几种高阶滑模控制可保证滑模面具有较好的有限时间收敛能力。下面，给出高阶滑模有限时间收敛观测器的表达式。

针对下面的单输入单输出非线性系统[26]，有

$$\dot{\sigma}=g(t)+u \qquad \sigma\in\mathbf{R} \tag{2-32}$$

式中，σ 是滑模变量，$u\in\mathbf{R}$ 是系统控制量，$g(t)$ 是未知连续函数，且其微分 $\dot{g}(t)$ 满足 $|\dot{g}(t)|\leqslant\Lambda$，$\Lambda=\text{const}>0$。

对式(2-32)所示的系统，设 $g(t)$ 是 $k-1$ 次可微的，且 $g^{k-1}(t)$ 含有已知的 Lipschitz 常数 L，σ 和 u 随时可取，有下面的高阶滑模有限时间收敛观测器：

$$\left.\begin{aligned}
&\dot{z}_0=\nu_0+u\\
&\nu_0=-\lambda_0 L^{1/(k+1)}|z_0-\sigma|^{k/(k+1)}\operatorname{sgn}(|z_0-\sigma|)+z_1\\
&\dot{z}_1=\nu_1\\
&\nu_1=-\lambda_1 L^{1/k}|z_1-\nu_0|^{(k-1)/k}\operatorname{sgn}(|z_1-\nu_0|)+z_2\\
&\cdots\cdots\\
&\dot{z}_{k-1}=\nu_{k-1}\\
&\nu_{k-1}=-\lambda_{k-1}L^{1/2}|z_{k-1}-\nu_{k-2}|^{1/2}\operatorname{sgn}(|z_{k-1}-\nu_{k-2}|)+z_k\\
&\dot{z}_k=-\lambda_k L\operatorname{sgn}(|z_k-\nu_{k-1}|)
\end{aligned}\right\} \tag{2-33}$$

式中，$\lambda_i>0$，$i=0,1,\cdots,k$。则经过有限时间之后，可达到如下状态

$$z_0=\alpha(t),z_1=g(t),\cdots,z_i=\nu_{i-1}=g^{(i-1)}(t) \qquad i=1,\cdots,k \tag{2-34}$$

2.6　制导系统有限时间收敛定量分析

在第一章中，对拦截高速机动目标的有限时间收敛制导方法进行了定性分析，表明有限时间收敛制导方法研究具有重要意义；本节将通过定量分析的方式，对其必要性和意义进行进一步的阐述和论证。

一般情况下，无论是雷达导引头，还是红外导引头，当导引头与目标距离很近时，都会存在盲区；在高速机动目标拦截的情况下，当导弹进入导引头盲区时，导弹会进入惯性飞行状态，由于目标往往处于空气稀薄区域，所以导弹的空气动力学很小，此时可将其过载近似为零。因此，可先对导引头进入制导盲区时的脱靶量进行推导。

如图 2-3 所示，可得基于极坐标系的导弹-目标相对运动模型

$$
\left.\begin{aligned}
a_{Tr}-a_{Mr}&=\ddot r-r\dot\psi^2\cos^2\theta-r\dot\theta^2\\
a_{T\psi}-a_{M\psi}&=2\dot r\dot\psi\cos\theta+r\ddot\psi\cos\theta-2r\dot q\dot\psi\sin\theta\\
a_{T\theta}-a_{M\theta}&=2\dot r\dot\theta+r\ddot\theta+r\dot\psi^2\sin\theta\cos\theta
\end{aligned}\right\}\tag{2-35}
$$

式中，a_{Tr}，$a_{T\psi}$，a_{Tq}和a_{Mr}，$a_{M\psi}$，a_{Mq}表示目标加速度矢量$\boldsymbol{a}_T$和导弹加速度矢量$\boldsymbol{a}_M$在极坐标系(e_r,e_θ,e_ψ)三轴上的分量，$Oxyz$为惯性坐标系，r为导弹与目标间的距离，θ和ψ分别为视线倾角和视线偏角。

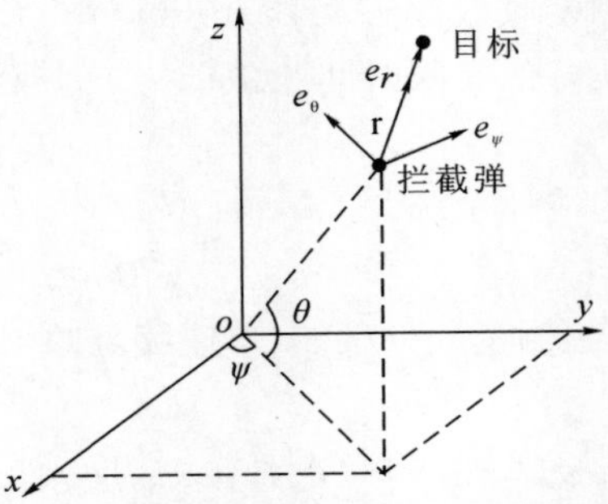

图 2-3　极坐标系下的导弹-目标相对运动示意图

设导引头进入导弹制导盲区的时刻为t_b，则t_b时刻的弹目相对运动学模型可表示为

$$
\left.\begin{aligned}
a_{Trb}-a_{Mrb}&=\ddot r_b-r_b\dot\psi_b^2\cos^2\theta_b-r_b\dot\theta_b^2\\
a_{T\psi b}-a_{M\psi b}&=2\dot r_b\dot\psi_b\cos\theta_b+r_b\ddot\psi_b\cos\theta_b-2r_b\dot q_b\dot\psi_b\sin\theta_b\\
a_{T\theta b}-a_{M\theta b}&=2\dot r_b\dot\theta_b+r_b\ddot\theta_b+r_b\dot\psi_b^2\sin\theta_b\cos\theta_b
\end{aligned}\right\}\tag{2-36}
$$

若以t_b为初始时刻，那么再经过时间t_s，导弹与目标的相对距离r可表示如下

$$
R(t_s)=\sqrt{\left(r_b+\dot r_bt_s+\frac{1}{2}a_{Trb}t_s^2\right)^2+\left(r_b\dot\theta_bt_s+\frac{1}{2}a_{T\theta b}t_s^2\right)^2+\left(r_b\dot\psi_b\cos\theta_bt_s+\frac{1}{2}a_{T\psi b}t_s^2\right)^2}\tag{2-37}
$$

对式(2-37)两边进行求导，可得

$$
\begin{aligned}
\frac{\mathrm{d}R(t_s)}{\mathrm{d}t_s}=&\frac{\left(r_b+\dot r_bt_s+\frac{1}{2}a_{Trb}t_s^2\right)(\dot r_b+a_{Trb}t_s)+\left(r_b\dot\theta_bt_s+\frac{1}{2}a_{T\theta b}t_s^2\right)(r_b\dot\theta_b+a_{T\theta b}t_s)}{\sqrt{\left(r_b+\dot r_bt_s+\frac{1}{2}a_{T\psi b}t_s^2\right)^2+(r_b\dot\theta_bt_s)^2+(r_b\dot\psi_b\cos\theta_bt_s)^2}}+\\
&\frac{\left(r_b\dot\psi_b\cos\theta_bt_s+\frac{1}{2}a_{T\psi b}t_s^2\right)(r_b\dot\psi_b\cos\theta_b+a_{T\psi b}t_s)}{\sqrt{\left(r_b+\dot r_bt_s+\frac{1}{2}a_{Trb}t_s^2\right)^2+(r_b\dot\theta_bt_s)^2+(r_b\dot\psi_b\cos\theta_bt_s)^2}}
\end{aligned}\tag{2-38}
$$

根据式(2-38)，令$\dfrac{\mathrm{d}R(t_s)}{\mathrm{d}t_s}=0$，可得

$$
\begin{aligned}
&\left(r_b+\dot r_bt_s+\frac{1}{2}a_{Trb}t_s^2\right)(\dot r_b+a_{Trb}t_s)+\left(r_b\dot\theta_bt_s+\frac{1}{2}a_{T\theta b}t_s^2\right)(r_b\dot\theta_b+a_{T\theta b}t_s)+\\
&\left(r_b\dot\psi_b\cos\theta_bt_s+\frac{1}{2}a_{T\psi b}t_s^2\right)(r_b\dot\psi_b\cos\theta_b+a_{T\psi b}t_s)=0
\end{aligned}\tag{2-39}
$$

由于在一般情况下，目标的径向加速度a_{Tr}数值极小且目标的机动逃逸往往不在这个方向，所以可以认为$a_{Trb}=0$；此外，由于导引头盲区时间极短，在拦截高速目标时，一般不超过

100 ms，且多是在以纵向平面为主的空间内进行拦截，侧向速度很小并且短时间内变化也不大，所以，可认为侧向的加速度为零，即 $a_{T\psi b}=0$；同时，由于该拦截过程时间极短，可认为目标机动加速度不变，即 $a_{T\theta b}=\text{const}$。于是，式(2－39)可化简为

$$\dot{r}_b(r_b+\dot{r}_b t_s)+\left(r_b\dot{\theta}_b t_s+\frac{1}{2}a_{T\theta b}t_s^2\right)(r_b\dot{\theta}_b+a_{T\theta b}t_s)+r_b^2\dot{\psi}_b^2\cos^2\theta_b t_s=0 \tag{2-40}$$

对式(2－40)进行化简，可得

$$a_{T\theta b}^2 t_s^3+3r_b\dot{\theta}_b a_{T\theta b}t_s^2+(2\dot{r}_b^2+2r_b^2\dot{\theta}_b^2+r_b^2\dot{\psi}_b^2\cos^2\theta_b)t_s+2\dot{r}_b r_b=0 \tag{2-41}$$

由于导引头盲区距离很短，尤其是在高速拦截的情况下，$|\dot{r}_b|\gg r_b$，所以，式(2－41)可求得如下近似解

$$t_s=r_b/|\dot{r}_b| \tag{2-42}$$

将式(2－41)和式(2－42)代入式(2－37)，可得

$$R(t_s)=\frac{r_b^2}{|\dot{r}_b|}\left(\dot{\theta}_b+\frac{a_{T\theta b}}{2|\dot{r}_b|}\right) \tag{2-43}$$

由式(2－43)可知，当导引头进入盲区且目标不机动时，$a_{T\theta b}=0$、$R(t_s)=r_b^2\dot{\theta}_b/|\dot{r}_b|$；此时，若 $\dot{\theta}_b\to 0$，则 $R(t_s)\to 0$。若目标有机动，则可根据式(2－43)进行数值计算；图 2－4 给出了视线角速率为零时，导弹与目标在盲区时刻的相对速度与脱靶量的关系曲线。

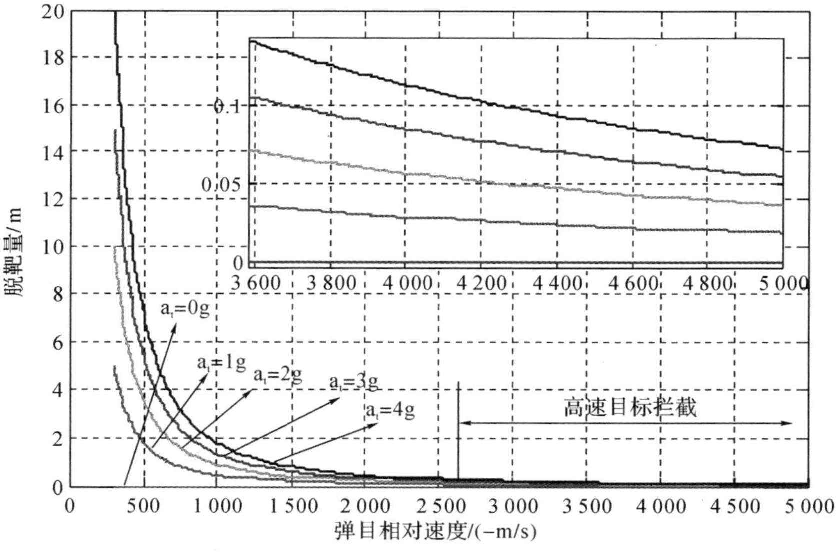

图 2－4　视线角速率为零时弹目盲区相对速度与脱靶量的关系

由图 2－4 可知，在视线角速率为零的情况下，当 $a_{T\theta b}=0$ 时，$R(t_s)=0$；当 $a_{T\theta b}$ 分别为 $1g$、$2g$、$3g$、$4g$ 时，导弹的脱靶量曲线逐渐升高，但是在高速拦截的情形下，当 $r_b=2\ 600$ m/s 时，脱靶量 $R(t_s)$不超过 0.26 m；不仅如此，盲区时弹目相对速度越大，则其脱靶量越小，并趋向于零。因此，在高速机动目标的拦截情形下，弹目相对速度很高，无论目标是否机动，只要使导弹-目标的视线角速率在导引头进入盲区前收敛到零或零附近的较小邻域内，即可保证脱靶量为零或接近于零。

根据式(2－43)，使导弹的脱靶量趋向于零的另外一种方法，是令视线角速率满足 $\dot{\theta}_b=$

$\frac{a_{T\theta b}}{2|\dot{r}_b|}$，进而使 $R(t_s) \to 0$。

但是这种方法在操作中较为困难。当弹目距离越来越小时，导弹制导模型的分母中由于含有弹目相对距离或距离的二次方项，会使制导模型的非线性显著增强，尤其在弹目相对速度很大且是迎击的情况下，这种表现更为明显；而期望的 $\dot{\theta}_b$ 是一个极小的值，如果设计制导律的话，很难保证导弹在进入盲区时，能够使其视线角速率跟踪上期望值 $\dot{\theta}_b$。此外，目标加速度 $a_{T\theta b}$ 也是很难获取的，即使通过观测器方法或被动跟踪方法对 $a_{T\theta b}$ 进行估计，在弹目距离较小时，由于制导模型及观测模型的非线性，会使其偏离真实值较大范围，难以满足高精度制导的需求；同时，即使能够在弹目距离较小时获得对 $a_{T\theta b}$ 比较准确的实时估计，期望值 $\dot{\theta}_b$ 也是一个实时在线更新的量，而非预先给定的常值，模型的非线性和不确定性也难以保证对视线角速率期望值的实时跟踪，因此第二种方法的可行性不强。

综上所述，开展有限时间收敛制导方法研究，可有效提高导弹拦截高速机动目标的制导精度，具有重要的理论和实际意义。

2.7 本章小结

本章对有限时间收敛控制理论基础进行了研究和论述，首先给出了有限时间稳定和有限时间收敛两种控制理论的概念、区别和联系；其次分别对 Lyapunov 稳定性理论和有限时间收敛 Lyapunov 稳定性理论进行了分析和论述；接着，对四种典型终端滑模面进行了描述和分析，对终端滑模控制系统的齐次性进行了论述，并对终端滑模控制的设计思路与方法进行了总结和分类；随后，对高阶滑模有限时间收敛控制理论进行了描述和分析；最后，推导了导弹盲区时刻制导信息与脱靶量的关系表达式。仿真分析结果表明：开展有限时间收敛制导方法研究具有重要的理论与实际意义。

参考文献

[1] 马世敏. 广义 Hamilton 系统的有限时稳定及控制[D]. 济南：山东大学，2011.

[2] DIRATO P. Short-time stability in linear time-varying systems[C]// Proceedings of the IRE International Convention Record，1961，4：83 - 87.

[3] DORATO P. Short-time stability[J]. IRE Transactions on Automatic Control. 1961，6(1)：86 - 86.

[4] 辛道义. 有限时间稳定性分析与控制设计研究[D]. 济南：山东大学，2008.

[5] 赵欣. 有限时间控制及控制器设计[D]. 沈阳：东北大学，2010.

[6] BHAT S P，BERNSTEIN D S. Lyapunov analysis of finite-time differential equations [C]//Proceedings of the American Control Conference，1995：1831 - 1832.

[7] BHAT S P. Finite-time stability and finite-time stabilization[D]. Michigan：Michigan University，1997.

[8]　洪奕光，程代展. 非线性系统的分析与控制[M]. 北京：科学出版社，2005.

[9]　ZAK M. Terminal attractors for addressable memory in neural networks [J]. Physics Letter，1988，33(12)：18－22.

[10]　ZAK M. Terminal attractors in neural networks[J]. Neural Networks，1989，2：259－274.

[11]　姜长生，吴庆宪，旨树岷. 现代非线性系统鲁棒控制基础[M]. 哈尔滨：哈尔滨工业大学出版社，2012.

[12]　PARK K B. Terminal sliding mode control of second-order nonlinear uncertain systems[J]. Robust Nonlinear Control，1999，9：769－780.

[13]　MAN Z，PAPLINSKI A P，WU H R. A robust MIMO terminal sliding mode control scheme for figid robotic manipulators[J]. IEEE Transactions on Automatic Control，1994，39(12)：2464－2469.

[14]　刘金琨. 滑模变结构控制 MATLAB 仿真[M]. 北京：清华大学出版社，2005.

[15]　张袅娜. 终端滑模控制理论与应用[M]. 北京：科学出版社，2011.

[16]　LI H，DOU L H，SU Z. Adaptive dynamic surface based nonsingular fast terminal sliding mode control for semistrict feedback system[J]. Journal of Dynamic Systems，Measurement，and Control，2012，134：1－9.

[17]　CHEN M，WU Q X，CUI R X. Terminal sliding mode tracking control for a class of SISO uncertain nonlinear systems[J]. ISA Transactions，2013，52(2)：198－206.

[18]　YNAG J，LI S H，SU J Y. Continuous nonsingular terminal sliding mode control for systems with mismatched disturbances[J]. Automatica，2013，49(7)：2287－2291.

[19]　QI L，SHI H B. Adaptive position tracking control of permanent magnet synchronous motor based on RBF fast terminal sliding mode control[J]. Neurocomputing，2013，115：23－30.

[20]　SONG Z K，LI H X，SUN K B. Finite-time control for nonlinear spacecraft attitude based on terminal sliding mode technique[J]. ISA Transactions，2014，53(1)：117－124.

[21]　YI J，PYYNG H C，JIN M L. Stability guaranteed time-delay control of manipulators using nonlinear damping and terminal sliding mode [J]. IEEE Transactions on Industrial Electronics，2013，60(8)：3304－3315.

[22]　ZOU A M，KRISHNA D K，HOU Z G. Finite-Time attitude tracking control for spacecraft using terminal sliding model and Cchebyshev neural network[J]. IEEE Transactions on Cybernetics，2011，41(4)：950－963.

[23]　FENG Y，YU X H，HAN F L. High-Order Terminal Sliding-Mode observer for parameter estimation of a permanent-magnet synchronous motor [J]. IEEE Transactions on Industrial Electronics，2013，60(10)：4272－4280.

[24]　WANG L M. Neural network-based terminal sliding mode control for the uncertainty coupled chaotic system with two freedoms[C]// IEEE International Conference on Information Theory and Information Security. Beijing：University of Illinois，2010.

[25] 郭超，梁晓庚，王俊伟．临近空间拦截弹的非奇异终端滑模控制[J]．宇航学报，2015，36(1)：58－67.

[26] 孙长银，穆朝絮，张瑞民．高超声速飞行器终端滑模控制技术[M]．北京：科学出版社，2014.

[27] 夏极，胡大斌．终端滑模控制方法研究进展[J]．化工自动化及仪表，2011，(9)：1043－1047.

[28] LEVANT A. Sliding mode and sliding accuracy in sliding mode control [J]. International Journal of Control，1993，58(6)：1247－1263.

[29] 杨婧，史小平．基于超扭曲算法的无人机动态逆编队控制器设计[J]．系统工程与电子技术，2014，36(7)：1380－1385.

[30] 董飞垚，雷虎民，周池军．导弹鲁棒高阶滑模制导控制一体化研究[J]．航空学报，2013，34(9)：2212－2218.

[31] BARTONLINI G，FERRARRA A，USAI E. Chattering avoidance by second order sliding mode control[J]. IEEE Transations on Automatic Control，1988，43(2)：241－246.

[32] BARTOLINI G，FERRARA A，GIACOMINI L. Properties of a combined adaptive/second-order sliding mode control algorithm for some classes of uncertain nonlinear systems[J]. IEEE Transactions on Automatic Control，2000，45(7)：1334－1341.

第三章　基于 L_{2-} 增益的视线角速率收敛鲁棒制导律

3.1 引　　言

鲁棒控制是控制理论界非常活跃的一个研究领域，在机器人、航空航天等各类工程系统中得到了日益重要的应用[1]。因此，将鲁棒控制应用到导弹制导领域，成为国内外学者研究的热点。Yang C. D.[2]将目标机动视为未知扰动，利用非线性 H_∞ 控制理论，提出了二维平面的非线性 H_∞ 制导律，并用解析方法求解了 Hamilton - Jacobi 偏微分方程，但是在实际应用中，由于导弹的径向加速度难以控制，降低了其工程应用价值。解增辉[3]将 H_∞ 控制与滑模控制相结合，推导了一种具有全程鲁棒性的 H_∞ 滑模制导律；Zhou Di[4]利用非线性 L_{2-} 增益控制理论，设计了具有 L_{2-} 增益的鲁棒制导律；但是这两种制导律仅在二维平面内进行推导。武立军[5]利用鲁棒动态逆方法，在球坐标系下设计了基于零化视线角速率思想的鲁棒制导律，但是其导弹一目标相对运动模型较为复杂。为简化制导模型，Feng Tyan[6-7]首次提出了改进极坐标系，并设计了自适应 GIPN 制导律；刘利军[8]采用改进极坐标系，利用 SDRE 方法设计了三维次优制导律，但文献[13 - 14]在建立改进极坐标系时均是基于某种假设进行推导的，说服力不强。视线角速率收敛制导律的研究，对提高导弹的制导精度具有重要意义，它可以使导弹-目标的侧向速度在末制导拦截末端收敛到零或零附近的较小邻域内，从而使末制导的拦截具有一定的准平行接近特性；除文献[12]外，文献[9]也采用了基于时间延迟的滤波算法及预测控制理论，设计了基于零化视线角速率的二维制导律，取得了良好的仿真效果。

捕获区的研究对提高导弹攻击目标的导引精度具有重要的意义。首先，在一般的中末制导交接班研究中，将中末制导交接班的内容定义为导引头交接班和弹道交接班，然而，在这种情况下，即使顺利地完成了交接班，也未必能够保证导弹准确命中目标，如果将捕获区判断引入中末制导交接班中，即制导站或导弹可以事先将导弹的参考捕获区计算出并进行存储，然后在交接班过程中进行比对，或者通过实时计算解算出导弹的参考捕获区，并进行实时判断；若目标未在导弹的参考捕获区内，则可通过调整中末制导交接班的制导算法，改变导弹的飞行姿态和轨迹，当目标完全处于导弹的参考捕获区时，确定完成中末制导交接班，这样，可以提高导弹的命中概率。其次，对于短程或人在回路的空空导弹，将导弹的参考捕获区显示在飞行员的监视屏幕上，可以使飞行员更加准确地下达攻击命令，提高打击精度和命中概率。

制导律的捕获区研究最早开始于 1976 年，Guelman M.[10]研究了平面内比例制导律的计算方法，并推导了相应制导律的解析表达式；Ghose D.[11-12]针对时变机动目标，分别研究了真比例制导律和纯比例制导律的捕获区；近年来，Feng Tyan[6,7,13-15]等针对导弹-目标的三维运动关系，对比例制导律及其改进形式的捕获区进行了深入地研究，文献 7 研究了基于改进极坐标系的理想比例制导律的捕获区，文献[13]研究了 PPN 打击高速非机动目标的捕获区，并充分考虑了末端视线角速率约束，文献[14]提出了在给定目标机动过载情况下的理想比例制导律的捕获区，并给出了通过增大导航系数来增大捕获区的方法，文献[15]针对高速非机动目标，研究了基于观测器延迟的 PPN 制导律的捕获区，文献[17-18]借鉴 Feng Tyan 的研究思路，研究了基于改进极坐标系的 H_∞ 制导律的捕获区，取得了很好的仿真结果。

因此，本章在上述研究的基础上，提出基于 MLC 和 L_2-增益的视线角速率收敛鲁棒非线性制导律，并对所提出的制导律的捕获能力展开研究。

3.2 坐标系定义及其转换关系

3.2.1 MLC 的定义

在描述 MLC 的定义之前，先描述常用导弹坐标系的定义。

(1)地面坐标系 $Ox_Iy_Iz_I$

$Ox_Iy_Iz_I$ 坐标系与地球表面固联，原点 O 选择为导弹发射时刻的质心在地球表面上的投影，Ox_I 和 Oy_I 轴处于当地水平面内，Oz_I 垂直于当地水平面向上，与 Ox_I 轴和 Oy_I 轴构成右手坐标系。理论上，$Ox_Iy_Iz_I$ 是非惯性坐标系，但是在初步研究导弹运动或导弹航程不大等情况时可近似看作惯性坐标系。

(2)视线坐标系 $Ox_Ly_Lz_L$

$Ox_Ly_Lz_L$ 是导弹拦截目标中的随动坐标系，原点 O 取在导弹的质心上；导弹与目标的连线为 Ox_L 轴，指向目标为正；Oz_L 轴与 Ox_L 轴垂直，处于包含 Ox_L 轴的垂直平面内，指向上方为正；Oy_L 轴在侧向平面内，其方向按右手定则确定。

(3)弹道坐标系 $Ox_2y_2z_2$

$Ox_2y_2z_2$ 是与导弹质心随动的动坐标系，原点 O 取在导弹的质心上，Ox_2 轴与导弹质心运动的速度向量 $\boldsymbol{V}_M$ 相同，向前为正；Oz_2 轴在导弹的纵向对称平面内，与 Ox_2 轴垂直，向上为正；Oy_2 轴垂直于 Ox_2z_2 平面，其方向按右手定则确定。

现在，给出 MLC 的定义：

如图 3-1 所示，$Oxyz$ 为惯性坐标系，$\boldsymbol{r}_T$、$\boldsymbol{r}_M$ 分别为导弹和目标在惯性坐标系下的位置矢量，$\boldsymbol{V}_I$、$\boldsymbol{V}_T$ 分别为导弹和目标的速度矢量，$\boldsymbol{r}$ 为二者的相对位置矢量，$\boldsymbol{e}_r$ 为 $\boldsymbol{r}$ 的单位矢量。

根据图 3-1 所示的导弹-目标相对运动学关系，可得二者的相对速度和相对加速度方程为

$$\frac{\mathrm{d}\boldsymbol{r}}{\mathrm{d}t}=\dot{r}\boldsymbol{e}_r+r\dot{\boldsymbol{e}}_r=\boldsymbol{V}_T-\boldsymbol{V}_M \tag{3-1}$$

$$\frac{\mathrm{d}^2\boldsymbol{r}}{\mathrm{d}t^2}=\ddot{r}\boldsymbol{e}_r+2\dot{r}\dot{\boldsymbol{e}}_r+r\ddot{\boldsymbol{e}}_r=\boldsymbol{a}_T-\boldsymbol{a}_M \tag{3-2}$$

式中，$\boldsymbol{a}_M$ 和 $\boldsymbol{a}_T$ 分别是导弹与目标的加速度矢量。

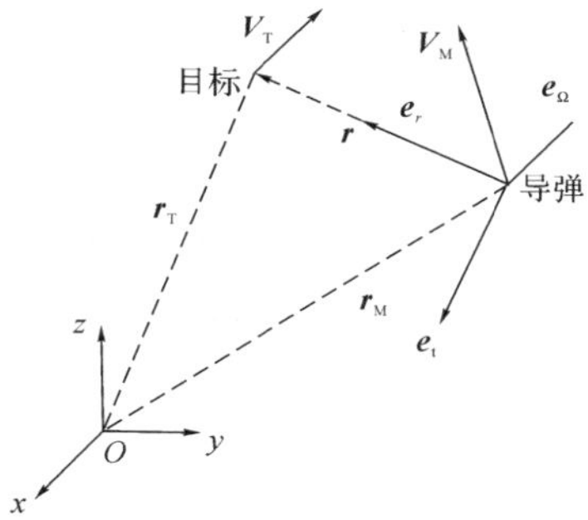

图 3-1　基于 MLC 的弹目相对运动学关系

给出矢量绝对导数与相对导数的数学转换方法：在惯性坐标系中，某一矢量对时间的导数（绝对导数）与同一矢量在动坐标系中对时间的导数（相对导数）之差，等于这个矢量本身与动坐标系的转动角速度的矢量乘积，即

$$\frac{\mathrm{d}\boldsymbol{r}}{\mathrm{d}t}=\frac{\delta\boldsymbol{r}}{\delta t}+\boldsymbol{\Omega}\times\boldsymbol{r} \tag{3-3}$$

由于在基于视线的动坐标系中，有

$$\frac{\delta\boldsymbol{r}}{\delta t}=\dot{r}\boldsymbol{e}_r \tag{3-4}$$

所以，由式(3-1)、式(3-3)、式(3-4)可知

$$r\dot{\boldsymbol{e}}_r=\boldsymbol{\Omega}\times\boldsymbol{r} \tag{3-5}$$

对式(3-5)进行化简，可得

$$\dot{\boldsymbol{e}}_r=\boldsymbol{\Omega}\times\frac{\boldsymbol{r}}{|r|} \tag{3-6}$$

由于 $\boldsymbol{r}=|r|\boldsymbol{e}_r$，故式(3-6)可表示如下

$$\dot{\boldsymbol{e}}_r=\boldsymbol{\Omega}\times\boldsymbol{e}_r \tag{3-7}$$

将式(3-7)等号两边同时左乘 $\boldsymbol{e}_r$，可得

$$\boldsymbol{e}_r\times\dot{\boldsymbol{e}}_r=\boldsymbol{\Omega} \tag{3-8}$$

进而可得

$$(\boldsymbol{e}_r\times\dot{\boldsymbol{e}}_r)^{\mathrm{T}}(\boldsymbol{e}_r\times\dot{\boldsymbol{e}}_r)=\dot{\boldsymbol{e}}_r^{\mathrm{T}}\dot{\boldsymbol{e}}_r=\boldsymbol{\Omega}^{\mathrm{T}}\boldsymbol{\Omega} \tag{3-9}$$

对 $\dot{\boldsymbol{e}}_r$ 和 $\boldsymbol{\Omega}$ 进行单位化，可得 $\boldsymbol{e}_t$，$\boldsymbol{e}_\Omega$ 的定义为

$$\boldsymbol{e}_t\triangleq\frac{\dot{\boldsymbol{e}}_r}{\|\boldsymbol{\Omega}\|_2},\ \boldsymbol{e}_\Omega\triangleq\frac{\boldsymbol{\Omega}}{\|\boldsymbol{\Omega}\|_2} \tag{3-10}$$

式中，$\|\boldsymbol{\Omega}\|_2$ 为 $\boldsymbol{\Omega}$ 的 2 范数。

由此，得到了基于($\boldsymbol{e}_r$，$\boldsymbol{e}_t$，$\boldsymbol{e}_\Omega$)的视线坐标系 $Ox_Ly_Lz_L$。与经典视线坐标系相比，该坐标系并未将其 y 方向固定在包含 Ox 方向的纵向平面内，而是令其与视线方向和视线转率方向随动。这种基于视线矢量和视线转率矢量的随动坐标系物理意义清晰，能够更加简捷、直观、方便地描述弹目相对运动的本质。

3.2.2　MLC 与地面坐标系的转换关系

如图 3-2 所示，$Ox_Iy_Iz_I$ 为地面坐标系，$Ox_Ly_Lz_L$ 为视线坐标系，θ_L 为视线倾角，φ_L 为视线偏角，其中 $Ox_Ly_Lz_L$ 各个轴的单位矢量可用[$\boldsymbol{e}_r$，$\boldsymbol{e}_q$，$\boldsymbol{e}_\psi$]表示。根据常用坐标系之间的几何

转换方法，可知 $Ox_Iy_Iz_I$ 到 $Ox_Ly_Lz_L$ 的转换矩阵为

$$\boldsymbol{M}_{LI}=\begin{bmatrix}\cos\theta_L\cos\varphi_L & \cos\theta_L\sin\varphi_L & \sin\theta_L\\ -\sin\varphi_L & \cos\varphi_L & 0\\ -\sin\theta_L\cos\varphi_L & -\sin\theta_L\sin\varphi_L & \cos\theta_L\end{bmatrix} \tag{3-11}$$

根据 MLC 的定义可知，其与 $Ox_Iy_Iz_I$ 的转换关系不能通过简单的几何旋转方法得到，因此本书对 MLC 与 $Ox_Iy_Iz_I$ 的转换方法进行了设计，下面给出具体的转换步骤和方法。

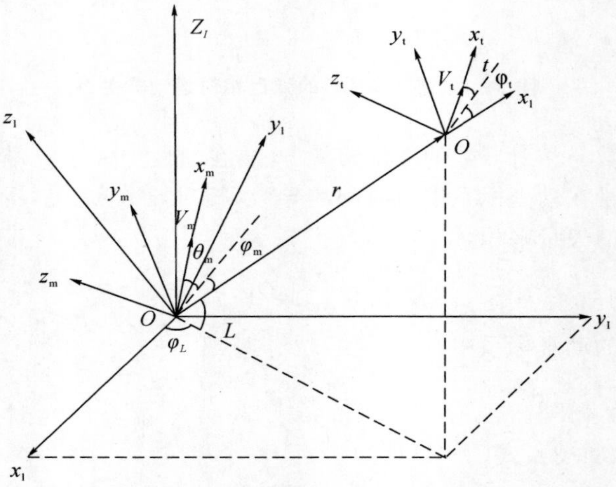

图 3-2　导弹-目标三维追逃几何关系图

第一，将导弹与目标的位置矢量投影到地面坐标系上，并对二者在 $Ox_Iy_Iz_I$ 的各个分量做差，得到弹目的相对位置矢量；将该相对位置矢量单位化，可得在地面坐标系下 $\boldsymbol{e}_r$ 的矢量$[\boldsymbol{e}_{rx},\boldsymbol{e}_{ry},\boldsymbol{e}_{rz}]^{\mathrm{T}}$；

第二，根据视线坐标系到地面坐标系的旋转角速度 $\boldsymbol{\Omega}=\dot{\psi}\sin q\boldsymbol{e}_r-\dot{q}\boldsymbol{e}_\psi+\dot{\psi}\cos q\boldsymbol{e}_q$，得到在视线坐标系下（展开）的 $\boldsymbol{\Omega}$ 为

$$\boldsymbol{\Omega}_{LI}=\begin{bmatrix}\dot{\psi}\sin q\\ -\dot{q}\\ \dot{\psi}\cos q\end{bmatrix} \tag{3-12}$$

第三，把这个 $\boldsymbol{\Omega}_{LI}$ 从视线坐标系转换到地面坐标系下表示，就得到了视线坐标系到地面坐标系的旋转角速度在地面坐标系下的展开形式，它也是弹目位置矢量相对地面坐标系的旋转角速度，因此也就等于 MLC 相对地面坐标系的旋转角速度。

于是

$$\boldsymbol{\Omega}_{II}=\boldsymbol{M}_{LI}^{-1}\boldsymbol{\Omega}_{LI}=[\boldsymbol{\Omega}_x\quad \boldsymbol{\Omega}_y\quad \boldsymbol{\Omega}_z]^{\mathrm{T}} \tag{3-13}$$

式中，

$$\boldsymbol{M}_{LI}^{-1}=\begin{bmatrix}\cos\theta_L\cos\varphi_L & -\sin\varphi_L & -\sin\theta_L\cos\varphi_L\\ \cos\theta_L\sin\varphi_L & \cos\varphi_L & -\sin\theta_L\sin\varphi_L\\ -\sin\theta_L & 0 & \cos\theta_L\end{bmatrix}$$

将 $\boldsymbol{\Omega}_{II}$ 进行单位化，就可以得到地面坐标系下 $\boldsymbol{e}_\Omega$ 的向量$[e_{\Omega x}\ e_{\Omega y}\ e_{\Omega z}]^{\mathrm{T}}$。

第四，根据 MLC 的定义，可知 $\dot{\boldsymbol{e}}_r=\boldsymbol{\Omega}\times\boldsymbol{e}_r$，因此，将地面坐标系下 $\boldsymbol{e}_\Omega$ 的向量与地面坐标系

下 $\boldsymbol{e}_r$ 的向量做外积，并将其单位化，就可以得到地面坐标系下 $\boldsymbol{e}_t$ 的向量$[e_{tx}\ e_{ty}\ e_{tz}]^{\mathrm{T}}$。

第五，根据基变换和坐标变换的定义，可知

$$[x\ y\ z]^{\mathrm{T}}=\boldsymbol{P}[x_1\ y_1\ z_1] \tag{3-14}$$

式中，

$$\boldsymbol{P}=[\boldsymbol{e}_r\ \boldsymbol{e}_{\mathrm{t}}\ \boldsymbol{e}_\Omega]=\begin{bmatrix} e_{rx} & e_{\mathrm{t}x} & e_{\Omega x} \\ e_{ry} & e_{\mathrm{t}y} & e_{\Omega y} \\ e_{rz} & e_{\mathrm{t}z} & e_{\Omega z} \end{bmatrix}$$

按照上述五个步骤，即可得到 MLC 与地面坐标系的转换关系，在制导律的解算中，往往可以通过导弹导航系统、导引头和自动驾驶仪所测得的相对运动信息得到，但是要获得其在地面坐标系下的位置和速度等数据，则需要通过上述转换方法来得到。

3.3　基于 MLC 的制导模型建立

本节借鉴文献[14]、[16]和[17]的模型推导方法，但不基于某种假设，继而建立基于 MLC 的新型制导模型。根据图 3-1 给出的基于 MLC 的弹目相对运动学关系，将 $\boldsymbol{a}_{\mathrm{T}}$ 与 $\boldsymbol{a}_{\mathrm{M}}$ 在 MLC 下进行分解，可得

$$\boldsymbol{a}_{\mathrm{T}}\triangleq a_{\mathrm{T}r}\boldsymbol{e}_r+a_{\mathrm{T}t}\boldsymbol{e}_t+a_{\mathrm{T}\Omega}\boldsymbol{e}_\Omega \tag{3-15}$$

$$\boldsymbol{a}_{\mathrm{M}}\triangleq a_{\mathrm{M}r}\boldsymbol{e}_r+a_{\mathrm{M}t}\boldsymbol{e}_t+a_{\mathrm{M}\Omega}\boldsymbol{e}_\Omega \tag{3-16}$$

根据式(3-7)，设 $\boldsymbol{\Omega}\times\boldsymbol{e}_r=\begin{bmatrix} 0 & -\Omega_3 & \Omega_2 \\ \Omega_3 & 0 & -\Omega_1 \\ -\Omega_2 & \Omega_1 & 0 \end{bmatrix}\boldsymbol{e}_r=\boldsymbol{A}\boldsymbol{e}_r$，由于 $\boldsymbol{A}$ 是反对称矩阵，故 $\boldsymbol{A}=-\boldsymbol{A}^{\mathrm{T}}$、$\dot{\boldsymbol{e}}_r=\boldsymbol{A}\boldsymbol{e}_r$，继而可得 $\dot{\boldsymbol{e}}_r^{\mathrm{T}}=e_r^{\mathrm{T}}\boldsymbol{A}^{\mathrm{T}}=-\boldsymbol{e}_r^{\mathrm{T}}\boldsymbol{A}$。

因此

$$\dot{\boldsymbol{e}}_r^{\mathrm{T}}\dot{\boldsymbol{e}}_r=-\boldsymbol{e}_r^{\mathrm{T}}\boldsymbol{A}\boldsymbol{A}\boldsymbol{e}_r=-\boldsymbol{e}_r^{\mathrm{T}}\boldsymbol{A}\dot{\boldsymbol{e}}_r=-\boldsymbol{e}_r^{\mathrm{T}}(\boldsymbol{\Omega}\times\dot{\boldsymbol{e}}_r) \tag{3-17}$$

根据矢量导数的特性，结合式(3-7)，可得

$$\ddot{\boldsymbol{e}}_r=\dot{\boldsymbol{\Omega}}\times\boldsymbol{e}_r+\boldsymbol{\Omega}\times\dot{\boldsymbol{e}}_r \tag{3-18}$$

根据式(3-17)和式(3-18)，可得

$$\dot{\boldsymbol{e}}_r^{\mathrm{T}}\dot{\boldsymbol{e}}_r=-\boldsymbol{e}_r^{\mathrm{T}}\ddot{\boldsymbol{e}}_r+\boldsymbol{e}_r^{\mathrm{T}}(\dot{\boldsymbol{\Omega}}\times\boldsymbol{e}_r) \tag{3-19}$$

对式(3-2)等号两侧左乘以 $\boldsymbol{e}_r^{\mathrm{T}}$，可得

$$\ddot{r}\boldsymbol{e}_r^{\mathrm{T}}\boldsymbol{e}_r+2\dot{r}\boldsymbol{e}_r^{\mathrm{T}}\dot{\boldsymbol{e}}_r+r\boldsymbol{e}_r^{\mathrm{T}}\ddot{\boldsymbol{e}}_r=\boldsymbol{e}_r^{\mathrm{T}}(\boldsymbol{a}_{\mathrm{T}}-\boldsymbol{a}_{\mathrm{M}}) \tag{3-20}$$

其中，$\boldsymbol{e}_r^{\mathrm{T}}\boldsymbol{e}_r=1$，$\boldsymbol{e}_r^{\mathrm{T}}\dot{\boldsymbol{e}}_r=0$。将式(3-19)代入式(3-20)，化简可得

$$\ddot{r}=r[\dot{\boldsymbol{e}}_r^{\mathrm{T}}\dot{\boldsymbol{e}}_r-\boldsymbol{e}_r^{\mathrm{T}}(\dot{\boldsymbol{\Omega}}\times\boldsymbol{e}_r)]+\boldsymbol{e}_r^{\mathrm{T}}(\boldsymbol{a}_{\mathrm{T}}-\boldsymbol{a}_{\mathrm{M}}) \tag{3-21}$$

根据 $\dot{\boldsymbol{e}}_r$ 的定义，可知 $\dot{\boldsymbol{e}}_r^{\mathrm{T}}\dot{\boldsymbol{e}}_r=\|\boldsymbol{\Omega}\|_2^2$；又因为$(\dot{\boldsymbol{\Omega}}\times\boldsymbol{e}_r)$必然与 $\boldsymbol{e}_r^{\mathrm{T}}$ 相垂直，故 $\boldsymbol{e}_r^{\mathrm{T}}(\dot{\boldsymbol{\Omega}}\times\boldsymbol{e}_r)=0$；同时，根据式(3-15)和式(3-16)，可知

$$\boldsymbol{a}_{\mathrm{T}}-\boldsymbol{a}_{\mathrm{M}}=(a_{\mathrm{T}r}-a_{\mathrm{M}r})\boldsymbol{e}_r+(a_{\mathrm{Tt}}-a_{\mathrm{Mt}})\boldsymbol{e}_{\mathrm{t}}+(a_{\mathrm{T}\Omega}-a_{\mathrm{M}\Omega})\boldsymbol{e}_\Omega \tag{3-22}$$

进而可得 $\boldsymbol{e}_r^{\mathrm{T}}(\boldsymbol{a}_{\mathrm{T}}-\boldsymbol{a}_{\mathrm{M}})=a_{\mathrm{T}r}-a_{\mathrm{M}r}$，因此，式(3-21)可化简为

$$\frac{\mathrm{d}\dot{r}}{\mathrm{d}t}=r\|\boldsymbol{\Omega}\|_2^2+(a_{\mathrm{T}r}-a_{\mathrm{M}r}) \tag{3-23}$$

对 $\dot{\boldsymbol{e}}_r$ 求导，可得

$$\ddot{\boldsymbol{e}}_r=\frac{\mathrm{d}\dot{\boldsymbol{e}}_r}{\mathrm{d}t}=\frac{\mathrm{d}\,\|\boldsymbol{\Omega}\|_2\boldsymbol{e}_\mathrm{t}}{\mathrm{d}t}=\|\dot{\boldsymbol{\Omega}}\|_2\boldsymbol{e}_t+\|\boldsymbol{\Omega}\|_2\dot{\boldsymbol{e}}_t \tag{3-24}$$

将式(3-24)代入式(3-2)，化简可得

$$\ddot{r}\boldsymbol{e}_r+2\dot{r}\dot{\boldsymbol{e}}_r+r(\|\dot{\boldsymbol{\Omega}}\|_2\boldsymbol{e}_\mathrm{t}+\|\boldsymbol{\Omega}\|_2\dot{\boldsymbol{e}}_t)=\boldsymbol{a}_\mathrm{T}-\boldsymbol{a}_\mathrm{M} \tag{3-25}$$

对式(3-25)进行化简，可得

$$\ddot{r}\boldsymbol{e}_r+(2\dot{r}\,\|\boldsymbol{\Omega}\|_2+r\,\|\dot{\boldsymbol{\Omega}}\|_2)\boldsymbol{e}_\mathrm{t}+r\,\|\boldsymbol{\Omega}\|_2\dot{\boldsymbol{e}}_\mathrm{t}=\boldsymbol{a}_\mathrm{T}-\boldsymbol{a}_\mathrm{M} \tag{3-26}$$

由于 $\boldsymbol{e}_t$ 的导数可表示为如下形式[178]：

$$\frac{\mathrm{d}}{\mathrm{d}t}\boldsymbol{e}_t=-\|\boldsymbol{\Omega}\|_2\boldsymbol{e}_r+\frac{1}{r\,\|\boldsymbol{\Omega}\|_2}(a_{\mathrm{T}\Omega}-a_{\mathrm{M}\Omega})=\boldsymbol{e}_\Omega \tag{3-27}$$

故将式(3-27)代入式(3-26)，得到

$$(\ddot{r}-r\,\|\boldsymbol{\Omega}\|_2^2)\boldsymbol{e}_r+(2\dot{r}\,\|\boldsymbol{\Omega}\|_2+r\,\|\dot{\boldsymbol{\Omega}}\|_2)\mathbf{e}_\mathrm{t}+(a_{\mathrm{T}\Omega}-a_{\mathrm{M}\Omega})\boldsymbol{e}_\Omega=\boldsymbol{a}_\mathrm{T}-\boldsymbol{a}_\mathrm{M} \tag{3-28}$$

根据式(3-22)和式(3-28)，可得

$$2\dot{r}\,\|\boldsymbol{\Omega}\|_2+r\,\|\dot{\boldsymbol{\Omega}}\|_2=a_{\mathrm{T}r}-a_{\mathrm{Mt}} \tag{3-29}$$

对式(3-29)进行化简，可得

$$\frac{\mathrm{d}(r\,\|\boldsymbol{\Omega}\|_2)}{\mathrm{d}t}=-\dot{r}\,\|\boldsymbol{\Omega}\|_2+a_{\mathrm{Tt}}-a_{\mathrm{Mt}} \tag{3-30}$$

因此，MLC 下的弹目制导模型可表示为如下形式

$$\left.\begin{aligned}&\frac{\mathrm{d}r}{\mathrm{d}t}=\dot{r}\\&\frac{\mathrm{d}\dot{r}}{\mathrm{d}t}=r\,\|\boldsymbol{\Omega}\|_2^2+(a_{\mathrm{T}r}-a_{\mathrm{M}r})\\&\frac{\mathrm{d}(r\,\|\boldsymbol{\Omega}\|_2)}{\mathrm{d}t}=\dot{r}\,\|\boldsymbol{\Omega}\|_2+a_{\mathrm{Tt}}-a_{\mathrm{Mt}}\end{aligned}\right\} \tag{3-31}$$

令状态变量 $x_1=r$，$x_2=\dot{r}$，$x_3=r\,\|\boldsymbol{\Omega}\|_2$，根据式(3-31)，可得基于 MLC 下的弹目制导模型为

$$\left.\begin{aligned}&\dot{x}_1=x_2\\&\dot{x}_2=x_3^2/x_1+a_{\mathrm{T}r}-a_{\mathrm{Mt}}\\&\dot{x}_3=-x_2x_3/x_1+a_{\mathrm{Tt}}-a_{\mathrm{Mt}}\end{aligned}\right\} \tag{3-32}$$

与文献[14]相比，该模型具有更加清晰的物理意义，并将相对运动学模型的方程个数从 6 个减为 3 个，大大减小了模型中各变量之间的耦合，使三维制导律的分析和设计更加简洁、方便。该弹目相对运动学模型与目前文献中常见的模型有一定的相似度，但是各个变量所表达的含义有很大差异。以文献[11]为代表的常见弹目相对运动模型是在导弹拦截的纵向平面进行推导的，未考虑纵向平面与侧向平面的耦合特性，只适用于二维平面，如果要在三维空间中使用，还需要在解耦的侧向平面中进行拓展。而本书所给出的模型则是在三维空间中进行推导的，充分考虑了弹目拦截几何的耦合特性，可直接应用于三维空间的拦截情况。与基于经典视线坐标系的运动学模型[14]相比，虽然该模型中各状态变量之间仍存在耦合，但是比传统模型更加简单，且不存在复杂的数学运算，大大降低了对模型的分析、处理及制导律的设计难度。

3.4　基于 MLC 的三维比例制导律设计

比例制导律要求导弹在向目标接近的过程中，控制导弹使其速度矢量在空间的转动角速率正比于目标视线的转动角速率。

由上述比例制导律的定义，可得基于 MLC 的三维比例制导律为

$$\boldsymbol{a}_{\mathrm{M}}=K\boldsymbol{\Omega}\boldsymbol{V}_{\mathrm{m}} \tag{3-33}$$

式中，K 为导航比，一般取值范围为 3～6。

将 $\boldsymbol{V}_{\mathrm{m}}$ 在 MLC 下进行分解，可得

$$\boldsymbol{V}_{\mathrm{m}}\triangleq v_{\mathrm{m}r}\boldsymbol{e}_r+v_{\mathrm{m}t}\boldsymbol{e}_{\mathrm{t}}+v_{\mathrm{m}\Omega}\boldsymbol{e}_{\Omega} \tag{3-34}$$

式中，$v_{\mathrm{m}r}$、$v_{\mathrm{m}t}$、$v_{\mathrm{m}\Omega}$分别为 $\boldsymbol{V}_{\mathrm{m}}$ 在 MLC 三个坐标轴的分量。

又因为 $\boldsymbol{\Omega}=\|\boldsymbol{\Omega}\|\boldsymbol{e}_{\Omega}$，将式(3-34)代入式(3-33)，可得

$$\boldsymbol{a}_{\mathrm{M}}\triangleq a_{\mathrm{M}r}\boldsymbol{e}_r+a_{\mathrm{Mt}}\boldsymbol{e}_{\mathrm{t}}+a_{\mathrm{M}\Omega}\boldsymbol{e}_{\Omega}=k_2v_{\mathrm{mt}}\|\boldsymbol{\Omega}\|_2\boldsymbol{e}_r-k_1v_{\mathrm{m}r}\|\boldsymbol{\Omega}\|_2\boldsymbol{e}_{\mathrm{t}} \tag{3-35}$$

由式(3-35)，可得

$$\left.\begin{aligned}a_{\mathrm{M}r}&=k_2v_{\mathrm{mt}}\|\boldsymbol{\Omega}\|_2\\a_{\mathrm{Mt}}&=-k_1v_{\mathrm{m}r}\|\boldsymbol{\Omega}\|_2\\a_{\mathrm{M}\Omega}&=0\end{aligned}\right\} \tag{3-36}$$

由于 $v_{\mathrm{m}t}=\dot{r}\|\boldsymbol{\Omega}\|_2$，$v_{\mathrm{m}r}=\dot{r}$，所以式(3-36)可化简为

$$\left.\begin{aligned}a_{\mathrm{M}r}&=k_2\dot{r}\|\boldsymbol{\Omega}\|_2^2\\a_{\mathrm{Mt}}&=-k_1\dot{r}\|\boldsymbol{\Omega}\|_2\\a_{\mathrm{M}\Omega}&=0\end{aligned}\right\} \tag{3-37}$$

由式(3-37)中的第一式可知，导弹的径向加速度的数值极小；同时，在一般情况下，径向加速度 $a_{\mathrm{M}r}$的数值也难以控制，因此可以假设 $a_{\mathrm{M}r}=0$。于是得到基于 MLC 的三维比例制导律的最终表示形式为

$$a_{\mathrm{Mt}}=-k\dot{r}\|\boldsymbol{\Omega}\|_2 \tag{3-38}$$

3.5　基于 MLC 的视线角速率收敛 L_2-增益制导律设计

3.5.1　鲁棒 L_2-增益相关控制理论

1. 时域函数空间

假设本书相关的函数空间均为 Lebesgue 可测的，这里主要给出 L_2函数空间的定义。

设函数 $f(t)$，$g(t)\in L_2(-\infty,\infty)$，那么在 $L_2(-\infty,\infty)$上定义

$$\langle f(t),g(t)\rangle=\int_{-\infty}^{\infty}f^*(t)g(t)\mathrm{d}t \tag{3-39}$$

由式(3-39)可以引出如下范数

$$\| f(t) \| = \langle f(t), f(t) \rangle^{\frac{1}{2}} = \left(\int_{-\infty}^{\infty} f^*(t) f(t) \mathrm{d}t \right)^{\frac{1}{2}} \tag{3-40}$$

根据该范数，$L_2(-\infty,\infty)$成为一个巴拿赫空间，而其闭子空间，$L_2[0,\infty)$可定义为$L_2[0,\infty)\oplus L_2(-\infty,0]=L_2(-\infty,\infty)$。

2. 非线性 L_{2-} 增益的定义

L_{2-}增益的定义是由鲁棒 H_∞ 控制理论推导而来[18]，给出线性系统的 L_{2-} 增益的定义，令 $G(s)$为线性系统的传递函数，则 $G(s)$的 H_∞ 范数可记为如下形式：

$$\| G \|_\infty = \sup_\omega \sigma_{\max}[G(\mathrm{j}\omega)] \tag{3-41}$$

令 $z=Gw$，则该范数在时域上($x_0=0$ 的情况下)可表示为

$$\| G \|_\infty = \sup_{\omega \in L_2/\{0\}} \sigma_{\max} \frac{\| z \|_2}{\| w \|_2} \tag{3-42}$$

式(3-42)即为线性 L_{2-} 增益的定义。下面给出非线性系统 L_{2-} 增益的定义，给出非线性仿射系统 F_{zw}：

$$\left.\begin{aligned} \boldsymbol{x} &= f(\boldsymbol{x}) + g(\boldsymbol{x}) w \\ \boldsymbol{z} &= h(\boldsymbol{x}) \end{aligned}\right\} \tag{3-43}$$

式中，$\boldsymbol{x}\in\mathbf{R}^n$ 为状态矢量，$f(\boldsymbol{x})$、$g(\boldsymbol{x})$和 $h(\boldsymbol{x})$为已知函数，充分光滑，且满足 $f(0)=0$、$h(0)=0$，$\boldsymbol{z}$ 为输出，$w\in\mathbf{R}^n$ 为输入。

定义 3-1 针对式(3-43)所示的系统，$\exists\gamma=\mathrm{const}>0$，$\boldsymbol{x}(t_0)=0$，若$\exists C=\mathrm{const}$，使

$$\| z \|_2 \leqslant \gamma \| w \|_2 \quad w\in L_2 \cap L_\infty^C \tag{3-44}$$

则认为式(3-43)所示的关系具有不大于 γ 的局部 L_{2-} 增益，可记为

$$\| F_{zw} \|_{L_2^C} = \sup_{\omega \in L_2/\{0\} \cap L_\infty^C} \frac{\| z \|_2}{\| w \|_2} \leqslant \gamma \tag{3-45}$$

因此，式(3-45)和式(3-44)是等价的，$\| F_{zw} \| L_2^C$ 为非线性仿射系统 F_{zw} 在原点处的 L_{2-} 增益。

3. 鲁棒 L_{2-} 增益性能设计问题

针对如下非线性仿射系统[19]：

$$\left.\begin{aligned} \boldsymbol{x} &= f(\boldsymbol{x}) + g_1(\boldsymbol{x})\boldsymbol{w} + g_2(\boldsymbol{x})\boldsymbol{u} \\ \boldsymbol{y} &= h(\boldsymbol{x}) \end{aligned}\right\} \tag{3-46}$$

式中，$\boldsymbol{x}\in\mathbf{R}^n$ 为状态矢量，$\boldsymbol{w}\in\mathbf{R}^r$ 为干扰矢量，$\boldsymbol{u}\in R^r$ 为控制矢量，$\boldsymbol{y}\in\mathbf{R}^s$ 为输出矢量，$f(\boldsymbol{x})$、$g_1(\boldsymbol{x})$和 $g_2(\boldsymbol{x})$为已知函数矢量，充分平滑，且满足 $f(0)=0$，$h(\boldsymbol{x})$为 $\mathbf{R}^n\to\mathbf{R}^s$ 的映射，充分平滑，且满足 $h(0)=0$。

定义 3-2 式(3-46)所示的系统的非线性鲁棒 L_{2-} 增益性能设计问题为：对于已知的 $\gamma\geqslant 0$，状态初始值 $\boldsymbol{x}_0$，设计控制器 $\boldsymbol{u}=\boldsymbol{u}^*(x)$，满足

$$\int_0^T \| \boldsymbol{y} \|^2 \mathrm{d}t \leqslant \gamma^2 \int_0^T \| \boldsymbol{w} \|^2 \mathrm{d}t + V(\boldsymbol{x}_0) \quad \forall\, \boldsymbol{w} \in L_2[0,T] \quad T \geqslant 0 \tag{3-47}$$

式中，$V(\boldsymbol{x}_0)\geqslant 0$，$\| \cdot \|$ 为欧式范数。

$$L_2[0,T] = \{ w \mid w : [0,T) \to \mathbf{R}^{n\times k},\ \int_0^T \| \boldsymbol{w} \|^2 \mathrm{d}t < +\infty \}$$

3.5.2　基于 L_{2-} 增益的三维鲁棒非线性制导律设计

由于在末制导阶段，导弹和目标在视线方向上的加速度几乎不变且很难控制，故可对 a_{Tr} 和 a_{Mr} 两项略去处理。由式(3-31)中第三式，可得

$$\dot{x}_3=\frac{\dot{r}(t)}{r(t)}x_3+a_{Tt}-a_{It} \tag{3-48}$$

在实际作战过程中，导弹与目标之间的相对距离、相对速度只能通过估计得到，这样就必然存在估计误差；同时，导弹和目标的重力加速度作为在制导律设计中的有界不确定项，也应当进行考虑，因此，式(3-48)可写为如下形式：

$$\dot{x}_3=\frac{\dot{\hat{r}}(t)}{\hat{r}(t)}x_3-\Delta\frac{\dot{\hat{r}}(t)}{\hat{r}(t)}x_3+[a_{Tt}-g_t(t)]-[a_{It}-g_t(t)] \tag{3-49}$$

式中，$\dot{\hat{r}}(t)$为导弹与目标相对速度的估计值，$\Delta\dot{\hat{r}}(t)$为导弹与目标相对速度的估计值与真实值之间的误差。

令 $a(t)=\frac{\dot{\hat{r}}(t)}{\hat{r}(t)}$，$\Delta(x,t)=\Delta\frac{\dot{\hat{r}}(t)}{\hat{r}(t)}x_3$，$u=a_{It}$，$\theta_1(x,t)=a_{Tt}$，则式(3-49)可化简为

$$\dot{x}_3=a(t)x_3-u+\theta_1(x,t)+\Delta(x,t) \tag{3-50}$$

式中，$|\Delta(x,t)|\leqslant\bar{\rho}(x,t)$，$\bar{\rho}(x,t)$为$\Delta(x,t)$的正的有界函数。

根据定义3-2，引入一个关于鲁棒 L_{2-} 增益性能设计问题的引理[20]。

引理3-1　令 $\gamma\geqslant0$，如果式(3-50)所示的系统对所有的 $T\geqslant0$ 和所有的 $\theta(x,t)\in L_2(0,T)$，满足

$$\int_0^T\|y(t)\|^2\mathrm{d}t\leqslant\gamma^2\int_0^T\|\theta(x,t)\|^2\mathrm{d}t+\bar{N} \tag{3-51}$$

式中，$y(t)=c(t)x_3(t)$；$\bar{N}\geqslant0$，为任一有界常数，则称非线性系统(3-50)具有 L_{2-} 增益。

下面，给出基于 L_{2-} 增益的三维鲁棒制导律设计过程。

根据状态方程的表示形式，令

$$u=a(t)x_3-f(x,t) \tag{3-52}$$

式中，$f(x,t)$为控制量待定辅助函数。

将式(3-52)代入式(3-50)，可得

$$\dot{x}_3=f(x,t)+\Delta(x,t)+\theta_1(x,t) \tag{3-53}$$

选取Lyapunov函数为 $V=x_3^2/2$，并将 V 对时间进行微分，可得

$$\begin{aligned}\dot{V}=&x_3\dot{x}_3=\\&f(x,t)x_3+\Delta(x,t)x_3+\theta_1(x,t)x_3=\\&f(x,t)x_3+\Delta(x,t)x_3+\frac{1}{2\gamma^2\hat{r}^2(t)}x_3^2+\\&\frac{\gamma^2\hat{r}^2(t)}{2}\theta_1(x,t)^2-\frac{1}{2}\left[\frac{1}{\gamma\hat{r}(t)}x_3-\gamma\hat{r}(t)\theta_1(x,t)\right]^2\end{aligned} \tag{3-54}$$

式中，γ为正常数。

将 $y(t)=c(t)x_3(t)$代入式(3-54)，可得

$$\begin{aligned}\dot{V}=&\frac{1}{2}c^2(t)x_3^2-\frac{1}{2}y^2(t)+f(x,t)x_3+\Delta(x,t)x_3+\\&\frac{1}{2\gamma^2\hat{r}^2(t)}x_3^2+\frac{\gamma^2\hat{r}^2(t)}{2}\theta_1^2(x,t)-\frac{1}{2}\left[\frac{1}{\gamma}x_3-\gamma\theta_1(x,t)\right]^2\leqslant\\&\frac{1}{2}c^2(t)x_3^2-\frac{1}{2}y^2(t)+\frac{1}{2}\lambda x_3^2-\frac{1}{2}\lambda x_3^2+f(x,t)x_3+\\&\Delta(x,t)x_3+\frac{1}{2\gamma^2\hat{r}^2(t)}x_3^2+\frac{\gamma^2\hat{r}^2(t)}{2}\theta_1^2(x,t)\leqslant\\&-\frac{1}{2}y^2(t)-\frac{1}{2}\lambda x_3^2+\frac{\gamma^2\hat{r}^2(t)}{2}\theta_1^2(x,t)+\\&\left[\frac{1}{2}c^2(t)x_3+\frac{1}{2}\lambda x_3+f(x,t)+\frac{1}{2\gamma^2\hat{r}^2(t)}x_3\right]x_3+|x_3|\bar{\rho}\end{aligned}\tag{3-55}$$

式中，λ 为正的常数。

令

$$f(x,t)=-\frac{1}{2}c^2(t)x_3-\frac{1}{2}\lambda x_3-\frac{1}{2\gamma^2\hat{r}^2(t)}x_3-\frac{x_3\bar{\rho}^2}{|x_3|\bar{\rho}+\delta_0+\delta_1|x_3|/\hat{r}(t)}\tag{3-56}$$

式中，δ_0、δ_1 为很小的正常数。

将式(3-56)代入式(3-55)，可得

$$\begin{aligned}\dot{V}\leqslant&-\frac{1}{2}y^2(t)-\frac{1}{2}\lambda x_3^2+\frac{\gamma^2\hat{r}^2(t)}{2}\theta_1^2(x,t)+\frac{|x_3|\bar{\rho}[\delta_0+\delta_1|x_3|/\hat{r}(t)]}{|x_3|\bar{\rho}+\delta_0+\delta_1|x_3|/\hat{r}(t)}\leqslant\\&-\frac{1}{2}y^2(t)-\frac{1}{2}\lambda x_3^2+\frac{\gamma^2\hat{r}^2(t)}{2}\theta_1^2(x,t)+\delta_0+\delta_1|x_3|/\hat{r}(t)\end{aligned}\tag{3-57}$$

令 $\theta(x,t)=\hat{r}(t)\theta_1(x,t)$，并将其代入式(3-57)，可得

$$\dot{V}+\frac{1}{2}y^2(t)\leqslant\frac{\gamma^2}{2}\theta^2(x,t)+\delta_0+\delta_1|x_3|/\hat{r}(t)\tag{3-58}$$

设 T 为末制导结束时刻，对上式不等号两侧对 $t\in[0,T]$ 进行积分，可得

$$V(T)-V(0)+\frac{1}{2}\int_0^T y^2(t)\mathrm{d}t\leqslant\frac{\gamma^2}{2}\int_0^T\theta^2(x,t)\mathrm{d}t+\int_0^T[\delta_0+\delta_1|x_3|/\hat{r}(t)]\mathrm{d}t\tag{3-59}$$

将 $V=x_3^2/2$ 代入式(3-58)，化简可得

$$\int_0^T\|y(t)\|^2\mathrm{d}t\leqslant\gamma^2\int_0^T\|\theta(x,t)\|^2\mathrm{d}t+\bar{N}\tag{3-60}$$

式中，

$$\bar{N}=x_3^2(0)+2\int_0^T[\delta_0+\delta_1|x_3|/\hat{r}(t)]\mathrm{d}t$$

式(3-60)就达到了三维鲁棒制导律所应该满足的 L_2- 增益性能指标。这表明：在任何有界制导参数的摄动下，MLC 下的导弹的侧向速度是有界的；只要恰当地选择 $c(t)$、δ_0 和 δ_1，就可以使导弹的侧向速度足够小，由于弹目距离 $r(t)$ 很大，所以迫使视线角速率趋向并收敛于零或零附近的较小邻域内，从而确保了导弹的制导精度。

令 $c(t)=\sqrt{-\beta\dot{\hat{r}}(t)/\hat{r}(t)}$，其中 β 为正常数。根据式(3-52)和式(3-56)可得基于 L_2- 增益的三维鲁棒制导律的最终表达式为

$$u=-\left(1+\frac{\beta}{2}\right)\frac{\dot{\hat{r}}(t)}{\hat{r}(t)}x_3+\frac{\lambda}{2}x_3+\frac{1}{2\gamma^2\hat{r}^2(t)}x_3+\frac{x_3\bar{\rho}^2}{|x_3|\bar{\rho}+\delta_0+\delta_1|x_3|/\hat{r}(t)}\tag{3-61}$$

根据式(3-61)提供的制导律表达式,第一项相当于鲁棒制导律的比例制导项,因此其取值范围应为 $\beta\in[2,10]$;最后一项相当于滑模制导律的连续函数项,因此 δ 的取值应与连续函数项的取值类似;$\bar{\rho}$ 的取值应根据公式 $\bar{\rho}(x,t)\geqslant-\Delta\frac{\dot{\hat{r}}(t)}{\hat{r}(t)}x_3$ 进行适当选取。

该制导律是在 MLC 下表示的,在仿真分析中,还需要根据 3.2 节所描述的坐标系转换关系将导弹的指令加速度从 MLC 转换到地面坐标系下。

3.5.3 制导律仿真方案设计及性能分析

假设导弹在高空拦截高速机动目标,两者在惯性坐标系下的运动学模型可分别为

$$\left.\begin{aligned}\dot{x}_{\mathrm{I}}&=\nu_{\mathrm{I}}\cos\theta_{\mathrm{I}}\cos\phi_{\mathrm{I}}\\\dot{y}_{\mathrm{I}}&=\nu_{\mathrm{I}}\cos\theta_{\mathrm{I}}\sin\phi_{\mathrm{I}}\\\dot{z}_{\mathrm{I}}&=\nu_{\mathrm{I}}\sin\theta_{\mathrm{I}}\end{aligned}\right\}\tag{3-62}$$

$$\left.\begin{aligned}\dot{x}_{\mathrm{T}}&=\nu_{\mathrm{T}}\cos\theta_{\mathrm{T}}\cos\phi_{\mathrm{T}}\\\dot{y}_{\mathrm{T}}&=\nu_{\mathrm{T}}\cos\theta_{\mathrm{T}}\sin\phi_{\mathrm{T}}\\\dot{z}_{\mathrm{T}}&=\nu_{\mathrm{T}}\sin\theta_{\mathrm{T}}\end{aligned}\right\}\tag{3-63}$$

式中,x_{I}、y_{I}、z_{I}、x_{T}、y_{T}、z_{T} 分别为导弹和目标在惯性坐标系下的位置分量,θ_{I}、ϕ_{I}、θ_{T}、ϕ_{T} 分别为导弹和目标的弹道倾角和弹道偏角。导弹和目标进入末制导时的状态参见表 3-1。

表 3-1 导弹与目标的初始状态参数

参数	x_0/km	y_0/km	z_0/km	ν/(m·s^{-1})	θ/(°)	ϕ/(°)
导弹	5	14	44	1 800	50.3	−1.64
目标	40	15	46	1 500	30.0	180.0

根据大量仿真结果,制导律的参数选取如下:$\beta=10.1$,$\lambda=4$,$\gamma=0.01$,$\bar{\rho}=0.5$,$\delta_0=0.4$,$\delta_1=6$。在本节的高速目标拦截仿真中,导弹的最大允许过载为 15 g;导引头的采样周期和指令形成周期在开始拦截时为 10 ms,当导弹和目标的距离小于 300 m 时,改为 1 ms,这样既保证了仿真速度,又保证了拦截精度;导弹的制导盲区设置为 100 m,即当导弹进入该盲区时,制导指令置零,导弹依靠惯性向目标飞去;目标为逃避拦截做正弦加速机动

$$\begin{cases}a_{\mathrm{ty}}=a_{\mathrm{tmax}}\sin(\pi t/4)\\a_{\mathrm{tz}}=a_{\mathrm{tmax}}\sin(\pi t/4)\end{cases}$$

式中,a_{tmax}为目标最大机动加速度。

在仿真中还将基于 L_2- 增益的三维非线性鲁棒制导律(L2GG)的仿真结果与 3.4 节所推导的真比例导引(PNG)进行对比分析。仿真结果如图 3-2～图 3-4 所示。

PNG 的表达式如下

$$u=-K\dot{r}(t)\|\boldsymbol{\Omega}\|_2$$

式中,K 为导引系数,仿真中取 $K=3$。

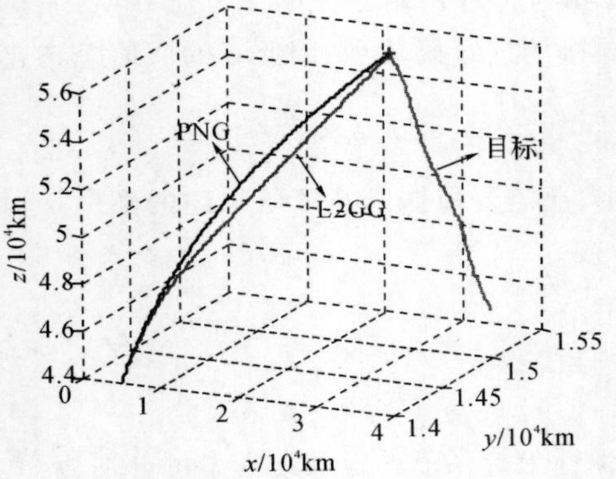

图 3-2　导弹攻击目标曲线

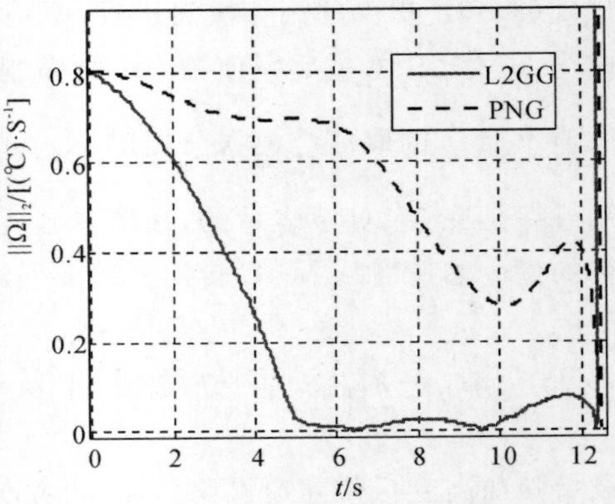

图 3-3　视线角速率随时间的变化曲线

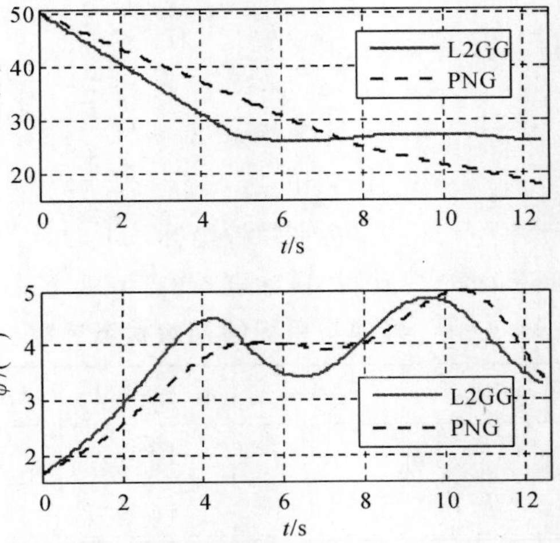

图 3-4　导弹航迹角随时间的变化曲线

由图 3-2 可知，L2GG 的弹道比 PNG 的弹道低，因此，与 PNG 相比，L2GG 可以在更短时间内命中目标。由图 3-3 可知，L2GG 在仿真刚开始的 5 s 内，视线角速率收敛到 0.1°/s 以内，满足视线角速率收敛的需求。这表明 L2GG 的视线角速率具有一定的有限时间收敛能力，继而保证了导弹较高的制导精度。而 PNG 的视线角速率较大，这对于拦截高速、大机动目标是不利的。同时，L2GG 的视线角速率在末制导初期变化比较大，之后变小并趋于平稳，这也使视线角在末制导初期变化较大，之后变得比较平稳，有利于提高制导精度。由图 3-4 可知，L2GG 的弹道倾角在 5 s 之后几乎保持不变，这表明 5 s 之后导弹弹体变化较小，对末制导阶段导引头稳定跟踪目标十分有利。

为全面分析两种制导律的制导特性，对两种制导律所共同使用的制导参数 $\dot{r}(t)$ 增加随机噪声干扰，令

$$\dot{\hat{r}}(t)=\dot{r}(t)+600*(\text{rand}-0.5)$$

同时，针对目标不同机动的情形，以及导弹初始弹道倾角过小的情况，进行仿真对比，结果见表 3-2。

由表 3-2 可知，在不加噪声和加噪声的情况下，L2GG 的飞行时间和脱靶量均比 PNG 小，且目标机动加速度越大，则导弹的飞行时间越长、脱靶量越大。通过对加噪声情况和不加噪声情况进行对比，可以发现：对于 PNG，在加噪声之后，飞行时间保持不变，但脱靶量比未加噪声时有所增加，而 L2GG 在加噪声之后飞行时间和脱靶量均保持不变，充分体现了鲁棒非线性制导律的噪声抵制能力和鲁棒性。同时，在导弹初始弹道倾角过小（$\theta_{10}=10°$）的情况下，通过对加噪声和不加噪声两种情况进行对比，亦可得到与前面类似的结论。这表明：PNG 作为一种目标不机动时的最优制导律，虽然具有一定的噪声抑制能力，但是其制导性能远不及 L2GG。

表 3-2 不同初始情况下的仿真对比

分类	目标机动加速度/g	飞行时间/s		脱靶量/m	
		L2GG	PNG	L2GG	PNG
不加噪声	$a_{tmax}=2$	12.45	12.51	0.72	1.53
	$a_{tmax}=3$	12.50	12.56	1.42	1.95
加噪声	$a_{tmax}=2$	12.45	12.51	0.72	1.95
	$a_{tmax}=3$	12.50	12.56	1.42	2.05
θ_{10} 过小	无噪声	12.54	12.56	0.73	1.80
	有噪声	12.54	12.56	0.73	2.07

3.6 基于 MLC 的制导律捕获能力研究

导弹的机动性，是指导弹在单位时间内改变其飞行速度大小和方向的能力，它与导弹的速度特性一样，是衡量导弹飞行性能的重要指标。按照一般的飞行理论和工程经验，导弹的高速特性和大机动特性是不能同时具备的，因此一些文献中所说的新型高速目标的机动性强也只是相对而言，一般情况下，可将空中目标分为两类，一类是高速（不机动或小机动）目标，另一类是大机动（低速）目标。针对高速目标的拦截问题，一般认为目标的机动能力较小，不超过 4 g。

因此，研究高速目标的拦截的捕获能力，可以针对高速目标的典型飞行弹道展开分析，具体可以将高速目标的机动特性分为两种典型弹道：一种是目标不机动时的捕获能力研究，此种拦截情形相对简单，可得到导弹-目标运动状态的解析解；另外一种是目标作匀加速机动时的捕获能力研究，此种拦截情形相对复杂，难以求得捕获区的解析解，但可以通过数值解算的方法求得。事实上，高速目标的机动还有可能是跳跃式机动等，但是在针对末制导的捕获区研究情况下，弹目距离较小，拦截时间很短，目标在很短时间内的运动状态亦可看作是目标做匀加速机动，因此这样分类是合理的。下面，首先给出基于 MLC 的制导律捕获区定义，然后分别针对这两种典型拦截情形，对导弹的捕获能力展开研究。

3.6.1 基于 MLC 的制导律捕获区定义

定义状态变量为 $x_1=r, x_2=\dot{r}, x_3=r\|\boldsymbol{\Omega}\|_2$，由式(3-32)可知 MLC 下导弹-目标相对运

动学方程为

$$\left.\begin{aligned}\frac{\mathrm{d}x_1}{\mathrm{d}t}&=x_2\\\frac{\mathrm{d}x_2}{\mathrm{d}t}&=\frac{x_3^2}{x_1}\\\frac{\mathrm{d}x_3}{\mathrm{d}t}&=-\frac{x_2x_3}{x_1}+a_{\mathrm{Tt}}-a_{\mathrm{Mt}}\end{aligned}\right\}\tag{3-64}$$

设 t_0 为导弹末制导拦截的初始时刻，t_f 为导弹命中目标的时刻，则有下面导弹捕获目标的定义。

定义 3-3 导弹捕获目标是指导弹在特定的初始条件下，在有限的时间和有限的视线角速率内，使导弹-目标之间的相对距离或侧向速度收敛到零。即

当 $x_1=x_1(t_0)$、$x_2=x_2(t_0)$、$x_3=x_3(t_0)$时，存在 $t_f-t_0<t_d$、$0\leqslant\|\boldsymbol{\Omega}\|_2<\infty$，使 $x_1(t_f)\to 0$ 或 $x_3(t_f)\to 0$，则表明导弹成功捕获目标。其中，t_d 为导弹额定的最大飞行时间。

定义 3-4 基于 MLC 的导弹捕获区(Capture Region, CR)是指导弹在其制导段所有可能的初始条件下，使导弹捕获目标的所有初始值的集合。即

$$\{(x_2(t_0),x_3(t_0))\mid x_3(t_f)\to 0,\ t_f-t_0<t_d,\ 0\leqslant\|\boldsymbol{\Omega}\|_2<\infty\}\tag{3-65}$$

由于期望取得捕获区的解析解时，所含变量不包含 x_1，所以捕获区的定义亦可表示为

$$\{(x_2(t_0),x_3(t_0))\mid x_3(t_f)\to 0,\ x_2(t)<0,t_f-t_0<t_d,\ 0\leqslant\|\boldsymbol{\Omega}\|_2<\infty\}\tag{3-66}$$

式(3-66)的含义为，只要在有限的时间内，在导弹与目标的径向速度小于零的情况下，导弹与目标的侧向速度能够收敛到零，那么导弹就可以命中目标。

3.6.2 目标不机动时的比例制导律捕获能力研究

1. 不考虑过载限制情况下的捕获区研究

(1)不考虑过载限制情况下的比例制导律捕获区

根据高速目标不机动飞行时的飞行特性，将式(3-38)代入式(3-64)，令 $a_T=0$，可得

$$\left.\begin{aligned}\frac{\mathrm{d}x_1(t)}{\mathrm{d}t}&=x_2(t)\\\frac{\mathrm{d}x_2(t)}{\mathrm{d}t}&=\frac{x_3^2(t)}{x_1(t)}\\\frac{\mathrm{d}x_3(t)}{\mathrm{d}t}&=(k-1)\frac{x_2(t)x_3(t)}{x_1(t)}\end{aligned}\right\}\tag{3-67}$$

为减少式(3-67)中变量的个数，令 $\mathrm{d}t=x_1(t)\mathrm{d}\tau$，则式(3-67)可化简为

$$\left.\begin{aligned}\frac{\mathrm{d}x_1(\tau)}{\mathrm{d}\tau}&=x_1(\tau)x_2(\tau)\\\frac{\mathrm{d}x_2(\tau)}{\mathrm{d}\tau}&=x_3^2(\tau)\\\frac{\mathrm{d}x_3(\tau)}{\mathrm{d}\tau}&=(k-1)x_2(\tau)x_3(\tau)\end{aligned}\right\}\tag{3-68}$$

由式(3-67)和式(3-68)均可以得

$$\frac{\mathrm{d}x_2}{\mathrm{d}x_3}=\frac{x_3^2}{(k-1)x_2x_3} \tag{3-69}$$

因此在后面的运算中，可将在 t 域和在 τ 域的 $x_1(t)$，$x_2(t)$，$x_3(t)$ 与 $x_1(\tau)$，$x_2(\tau)$，$x_3(\tau)$ 同等看待。

由式(3-68)中第三式可得

$$\int_{\tau_0}^{\tau}\ln'(x_3(\tau))\mathrm{d}\tau=(k-1)\int_{\tau_0}^{\tau}x_2(\tau)\mathrm{d}\tau \tag{3-70}$$

进而可得

$$\ln(x_3(\tau))-\ln(x_3(\tau))=(k-1)\int_{\tau_0}^{\tau}x_2(\tau)\mathrm{d}\tau \tag{3-71}$$

求解式(3-71)，可得

$$x_3(\tau)=x_3(\tau_0)e^{(k-1)\int_{\tau_0}^{\tau}x_2(\tau)\mathrm{d}\tau} \tag{3-72}$$

同理，由式(3-68)的第一式，可得

$$x_1(\tau)=x_1(\tau_0)e^{\int_{\tau_0}^{\tau}x_2(\tau)\mathrm{d}\tau} \tag{3-73}$$

由式(3-72)和式(3-73)，可得

$$x_3(\tau)=x_3(\tau_0)\left[\frac{x_1(\tau)}{x_1(\tau_0)}\right]^{(k-1)} \tag{3-74}$$

进而可得视线角速率的表达式为

$$\|\boldsymbol{\Omega}\|_2=\frac{x_3(\tau)}{x_1(\tau)}=x_3(\tau_0)\frac{x_1^{k-2}(\tau)}{x_1^{k-1}(\tau_0)} \tag{3-75}$$

由于比例制导律的比例系数一般取 3～6，故 $k-2>0$、$k-1>0$，由式(3-74)可知，随着弹目距离 $x_1(\tau)$ 趋向于零，导弹-目标的侧向速度 $x_3(\tau)$ 亦趋向于零，从而确保导弹顺利命中目标。由式(3-75)可知，随着弹目距离 $x_1(\tau)$ 趋向于零，视线角速率 $\|\boldsymbol{\Omega}\|_2$ 有界，且越来越小，并趋向于零，从而使导弹对目标的拦截达到准平行接近状态。

由式(3-68)第二式，可得

$$x_3(\tau)=\frac{\dot{x}_2(\tau)}{x_3(\tau)} \tag{3-76}$$

将式(3-76)代入式(3-68)中第三式，可得

$$x_3(\tau)\dot{x}_3(\tau)=(k-1)x_2(\tau)\dot{x}_2(\tau) \tag{3-77}$$

对式(3-77)两边从 τ_0 到 τ 进行积分，可得

$$x_3^2(\tau)-(k-1)x_2^2(\tau)=x_3^2(\tau_0)-(k-1)x_2^2(\tau_0) \tag{3-78}$$

根据式(3-69)得到的结论，可知式(3-78)可等价为

$$x_3^2(t)-(k-1)x_2^2(t)=x_3^2(t_0)-(k-1)x_2^2(t_0) \tag{3-79}$$

因此，可获得如下定理：

定理 3-1　高速目标不机动飞行时，若导弹的过载没有限制且其制导律如式(3-38)所示，则导弹的捕获区为

$$CR=[x_2(t),x_3(t)]\left|\begin{array}{l}x_3^2(t)-(k-1)x_2^2(t)=x_3^2(t_0)-(k-1)x_2^2(t_0)\\0\leqslant x_{30}(t)\leqslant\sqrt{k-1}\,|x_{20}(t)|\\k\in[3,6]\\t_f-t_0\leqslant t_d,x_2(t)<0\end{array}\right\} \tag{3-80}$$

证明：

由式(3-79)可知，在给定初始值$[x_2(t_0),x_3(t_0)]$的情况下，若$[x_2(t),x_3(t)]$形成的轨迹满足定义3-1所规定的导弹捕获目标的条件，则以该轨迹上的任意一点为初始值的拦截情况均可以使导弹捕获目标，因此，该轨迹上的所有点均满足定义3-2中对捕获区的定义。

由于$k\in[3,6]$，故$-(k-1)<0$，若$x_3^2(t_0)-(k-1)x_2^2(t_0)>0$，则根据式(3-79)，由$[x_2(t),x_3(t)]$形成的轨迹为一个以(0,0)为焦点，开口朝上的双曲线，由于在这种情况下的轨迹不能使导弹-目标的侧向速度收敛到零，故该情况不满足导弹捕获目标的条件；若$x_3^2(t_0)-(k-1)x_2^2(t_0)<0$，根据式(3-79)，由$[x_2(t),x_3(t)]$形成的轨迹为一个以(0,0)为焦点，开口朝左的双曲线，那么以该双曲线上的任意一点为初始值的拦截情况均可以使导弹的侧向速度收敛到零，从而可以保证导弹捕获目标，因此$x_3^2(t_0)-(k-1)x_2^2(t_0)<0$符合导弹成功捕获目标的要求；若$x_3^2(t_0)-(k-1)x_2^2(t_0)=0$，则满足定义3-1和定义3-2的$[x_2(t),x_3(t)]$形成的轨迹为开口朝左的双曲线的渐近线，其作用与该双曲线类似，因此也满足导引头成功捕获目标的要求。此外，由于$\|\boldsymbol{\Omega}\|_2\geqslant 0$，化简可得

$$0\leqslant x_3(t_0)\leqslant \sqrt{k-1}\,|x_2(t_0)| \tag{3-81}$$

证毕。

(2)仿真分析

以导弹拦截高速目标的拦截情形为例，参考3.5节中导弹和目标的飞行速度，假设$x_1(t_0)=35\,000$ m、$x_3(t_0)=400$ m/s、$k=4$、$t_d=30$ s，则根据式(3-81)可知：$x_2(t_0)\leqslant -x_3(t_0)/\sqrt{k-1}=-230.95$ m/s≤；因此，结合高速目标拦截的实际情况，$x_2(t_0)$的取值范围可设定为$-3\,000$ m/s$\leqslant x_2(t_0)\leqslant -230.95$ m/s；假设导弹没有过载限制，那么其捕获区如图3-5所示。

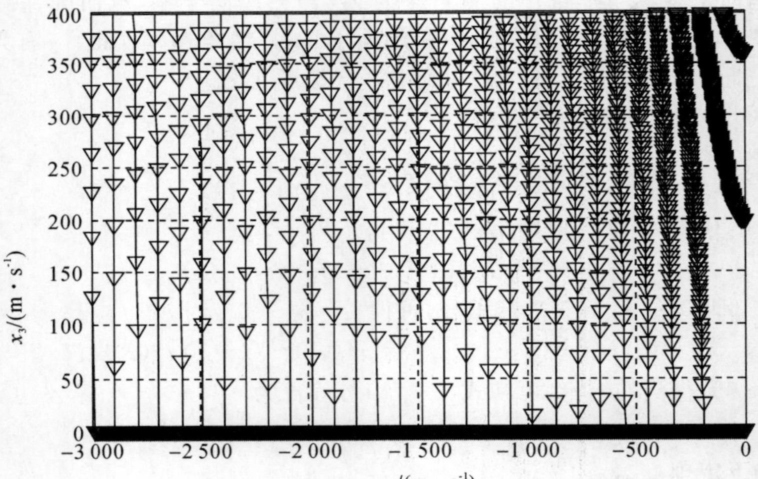

图3-5 不考虑过载限制时的比例制导律捕获区

由图3-5可知，$x_2(t_0)\geqslant -230$ m/s时，导弹与目标的侧向速度不能在有限的时间内收敛到零，因此满足$x_3(t_0)=400$ m/s和$x_2(t_0)<-230$ m/s初始条件的曲线与坐标系横轴和纵轴形成的最大包络即为该拦截情形的导弹捕获区范围。

2. 考虑过载限制情况下的比例制导律的捕获区研究

(1)考虑过载限制情况下的比例制导律捕获区

假设导弹的最大指令加速度为 a_N，则式(3-38)所示比例制导律应满足 $a_{Tt} \leqslant a_N$，即

$$-k\frac{x_2(t)x_3(t)}{x_1(t)} \leqslant a_N \tag{3-82}$$

对式(3-82)进行化简，可得

$$x_2(t)x_3(t) \geqslant -\frac{a_N x_1(t)}{k} \tag{3-83}$$

根据定义 3-3，若导弹能够捕获目标，则 $x_2(t)=\dot{x}_1(t)<0$，即 $x_1(t)<x_1(t_0)$，故考虑过载限制情况下的捕获区条件为

$$x_2(t)x_3(t) \geqslant -\frac{a_N x_{10}(t)}{k} \tag{3-84}$$

因此，参考定理 3-1，导弹的过载有限制时的捕获区如下定理所述。

定理 3-2　高速目标不机动飞行时，若导弹的过载有限制且其制导律如式(3-38)所示，则导弹的捕获区为

$$CR=[x_2(t),x_3(t)]\left|\begin{array}{l} x_3^2(t)-(k-1)x_2^2(t)=x_3^2(t_0)-(k-1)x_2^2(t_0) \\ 0\leqslant x_{30}(t)\leqslant \sqrt{k-1}\,|x_{20}(t)| \\ x_2(t)x_3(t)\geqslant -\dfrac{a_N x_{10}(t)}{k} \\ k\in[3,6] \\ t_f-t_0\leqslant t_d,\ x_2(t)<0 \end{array}\right\} \tag{3-85}$$

(2)仿真分析

以导弹拦截高速目标的拦截情形为例，参考不考虑过载限制情况下的捕获区仿真中的导弹和目标的各种飞行参数，分两种情况进行仿真：

1)假设导弹的过载限制 $a_N=15g$，弹目起始距离 $x_1(t_0)$分别为 5 500 m、8 500 m、10 500 m，绘制捕获区，如图 3-6 所示，实线以下与捕获区曲线、坐标系横轴和纵轴形成的最大包络即为图形上的捕获区。

2)假设弹目初始距离 $x_1(t_0)=8\ 500$ m，导弹的过载限制 a_N 分别为 $5g$、$20g$、$25g$，绘制捕获区，如图 3-6 所示，虚线以下与捕获区曲线、坐标系横轴和纵轴形成的最大包络即为图形上的捕获区。

如图 3-6 所示，当导弹过载限制不变时，$x_1(t_0)$越大，则导弹的捕获区就越大。这表明在目标不机动飞行时，弹目初始距离越大，则导弹-目标的视线角速率较小且随距离的变化越不灵敏，因此导弹的需用过载也越小，捕获区越大；反之，当弹目初始距离越小，导弹-目标的视线角速率较大且随距离的变化越灵敏，因此导弹的需用过载也越大，捕获区随之减小。

当导弹的初始距离不变时，导弹的过载限制 a_N 越大，则其捕获区也越大。这表明当导弹的过载限制变大时，其可用过载也随之增大，这样导弹的捕获能力和捕获区也变大；反之，当导弹的过载限制变小时，导弹的捕获能力和捕获区也随之减小。

实际上，定理 3-2 基于定理 3-1 添加的关于导弹过载限制的约束条件并非精确约束。因为在仿真过程中，$x_1(t)$在不断减小，过载值也在减小，而我们所取的，仅是它的一个上确界，

因此，图 3-6 所示的捕获仿真结果中过载对捕获区的约束曲线亦是一个过载约束的最大范围，但是它可以充分反映制导律在不同约束条件情况下的捕获区情况。

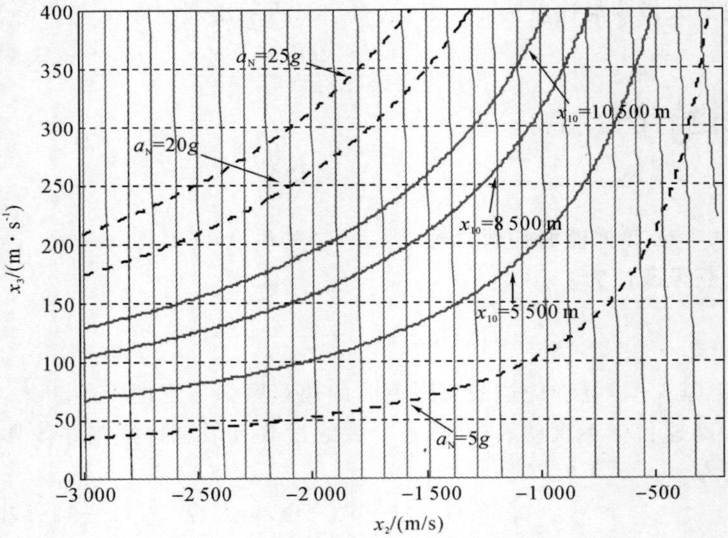

图 3-6　考虑过载限制时的比例制导律捕获区

3.6.3　目标机动时的比例制导律捕获能力研究

1. 目标做匀加速机动时的比例制导律捕获区

当高速目标做匀加速机动逃逸时，令 $a_T=a_{TN}$，将式(3-38)代入式(3-64)，化简可得

$$\left.\begin{aligned}\frac{\mathrm{d}x_1(t)}{\mathrm{d}t}&=x_2(t)\\\frac{\mathrm{d}x_2(t)}{\mathrm{d}t}&=\frac{x_3^2(t)}{x_1(t)}\\\frac{\mathrm{d}x_3(t)}{\mathrm{d}t}&=(k-1)\frac{x_2(t)x_3(t)}{x_1(t)}+a_{TN}\end{aligned}\right\}\tag{3-86}$$

在这种情况下，导弹的捕获区的解析解难以求出，或其捕获区的解析解过于复杂，不便于进行仿真分析。因此，针对此种情况，导弹的捕获区可以通过数值解析的方法来获得。

根据式(3-86)及定理 3-2，可得目标在做匀加速机动飞行时，有过载限制情况下的导弹捕获区定理。

定理 3-3　高速目标做匀加速机动飞行时，若导弹的过载有限制且其制导律为式(3-38)所示，则在给定的初始条件 $x_1=x_1(t_0)$、$x_2=x_2(t_0)$、$x_3=x_3(t_0)$下，导弹的捕获区为

$$CR_3=[x_2(t),x_3(t)]\left|\begin{aligned}&\dot{x}_1(t)=x_2(t)\\&\dot{x}_2(t)=x_3^2(t)/x_1(t)\\&\dot{x}_3(t)=(k-1)x_2(t)x_3(t)/x_1(t)+a_{TN}\\&|kx_2(t)x_3(t)/x_1(t)|\leqslant a_N,k\in[3,6]\\&t_f-t_0\leqslant t_d,x_2(t)<0,x_1(t_f)\to 0\end{aligned}\right.\right\}\tag{3-87}$$

该情况下的捕获区计算需要进行数值计算，在给定初始弹目距离的情况下，采用四阶龙格库塔法求解上述带有约束条件的微分方程，将 $[x_2(t), x_3(t)]$ 的轨迹在图形中画出，则其与 CR_3 中的约束条件和坐标系横轴和纵轴围成图形的最大包络，即为导弹在特定初始条件下的捕获区。

2. 仿真分析

以导弹拦截高速目标的拦截情形为例，假设目标过载 $a_{TN}=3g$、$x_1(t_0)=10\ 000$ m、$x_3(t_0)=400$ m/s、$-3\ 000$ m/s $\leqslant x_2(t_0)<0$ m/s，$t_d=30$ s，仿真结果如图 3-7 和表 3-3～表 3-4 所示。

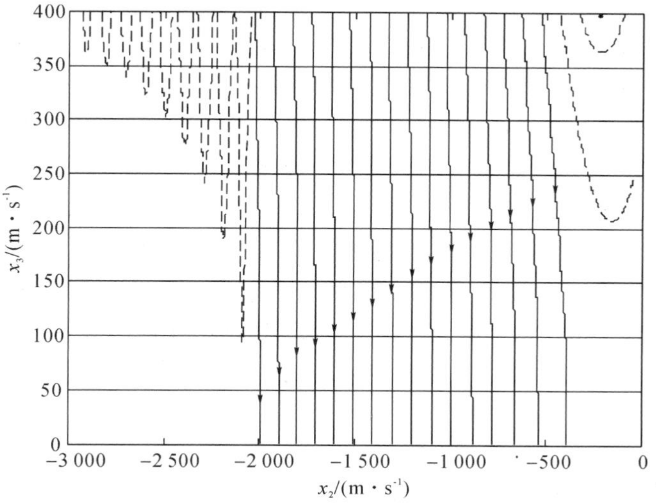

图 3-7　$a_N=20g$、$a_{TN}=3g$ 时的比例制导律捕获区

表 3-3　导弹最大可用过载 a_N 变化时的捕获区数据

a_N	$x_2(t_0)/(\mathrm{m\cdot s^{-1}})$		
	最大值	最小值	初始值宽度
$10g$	−480	−900	420
$15g$	−480	−1 490	1 010
$20g$	−480	−2 100	1 620
$25g$	−480	−2 700	2 220

表 3-4　目标机动过载 a_{TN} 变化时的捕获区数据

a_{TN}	$x_2(t_0)/(\mathrm{m\cdot s^{-1}})$		
	最大值	最小值	初始值宽度
$0g$	−360	−2 460	2 100
$1g$	−420	−2 340	1 920
$2g$	−450	−2 220	1 770

续表

a_{TN}	$x_2(t_0)/(\mathrm{m \cdot s^{-1}})$		
	最大值	最小值	初始值宽度
$3g$	−480	−2 100	1 620
$4g$	−510	−1 970	1 460

图 3-7 为 $a_N=20g$、$a_{TN}=3g$ 时的比例制导律捕获区，由图 3-7 可知，只有在导弹-目标的侧向速度 $x_3(t)$ 收敛到零的情况下，满足初始条件的红色实线与坐标系横轴和纵轴形成的最大包络为捕获区；当 $x_2(t_0)>-480$ m/s 或 $x_2(t_0)<-2\,100$ m/s 时，弹目侧向相对速度 $x_2(t)$ 呈先减小后增大的趋势，因此在此初始条件下导弹不能命中目标。

表 3-3 为目标的机动过载大小不变（a_{TN}）时，导弹最大可用过载 a_N 分别为 $10g$、$15g$、$20g$、$25g$ 时的捕获区数据。由表 3-3 可知，当导弹的最大过载不断增大时，导弹的捕获区中 $x_2(t_0)$ 的最大值保持不变，最小值的绝对值逐渐增大，相应地 $x_2(t_0)$ 的初始值宽度也随之增大。$x_2(t_0)$ 的最大值保持不变的主要原因是在该初始条件下，导弹的飞行过载一直没有超过其最大可用过载，而导弹的最大可用过载对 $x_2(t_0)$ 绝对值较大的情况产生了影响，从而使导弹的捕获区随着导弹可用过载的增大而不断增大。

表 3-4 为导弹的最大可用过载不变（$a_N=20g$）时，目标的机动过载 a_{TN} 分别为 $0g$、$1g$、$2g$、$3g$、$4g$ 时的捕获区数据。由表 3-4 可知，当目标的机动过载不断增大时，导弹的捕获区中 $x_2(t_0)$ 的最大值的绝对值不断增大，$x_2(t_0)$ 最小值的绝对值逐渐减小，相应地 $x_2(t_0)$ 的初始值宽度也随之减小，导弹的捕获区也越来越小，因此，当目标机动过载不断增大时，导弹的捕获区逐渐减小。

3.6.4 基于 L_2- 增益和 MLC 的制导律捕获区分析

1. 基于 L_2- 增益和 MLC 的制导律的捕获区

根据 3.5 节的描述，基于 L_2- 增益和 MLC 的制导律为

$$a_{Mc}(t)=-\left(1+\frac{\beta}{2}\right)\frac{\dot{\hat{r}}(t)}{\hat{r}}x_3+\frac{\lambda}{2}x_3+\frac{1}{2\gamma^2\hat{r}^2(t)}x_3+\frac{x_3\bar{\rho}^2}{|x_3|\bar{\rho}+\delta_0+\delta_1|x_3|/\hat{r}(t)} \tag{3-88}$$

导弹的自动驾驶仪用其二阶动态表示为

$$\frac{a_M}{a_{Mc}}=\frac{\omega_n^2}{s^2+2\xi\omega_n s+\omega_n^2} \tag{3-89}$$

式中，ξ 与 ω_n 为自动驾驶仪的动态参数。

令 $x_4(t)=a_M t$，$x_5(t)=\dot{x}_4(t)$，可将式(3-89)化简为两个一阶微分方程的形式，即

$$\left.\begin{aligned}\dot{x}_4(t)&=\dot{a}_{Mc}(t)\\ \dot{x}_5(t)&=\ddot{x}_4(t)=-2\xi\omega_n x_5(t)-\omega_n^2x_4(t)+\omega_n^2a_{Mc}(t)\end{aligned}\right\} \tag{3-90}$$

根据式(3-64)和(3-90)，可得如下定理：

定理 3-4 高速目标做匀加速机动飞行时，若导弹的过载有限制且其制导律为基于 L_2-

增益的鲁棒制导律，同时，考虑导弹自动驾驶仪为二阶环节，则在给定的初始条件 $x_1=x_1(t_0)$、$x_2=x_2(t_0)$、$x_3=x_3(t_0)$下，导弹的捕获区为

$$CR=[x_2(t),x_3(t)]\left|\begin{array}{l}\dot{x}_1(t)=x_2(t)\\ \dot{x}_2(t)=x_3^2(t)/x_1(t)\\ \dot{x}_3(t)=-x_2(t)x_3(t)/x_1(t)+N-x_4(t)\\ \dot{x}_4(t)=x_5(t)\\ \dot{x}_5(t)=-2\xi\omega_n x_5(t)-\omega_n^2 x_4(t)-\left(1+\dfrac{\beta}{2}\right)\omega_n^2\dfrac{x_2(t)}{x_1(t)}x_3(t)+\\ \quad\dfrac{\lambda}{2}\omega_n^2 x_3(t)+\dfrac{\omega_n^2}{2\gamma^2 x_1^2(t)}x_3(t)+\dfrac{\omega_n^2\bar{\rho}^2 x_3(t)}{|x_3(t)|\bar{\rho}+\delta_0+\delta_1|x_3(t)|/x_1(t)}\\ 0\leqslant x_{30}(t)\leqslant\sqrt{k-1}\,|x_{20}(t)|\\ |x_4(t)|\leqslant a_N\\ k\in[3,6],x_2(t)<0,t_f-t_0\leqslant t_d\end{array}\right\}\tag{3-91}$$

为更加深入地分析所提出的基于 L_2- 增益的鲁棒制导律的制导性能，下面给出比例制导律在考虑自动驾驶仪延迟情况下的捕获区，以便提供对比分析和研究。

定理 3-5　高速目标做匀加速机动飞行时，若导弹的过载有限制且其制导律为比例制导律，同时，考虑导弹的自动驾驶仪为二阶环节，则在给定的初始条件 $x_1=x_1(t_0)$、$x_2=x_2(t_0)$、$x_3=x_3(t_0)$下，导弹的捕获区为

$$CR_4=[x_2(t),x_3(t)]\left|\begin{array}{l}\dot{x}_1(t)=x_2(t)\\ \dot{x}_2(t)=x_3^2(t)/x_1(t)\\ \dot{x}_3(t)=-x_2(t)x_3(t)/x_1(t)+N-x_4(t)\\ \dot{x}_4(t)=x_5(t)\\ \dot{x}_5(t)=2\xi\omega_n x_5(t)-\omega_n^2 k x_2(t)x_3(t)/x_1(t)\\ k|x_2(t)x_3(t)/x_1(t)|\leqslant a_N,k\in[3,6]\\ t_f-t_0\leqslant t_d,x_2(t)<0,x_1(t_f)\to 0\end{array}\right\}\tag{3-92}$$

2. 仿真分析

为全面分析基于 L_2- 增益的鲁棒制导律与比例制导律的制导特性，对两种制导律的捕获区进行对比仿真，仿真初始条件与上一小节相同，但是两种制导律均考虑自动驾驶仪二阶延迟，根据导弹设计的要求和实际工程经验，选取导弹自动驾驶仪动态参数为 $\xi=0.78$，$\omega_n=8.2$。仿真结果见表 3-5。在仿真中，对两种制导律所共同使用的制导参数 $\dot{r}(t)$增加随机噪声干扰，令

$$\dot{r}(t)=\dot{r}(t)+600*(\text{rand}-0.5)*2$$

表 3-5　L_2- 增益制导律与比例制导律捕获区对比

a_{TN}	$x_2(t_0)/(\text{m}\cdot\text{s}^{-1})$					
	比例制导律			基于 L_2- 增益的鲁棒制导律		
	最大值	最小值	初始值宽度	最大值	最小值	初始值宽度
2g	−510	−2 060	1 550	−350	−2 060	1 710

续表

a_{TN}	$x_2(t_0)/(\mathrm{m \cdot s^{-1}})$					
	比例制导律			基于 L_2- 增益的鲁棒制导律		
	最大值	最小值	初始值宽度	最大值	最小值	初始值宽度
$3g$	−580	−1 910	1 330	−360	−1 950	1 590
$4g$	−620	−1 780	1 160	−360	−1 830	1 470
$4.5g$	−720	−1 680	960	−360	−1 780	1 420

由表 3-5 可知，在考虑导弹二阶自动驾驶仪延迟和量测噪声的情况下，当目标机动过载大于 $2g$ 时，L_2- 增益鲁棒非线性制导律的捕获区范围明显大于比例制导律。此外，随着目标机动过载的不断增大，比例制导律的捕获区范围减小很快，而 L_2- 增益制导律变化较慢，这表明 L_2- 增益制导律对自动驾驶仪延迟、量测噪声和目标机动不敏感，具有较强的鲁棒性。因此，本书所设计的基于 MLC 的 L_2- 增益鲁棒非线性制导律相对于比例制导律具有更强的捕获能力、更好的鲁棒性和制导精度。

3.7 本章小结

本章首先针对高速目标的拦截问题，研究了一种改进视线坐标系，提出了 MLC 与地面坐标系之间的新型转换关系，建立了基于 MLC 的弹目相对运动学模型，并设计了三维比例制导律。然后提出了一种基于 MLC 的视线角速率收敛鲁棒非线性制导律，通过将大量仿真结果进行对比，表明所提出的 L_2- 增益制导律具有很强的鲁棒性，可使导弹的视线角速率在有限时间内收敛，且具有更短的拦截时间、更好的噪声抑制能力和制导精度。再次，研究了基于 MLC 的制导律捕获区定义，针对高速目标典型的弹道运动特性，提出了当目标不机动时，比例制导律在过载不受限和受限情况下的捕获区的解析解。接着提出了目标做匀加速机动时的比例制导律捕获区的数值解算方法，以及考虑导弹二阶自动驾驶仪延迟和量测噪声情况时，基于 L_2- 增益的制导律捕获区的数值解算方法。最后仿真结果表明，在以下情况下，导弹的捕获区会随之减小：①目标机动过载的增大；②导弹可用过载的减小；③初始弹目距离的减小；④导弹量测噪声的增大；⑤增加导弹自动驾驶仪延迟环节等。此外，通过将基于 MLC 的 L_2- 增益鲁棒非线性制导律与比例制导律进行仿真对比分析可知：与比例制导律相比，基于 MLC 的 L_2- 增益鲁棒非线性制导律具有更强的捕获能力、更好的鲁棒性和制导精度。

参考文献

[1] 孙平. 鲁棒 H_∞ 控制理论与应用[M]. 北京：清华大学出版社，2012.

[2] YANG C D, CHEN H Y. Nonlinear H_∞ robust guidance law for homing missiles [J].

Journal of Guidance, Control and Dynamics, 1998, 21(6): 882 - 890.

[3] 解增辉，刘占辰，李伟. 一种新型 H_∞ 变结构末导引律设计[J]. 南京理工大学学报，2011，35(5)：632 - 636.

[4] ZHOU D, MU C D, SHEN T L. Robust guidance law with L2-gain performance[J]. Transactions of the Japan Society for Aeronautical and Space Sciences, 2001, 44(144): 82 - 88.

[5] 武立军. 三维末制导律的鲁棒动态逆设计方法研究[J]. 系统工程与电子技术，2007，29(8)：1331 - 1333.

[6] FENG T. Unified approach to missile guidance laws: a 3D extension [J]. IEEE Transactions on aerospace and electronic systems, 2005, 41(4): 1178 - 1199.

[7] FENG T, JENG F S. A simple adaptive GIPN guidance law[C]// Proceedings of the 2006 American Control Conference, Minneapolis, Minnesota, USA, 2006: 14 - 16.

[8] 刘利军,沈毅,赵振昊. 基于多项式拟合 SDRE 的三维导引律设计[J]. 宇航学报，2010，31(1)：87 - 92.

[9] 叶继坤,雷虎民,肖增博,等. 基于零化视线角速率的非线性预测制导律[J]. 系统工程理论与实践，2012，32(2)：411 - 416.

[10] GUELMAN M. The closed-form solution of true proportional navigation[J]. IEEE Transactions on aerospace and electric systems, 1976, 12(4): 472 - 482.

[11] GHOSE D. True proportional navigation with maneuvering target[J]. IEEE Transactions on Aerospace and Electronic systems, 1994, 30(1): 229 - 237.

[12] GHOSE D. Pure proportional navigation against time-varying target maneuvers[J]. IEEE Transactions on Aerospace and Electronic systems, 1996, 32(4): 1336 - 1347.

[13] FENG T. Capture region of 3D PPN guidance law for intercepting high speed target [C]// Joint 48th IEEE Conference on Decision and Control and 28th Chinese Control Conference, Shanghai, P. R. China, 2009.

[14] FENG T. Capture region of a GIPN guidance law for missile and target with bounded maneu verability[J]. IEEE Transactions on Aerospace and Electronic systems, 2011, 47(1): 201 - 213.

[15] FENG T. Capture region for PPN guidance law with observer lag[C]// Proceedings of 2011 8th Asian Control Conference (ASCC), Kaohsiung, Taiwan, 2011.

[16] 赵振昊. TBM 拦截弹导引策略与滤波方法研究[D]. 哈尔滨:哈尔滨工业大学，2010.

[17] LIU L J, SHEN Y. Three-Dimension on H_∞ guidance law and capture region analysis [J]. IEEE Transactions on Aerospace and Electronic Systems, 2012, 48(1): 419 - 429

[18] 吴敏，桂卫华,何勇. 现代鲁棒控制[M]. 长沙:中南大学出版社，2010.

[19] 梅生伟，申铁龙，刘康志. 现代鲁棒控制理论与应用[M]. 2 版. 北京:清华大学出版社，2008.

[20] 闫茂德，贺昱曜，吴青云. 一类非线性系统具有 L_2 增益的鲁棒自适应控制[J]. 长安大学学报，2006，21(13)：4084 - 4087.

第四章　视线角速率有限时间收敛制导律

4.1 引　　言

第三章基于 MLC 坐标系，提出了基于 L_{2-} 增益的视线角速率收敛鲁棒非线性制导律，取得了较好的制导精度和一定的视线角速率收敛特性。但是，由于高速机动目标所引起的新型作战情形给导弹制导系统设计带来了更加严峻的挑战，为进一步提高制导律中视线角速率的收敛速度和精度，根据本书 1.4 节中提出的导弹制导控制系统有限时间收敛研究的定义，本章将有限时间收敛控制理论和智能控制理论引入制导律设计中，研究导弹-目标视线角速率有限时间收敛的制导律。

抖振问题一直是滑模变结构控制理论研究的难点，也是终端滑模控制研究中需解决的主要问题之一。一般的终端滑模控制往往采用饱和函数法来消除抖振，但是这种方法在一定程度上削弱了控制律的继电特性，降低了控制精度。动态终端滑模控制可针对控制指令的微分进行设计，将滑模控制中特有的不连续项转移到控制指令的一阶微分当中去，使控制律在时间上实现本质连续，从而更好地消除抖振。因此，把动态终端滑模控制应用于有限时间收敛制导律设计中，具有重要的理论和实际意义。

此外，在导弹拦截目标的实际作战过程中，很多导弹仅安装有红外导引头，只能获取弹目视线角和视线角速率信息，然而很多有限时间收敛制导律所需弹目相对信息较多，这样就限制了其应用范围。但是，可以考虑将有限时间收敛制导律的专家经验应用于模糊控制中，在仅能获得弹目视线角速率信息的情况下，运用模糊控制的万能逼近特性，完成对模型未知分量的准确逼近，以设计鲁棒性更强、应用范围更广的导弹制导律。

本章为提高制导律的有限时间收敛特性和抖振抑制特性，构造非线性动态终端滑模超平面，首先提出基于动态终端滑模的有限时间收敛制导律；然后基于有限时间收敛制导律设计的专家经验，构造模糊逼近系统，提出基于新型伸缩因子的变论域模糊有限时间收敛制导律。

4.2　基于动态终端滑模的有限时间收敛制导律设计

4.2.1　导弹-目标相对运动模型描述

图 4-1 中，$OX_iY_iZ_i$ 为惯性坐标系，$OX_lY_lZ_l$ 为视线坐标系，$OY_mY_mZ_m$ 为导弹坐标系，$OX_tY_tZ_t$ 为目标坐标系。$\boldsymbol{V}_m$、$\boldsymbol{V}_t$ 分别表示导弹和目标的速度矢量，其方向分别与 OX_m 轴和 $O'X_t$ 轴正向相同，θ_l、φ_l 分别为视线方向相对惯性坐标系的高低角和方位角，θ_m、φ_m 分别为导

弹速度方向相对于视线坐标系的高低角和方位角，θ_t、φ_t 分别为目标速度方向相对于视线坐标系的高低角和方位角，$\boldsymbol{r}$ 为导弹与目标之间的相对位置矢量。θ_l、φ_l、θ_m、φ_m、θ_t、φ_t 的正负号按右手定则确定。为便于制导律研究，可将末制导过程解耦到纵向平面和侧向平面分别进行研究，导弹和目标的加速度分别用 a_m 和 a_t 表示，本小节主要针对导弹纵向平面的制导律展开研究。

由图 4－1 可知，导弹与目标的相对速度的两个分量的表达式为

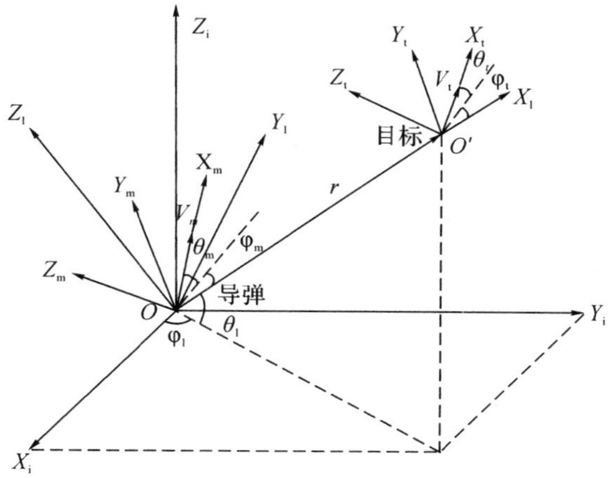

图 4－1 导弹-目标三维追逃关系示意图

$$\left.\begin{aligned} v_r &= \dot{r} = v_t\cos\theta_t - v_m\cos\theta_m \\ v_{r_\perp} &= r\dot{\theta}_l = -v_t\sin\theta_t + v_m\sin\theta_m \end{aligned}\right\} \tag{4-1}$$

对式(4－1)两端求导，可得

$$\begin{aligned} \dot{v}_r = \ddot{r} = &\dot{\theta}_l[v_t\sin\theta_t - v_m\sin\theta_m] + [\dot{v}_t\cos\theta_t - v_t(\dot{\theta}_l+\dot{\theta}_t)\sin\theta_t] - \\ &[\dot{v}_m\cos\theta_m - v_m(\dot{\theta}_l+\dot{\theta}_m)\sin\theta_m)] \end{aligned} \tag{4-2}$$

$$\begin{aligned} \dot{v}_{r_\perp} = &\dot{r}\dot{\theta}_l + r\ddot{\theta}_l = \\ &-\dot{\theta}_l[v_t\cos\theta_t - v_m\cos\theta_m] + [v_t(\dot{\theta}_l+\dot{\theta}_t)\cos\theta_t + \dot{v}_t\sin\theta_t] - \\ &[v_m(\dot{\theta}_l+\dot{\theta}_m)\cos\theta_m + \dot{v}_m\sin\theta_m] \end{aligned} \tag{4-3}$$

设 a_{mr} 和 a_{tr} 分别为 a_m 和 a_t 在导弹-目标视线方向上的分量；$a_{mr_\perp}$ 和 $a_{tr_\perp}$ 分别为 a_m 和 a_t 在弹目视线法向上的分量，则

$$\left.\begin{aligned} a_{mr} &= \dot{v}_m\cos\theta_m - v_m(\dot{\theta}_l+\dot{\theta}_m)\sin\theta_m \\ a_{tr} &= \dot{v}_t\cos\theta_t - v_t(\dot{\theta}_l+\dot{\theta}_t)\sin\theta_t \end{aligned}\right\} \tag{4-4}$$

$$\left.\begin{aligned} a_{mr_\perp} &= v_m(\dot{\theta}_l+\dot{\theta}_m)\cos\theta_m + \dot{v}_m\sin\theta_m \\ a_{tr_\perp} &= v_t(\dot{\theta}_l+\dot{\theta}_t)\cos\theta_t + \dot{v}_t\sin\theta_t \end{aligned}\right\} \tag{4-5}$$

综合式(4－1)～式(4－5)，可得

$$\ddot{\theta}_l = -\frac{2\dot{r}}{r}\dot{\theta}_l + \frac{1}{r}a_{tr_\perp} - \frac{1}{r}a_{mr_\perp} \tag{4-6}$$

令 $x_1=\theta_l$、$x_2=\dot{x}_1=\dot{\theta}_l$，可得

$$\dot{x}_2 = \ddot{x}_1 = \ddot{\theta}_l = a(x,t) + b(x,t)u + f(x,t) \tag{4-7}$$

式中，$a(x,t) = -2\dfrac{\dot{r}}{r}\dot{x}_1$，$b(x,t) = -\dfrac{1}{r}$，$f(x,t) = \dfrac{1}{r}a_{tr_\perp}$，$u = a_{mr_\perp}$。

4.2.2 非线性动态终端滑模超平面设计

首先，根据导弹末制导律研究的特点，定义跟踪误差为

$$\boldsymbol{E}(t)=\boldsymbol{x}(t)-\boldsymbol{x}_{\mathrm{d}}=[e(t)\quad \dot{e}_{\mathrm{d}}]^{\mathrm{T}}=[x_1-x_{1\mathrm{d}}\quad x_2-x_{2\mathrm{d}}]^{\mathrm{T}} \tag{4-8}$$

然后，定义一种带补偿函数的非线性终端滑模切换函数：

$$s(\boldsymbol{x},t)=\boldsymbol{CE}(t)-\boldsymbol{W}(t) \tag{4-9}$$

式中，$\boldsymbol{C}=[c_1\quad c_2]$，$c_1$、$c_2$ 为正常数，且 $c_2=1$。

此外，$\boldsymbol{W}(t)$的表达式为

$$\boldsymbol{W}(t)=\boldsymbol{CP}(t) \tag{4-10}$$

式中，$\boldsymbol{P}(t)=[p(t)\ \dot{p}(t)]^{\mathrm{T}}$，且非线性函数 $p(t)$满足假设 2-1 中的相关条件。

根据假设 2-1，选取非线性函数 $p(t)$为

$$p(t)=\begin{cases}\displaystyle\sum_{n=0}^{2}\frac{1}{n!}e^{(n)}(0)t^n+\sum_{j=0}^{2}\left(\sum_{l=0}^{2}\frac{a_{jl}}{T^{j-l+3}}e^{l}(0)\right)t^{j+3}, & 0\leqslant t\leqslant T\\ 0, & t>T\end{cases} \tag{4-11}$$

进而可得 $p(t)$的 m 阶导数的表达式为

$$p^{(m)}(t)=\begin{cases}\displaystyle\sum_{n=0}^{2}=\frac{1}{(n-m)!}e^{(n)}(0)t^{n-m}+\sum_{j=0}^{2}\left(\sum_{l=0}^{2}\frac{(j+3)!\ a_{jl}e^{l}(0)}{(j+3-m)!\ T^{j-l+3}}\right)t^{j+3-m}, & 0\leqslant t\leqslant T\\ 0, & t>\dot{T}\end{cases} \tag{4-12}$$

在此基础上，定义非线性动态终端滑模超平面为

$$\sigma(\boldsymbol{x},t)=\dot{s}(\boldsymbol{x},t)+\lambda s(\boldsymbol{x},t) \tag{4-13}$$

式中，λ 为正的常数。

式(4-10)中的变量 $p(t)$及其高阶导数的表达式中的参数 a_{jl} 可根据假设 2-1，以及式(4-12)、式(4-13)获得，主要解算方法如下：

针对式(4-7)～式(4-10)所描述的二阶系统，结合假设 2-1，可知当 $t=T$ 时，$p(t)=0$，因此可得

$$\begin{aligned}p(t)=&e(0)+\dot{e}(0)T+\frac{1}{2}\ddot{e}(0)T^2+\left(\frac{a_{00}}{T^3}e(0)+\frac{a_{01}}{T^2}\dot{e}(0)+\frac{a_{02}}{T}\ddot{e}(0)\right)T^3+\\&\left(\frac{a_{10}}{T^4}e(0)+\frac{a_{11}}{T^3}\dot{e}(0)+\frac{a_{12}}{T^2}\ddot{e}(0)\right)T^4+\left(\frac{a_{20}}{T^5}e(0)+\frac{a_{21}}{T^4}\dot{e}(0)+\frac{a_{22}}{T^3}\ddot{e}(0)\right)T^5=\\&(1+a_{00}+a_{10}+a_{20})e(0)+T(1+a_{01}+a_{11}+a_{21})\dot{e}(0)+T^2\left(\frac{1}{2}+a_{02}+a_{12}+a_{22}\right)\ddot{e}(0)=\\&0\end{aligned} \tag{4-14}$$

因 $e(0)$及其高阶导数 $\dot{e}(0)$和 $\ddot{e}(0)$不恒为零，故其系数表达式恒为零，故

$$\left.\begin{aligned}1+a_{00}+a_{10}+a_{20}=0\\1+a_{01}+a_{11}+a_{21}=0\\0.5+a_{02}+a_{12}+a_{22}=0\end{aligned}\right\} \tag{4-15}$$

由于 $t=T$ 时，$\dot{p}(t)=0$、$\ddot{p}(t)=0$，所以同理可得

$$\left.\begin{aligned}3a_{00}+4a_{10}+5a_{20}=0\\1+3a_{01}+4a_{11}+5a_{21}=0\\1+3a_{02}+4a_{12}+5a_{22}=0\end{aligned}\right\}\tag{4-16}$$

$$\left.\begin{aligned}6a_{00}+12a_{10}+20a_{20}=0\\6a_{01}+12a_{11}+20a_{21}=0\\1+6a_{02}+12a_{12}+20a_{22}=0\end{aligned}\right\}\tag{4-17}$$

由式(4－15)～式(4－17)，可解得 a_{jt} 的数值表达式为

$$\boldsymbol{A}_a=\begin{bmatrix}a_{00}&a_{01}&a_{02}\\a_{10}&a_{11}&a_{12}\\a_{20}&a_{21}&a_{22}\end{bmatrix}=\begin{bmatrix}-10&-6&-1.5\\15&8&1.5\\-6&-3&-0.5\end{bmatrix}\tag{4-18}$$

因此，式(4－11)的具体表达式为

$$p(t)=\begin{cases}e_0+\dot{e}_0t+\dfrac{1}{2}\ddot{e}_0t^2-\left(\dfrac{10}{T^3}e_0+\dfrac{6}{T^2}\dot{e}_0+\dfrac{3}{2T}\ddot{e}_0\right)t^3+\\\left(\dfrac{15}{T^4}e_0+\dfrac{8}{T^3}\dot{e}_0+\dfrac{3}{2T^2}\ddot{e}_0\right)t^4-\left(\dfrac{6}{T^5}e_0+\dfrac{3}{T^4}\dot{e}_0+\dfrac{1}{2T^3}\ddot{e}_0\right)t^5, & 0\leqslant t\leqslant T\\0, & t>T\end{cases}\tag{4-19}$$

同理，亦可得到 $\dot{p}(t)$ 和 $\ddot{p}(t)$ 的具体表达式。

4.2.3　基于动态终端滑模控制理论的有限时间收敛制导律设计

设计 Lyapunov 函数为

$$V=\frac{1}{2}\sigma(\boldsymbol{x},t)^{\mathrm{T}}\sigma(\boldsymbol{x},t)\tag{4-20}$$

对式(4－9)两边进行微分，并根据式(4－8)、式(4－10)可得

$$\begin{aligned}s(\boldsymbol{x},t)=\boldsymbol{CE}(t)-\boldsymbol{W}(t)=\\c_1(x_1-x_{1d})+c_2(x_2-x_{2d})-c_1p(t)-c_2\dot{p}(t)\end{aligned}\tag{4-21}$$

$$\begin{aligned}\dot{s}(\boldsymbol{x},t)=\boldsymbol{C}\dot{\boldsymbol{E}}(t)-\dot{\boldsymbol{W}}(t)=\\c_1(\dot{x}_1-\dot{x}_{1d})+c_2(\dot{x}_2-\dot{x}_{2d})-c_1\dot{p}(t)-c_2\ddot{p}(t)\end{aligned}\tag{4-22}$$

由式(4－13)、式(4－21)、式(4－22)可得

$$\begin{aligned}\sigma(\boldsymbol{x},t)=\dot{s}(\boldsymbol{x},t)+\lambda s(\boldsymbol{x},t)=\\\lambda c_1(x_1-x_{1d})+\lambda c_2(x_2-x_{2d})-\lambda c_1p(t)-\lambda c_2\dot{p}(t)+\\c_1(\dot{x}_1-\dot{x}_{1d})+c_2(\dot{x}_2-\dot{x}_{2d})-c_1\dot{p}(t)-c_2\ddot{p}(t)\end{aligned}\tag{4-23}$$

对式(4－23)两边求导，可得

$$\begin{aligned}\dot{\sigma}(\boldsymbol{x},t)=\ddot{s}(\boldsymbol{x},t)+\lambda\dot{s}(\boldsymbol{x},t)=\\\lambda c_1(\dot{x}_1-\dot{x}_{1d})+\lambda c_2(\dot{x}_2-\dot{x}_{2d})-\lambda c_1\dot{p}(t)-\lambda c_2\ddot{p}(t)+\\c_1(\ddot{x}_1-\ddot{x}_{1d})+c_2(\ddot{x}_2-\ddot{x}_{2d})-c_1\ddot{p}(t)-c_2\dddot{p}(t)\end{aligned}\tag{4-24}$$

由于期望视线角速率的变化率在有限时间内收敛到零，所以，可设定：

$$x_{2d}=\dot{x}_{1d}=\dot{x}_{2d}=\ddot{x}_{1d}=\ddot{x}_{2d}=0\tag{4-25}$$

然后，对式(4-7)两端求导，可得

$$\ddot{x}_2=\ddot{\theta}_l=\dot{a}(x,t)+\dot{b}(x,t)u+b(x,t)\dot{u}+\dot{f}(x,t) \tag{4-26}$$

式中，$\dot{a}(x,t)=\dfrac{2\dot{r}^2x_2-2r\ddot{r}x_2-2r\dot{r}\dot{x}_2}{r^2}$，$\dot{b}(x,t)=\dfrac{1}{r^2}$。

设导引头制导盲区 $r_b=300$ m，导弹进入该盲区后，其执行机构不再工作。则 $|f(x,t)|=\left|\dfrac{1}{r}a_{\mathrm{tr}_\perp}\right|\leqslant\left|\dfrac{1}{r_b}a_{\mathrm{tr}_\perp}\right|\leqslant F_{\max}$。将式(4-7)、式(4-25)、式(4-26)代入式(4-24)，可得

$$\begin{aligned}\dot{\sigma}(\boldsymbol{x},t)=&\lambda c_1\dot{x}_1+(\lambda c_2+c_1)(a(x,t)+b(x,t)u+f(x,t))-\lambda c_1\dot{p}(t)-\lambda c_2\ddot{p}(t)+\\&c_2(\dot{a}(x,t)+\dot{b}(x,t)u+b(x,t)\dot{u}+\dot{f}(x,t))-c_1\ddot{p}(t)-c_2\dddot{p}(t)=\\&H_1u+(\lambda c_2+c_1)f(x,t)+c_2b(x,t)\dot{u}+H_2+H_3\end{aligned} \tag{4-27}$$

式中，

$$H_1=\lambda c_2b(x,t)+c_1b(x,t)+c_2\dot{b}(x,t) \tag{4-28}$$

$$H_2=\lambda c_1\dot{x}_1+(\lambda c_2+c_1)a(x,t)+c_2\dot{a}(x,t)+c_2\dot{f}(x,t) \tag{4-29}$$

$$H_3=-\lambda c_1\dot{p}(t)-(\lambda c_2+c_1)\ddot{p}(t)-c_2\dddot{p}(t) \tag{4-30}$$

根据 Lyapunov 稳定控制理论，为了满足 $\dot{V}$ 负定，动态终端滑模制导律设计如下：

$$\dot{u}=-\frac{1}{c_2b(x,t)}[(\lambda c_2+c_1)(F_{\max}+\zeta)\mathrm{sgn}(\sigma)+H_1u+H_2+H_3] \tag{4-31}$$

式中，ζ 为正的常数。

式(4-31)所设计的制导律是针对控制量的导数进行设计的，它将滑模控制中的继电特性转移到控制量的微分中去，可有效消除抖振，提高系统的鲁棒性。

4.2.4 制导律稳定性及有限时间收敛特性证明

1. 制导律稳定性证明

将式(4-31)代入式(4-27)，可得

$$\dot{\sigma}(\boldsymbol{x},t)=(\lambda c_2+c_1)[f(x,t)-(\zeta+F_{\max})\mathrm{sgn}(\sigma)] \tag{4-32}$$

将式(4-20)两端求微分，结合式(4-13)和式(4-20)，可得

$$\dot{V}=\sigma\dot{\sigma}=(\lambda c_2+c_1)[\sigma f(x,t)-(\zeta+F_{\max})\sigma\mathrm{sgn}(\sigma)] \tag{4-33}$$

由于 $\lambda c_2+c_1>0$，$(f(x,t)-F_{\max})-\zeta<0$，$\sigma\mathrm{sgn}(\sigma)=|\sigma|\geqslant0$，故 $\dot{V}\leqslant0$；当且仅当 $\sigma=0$ 时，$\dot{V}=0$。因此，所选取的动态终端滑模制导律能够满足 Lyapunov 稳定性要求。

2. 制导律有限时间收敛特性分析

根据假设 2-1，以及式(4-9)、式(4-11)可知，当 $t=0$ 时，有

$$s(\boldsymbol{x},0)=0,\quad \sigma(\boldsymbol{x},0)=0 \tag{4-34}$$

这表明在末制导开始时刻，系统的轨迹已位于动态终端滑模面上了，同时，由式(4-33)可知，系统状态一旦到达滑模面，便持续保持在滑模面上运动了，即 $\sigma(\boldsymbol{x},t)\equiv0$，即 $s(\boldsymbol{x},t)\equiv0$。这表明动态终端滑模消除了滑动模态的达到阶段，从而保证了闭环系统的全局稳定性和鲁棒性。根据 $s(\boldsymbol{x},t)$ 的表达式，可知

$$s(\boldsymbol{x},t)=\boldsymbol{CE}(t)-\boldsymbol{W}(t)=\boldsymbol{C}[\boldsymbol{E}(t)-\boldsymbol{P}(t)]\equiv0 \tag{4-35}$$

由式(4－13)可知，当 $t>T$ 时，有 $\boldsymbol{P}(t)\equiv 0$，因此可知，当 $t>T$ 时，有 $\boldsymbol{E}(t)\equiv \boldsymbol{0}$。上述推导可以充分表明：系统状态可以在有限时间 T 内收敛到零。从理论上看，时间常数 T 可以设计得无限短，即可使系统状态在任意有限时间内收敛到零，而在实际的导弹制导与控制系统中，由于受到各种不确定性的影响，系统误差的收敛时间也不可能无限短，但在充分利用导弹制导与控制系统能力的前提下，可以保证其在有限时间内收敛到零或零附近的较小邻域内，这样大大地提高了导弹制导系统状态的收敛速度，能够保证视线角速率的有限时间收敛。

4.2.5　仿真方案设计与性能分析

为验证本节所提出的动态终端滑模制导律的性能，分别针对目标进行正弦机动、无量测噪声情形和目标进行圆弧形机动、有量测噪声情形下的作战情况进行深入的仿真分析，并得出相关对比分析结论。

在仿真中，将比例制导律(PNG)和经典滑模制导律(Classical Variable Structure Guidance, CVSG)的仿真结果与本节所设计的动态终端滑模制导律(Dynamic Terminal Sliding Mode Guidance Law, DTSG)进行对比分析。

比例制导律(PNG)的表达式为

$$u=-k_1\dot{\theta}_1\dot{r} \tag{4-36}$$

式中，导引系数 $k_1=3$。

经典滑模制导律的表达式为

$$u=(k_2+1)\dot{\theta}_1|\dot{r}|+\varepsilon\dot{\theta}_l/(|\dot{\theta}_l|+\delta) \tag{4-37}$$

式中，$k_2=3$，$\varepsilon=10$，$\delta=0.001$。

导弹拦截目标初始状态参数设置为 $\nu_{\mathrm{m}}=1\ 800\ \mathrm{m/s}$、$\nu_{\mathrm{t}}=2\ 000\ \mathrm{m/s}$、$x_{\mathrm{t0}}=35\ 000\ \mathrm{m}$、$y_{\mathrm{t0}}=20\ 000\ \mathrm{m}$、$x_{\mathrm{m0}}=0\ \mathrm{m}$、$y_{\mathrm{m0}}=16\ 000\ \mathrm{m}$、$\theta_{\mathrm{t0}}=180°$、$\theta_{\mathrm{m0}}=20°$。动态终端滑模制导律的制导律参数取值为：$\lambda=15$、$c_1=5$、$c_2=1$、$\zeta=0.8$。在仿真过程中，导弹的可用过载为 $15g$，目标的机动过载为 $0\sim3g$，导弹成功命中目标的最大脱靶量设定为 0.6 m。

1. 仿真情形 1：目标进行正弦机动

目标的机动加速度为 $a_{\mathrm{t}}=a_{\mathrm{tmax}}\sin(\pi t/12)$，分别针对目标最大机动加速度为 $1g$、$2g$、$3g$ 三种情形进行仿真，仿真结果如图 4－2～图 4－5 所示。

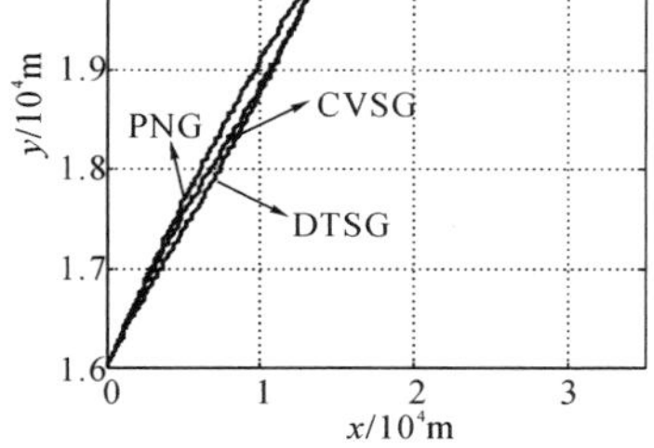

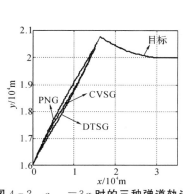

图 4－2　$a_{\mathrm{tmax}}=3g$ 时的三种弹道轨迹

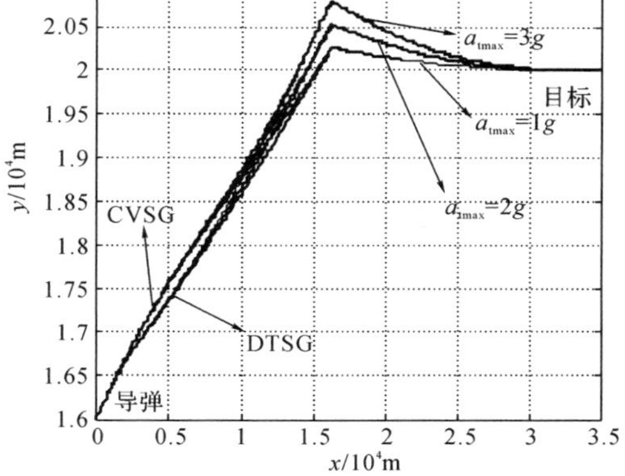

图 4－3　$a_{\mathrm{tmax}}=1g\sim3g$ 时的两种弹道轨迹

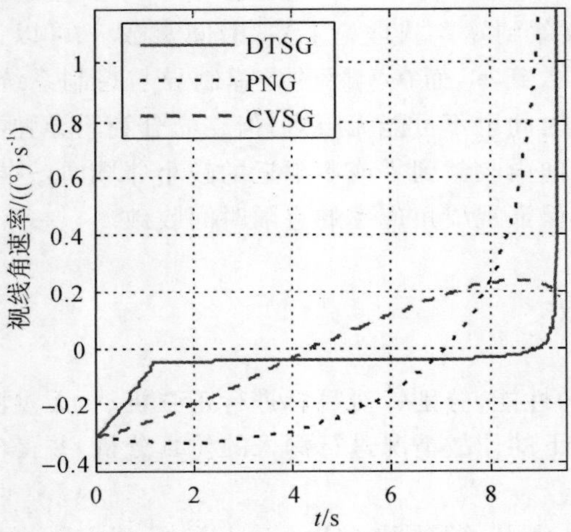

图 4-4　$a_{tmax}=3g$ 时的视线角速率

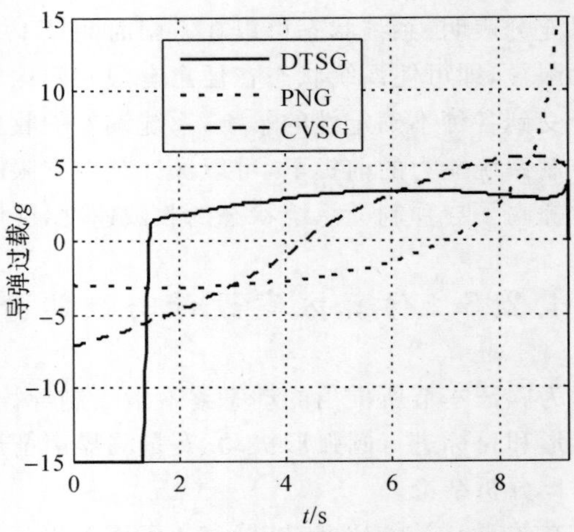

图 4-5　$a_{tmax}=1\sim3g$ 时的指令过载

图 4-2 给出了 $a_{tmax}=3g$ 时，导弹分别按照 PNG、DTSG 和 CVSG 飞行时的三组弹道曲线，由图 4-2 可知，DTSG 比 PNG 和 CVSG 所飞行的弹道更加平直；图 4-3 给出了在目标 $1g$、$2g$、$3g$ 机动情况下，导弹分别按照 DTSG 和 CVSG 飞行时的 6 组弹道曲线，由图 4-3 可知，DTSG 在目标做不同机动情况下，比 CVSG 所飞行的弹道更加平直；图 4-2 和图 4-3 很好地显示了 DTSG 视线角速率有限时间收敛所形成的准平行接近特性。

由图 4-4～图 4-5 可知，DTSG 的视线角速率在末制导开始 1.06 s 后就收敛到零附近的较小邻域内，而 CVSG 和 PNG 却不能达到有限时间收敛，PNG 的视线角速率波动较大，且在末端出现了较大程度的发散。相应地，DTSG 的指令加速度在最初 1.06 s 达到饱和状态，随后迅速减小并保持稳定，CVSG 由大变小，然后又变大，到最后 2 s 时值较大，而 PNG 则出现了较大程度的发散。DTSG 指令过载的这种特点可以使导弹在末制导的初始阶段充分利用其机动性，使导弹对目标的拦截达到准平行接近状态，随后导弹的指令加速度变得较小且保持稳定，这样可以充分节省能量，以较小的过载完成对目标的高精度杀伤。

2. 仿真情形 2：目标进行圆弧形机动

分别针对目标机动加速度 a_t 为 $0g$、$1g$、$2g$、$3g$ 四种情形进行仿真，为全面分析两种制导律的制导特性，仿真中对三种制导律所共同使用的制导参数 $\dot{r}(t)$ 增加干扰噪声，令

$$\dot{r}(t)=\dot{r}(t)+1\ 000$$

同时加入视线角速率噪声 $\nu(\kappa)$，其均值为零，方差为

$$R_1(t)=r^{-1}(t)\chi r^{-1}(t)$$

式中，$\chi=0.005$。

此外，导引头起始指向误差为 13.48°。经过 200 次蒙特卡罗仿真后，得到仿真结果，如表 4-1 和图 4-6～图 4-7 所示。

表 4-1　不同机动过载下各制导律的飞行时间和脱靶量

目标机动过载(a_t)		$0g$	$1g$	$2g$	$3g$
PNG	Time/s	9.346 3	9.371 7	9.407 0	9.452 7
	Miss/m	0.110 1	0.705 8	2.016 8	8.020 8
CVSG	Time/s	9.345 5	9.371 4	9.407 1	9.453 0
	Miss/m	0.138 4	0.442 2	1.224 8	4.885 0
DTSG	Time/s	9.339 6	9.369 5	9.407 5	9.454 1
	Miss/m	0.007 5	0.073 6	0.186 4	0.231 8

由表 4-1 可知，在弹目相对距离和导弹视线角速率增加噪声的情况下，随着目标机动过载的增大，导弹拦截时间逐渐增长，脱靶量也逐渐增大；PNG 和 CVSG 在目标机动过载为 $2g$ 和 $3g$ 时出现了脱靶，不能达到直接碰撞的要求，而 DTSG 在不同的目标机动过载下，脱靶量均能够保持到较小水平，且比 PNG 和 CVSG 的成功拦截时间要短。总的说来，本小节所设计的 DTSG 性能优于 PNG 和 CVSG；DTSG 可以在各种目标机动过载下，以相对更短的时间，完成对目标的高精度杀伤，显示出其更高的制导精度和鲁棒性。

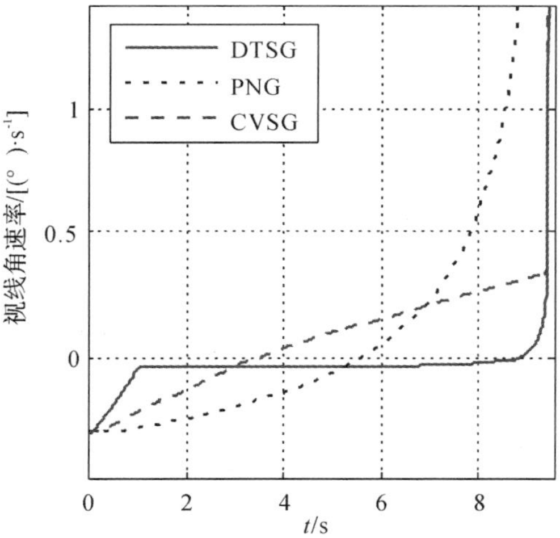

图 4-6　$a_t=3g$ 时的视线角速率

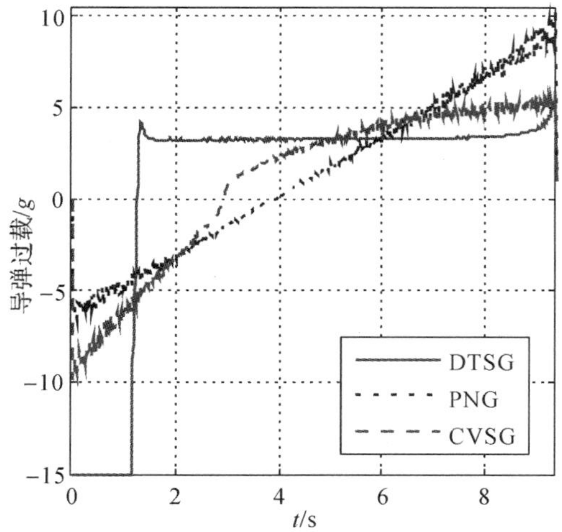

图 4-7　$a_t=1g\sim3g$ 时的指令过载

由图 4-6～图 4-7 可知，在弹目相对距离和导弹视线角速率增加随机噪声的情况下，导弹在 PNG 下的末端过载较大，且 PNG 和 CVSG 的过载出现了一定程度的抖动，这也是导致它们出现脱靶的主要原因。因此，在弹目相对距离和导弹视线角速率增加随机噪声的情况下，这两种制导律对导弹执行机构要求过高，不利于实际应用。此外，与 PNG 和 CVSG 相比，两图中 DTSG 的视线角速率和指令过载均未发生明显变化，这说明 DTSG 在抖动消除和噪声抑制方面表现出了优越的性能。综上所述，通过仿真对比，可知所提出的 DTSG 相对于 PNG 和 CVSG 具有更高的制导精度和更强的鲁棒性。

4.3 变论域模糊自适应滑模有限时间收敛制导律设计

4.3.1 模糊变论域控制理论相关知识

1. 模糊控制系统

模糊控制系统最早由 Zadeh 提出，并由 Mamdani 和 Assilian 进行了成功地实验[1,2]，它首先对在各种典型情境下如何对被控对象进行控制的方法形成专家经验，然后由这些专家经验等形成模糊控制规则，最后通过模糊推理综合形成控制规律，操纵被控对象并完成控制任务，是一种计算机数字控制。与传统的自动控制系统相比，模糊控制系统不需要系统精确的控制模型，而是更多地依靠专家经验的非线性智能控制，因此最近半个世纪以来，它在理论研究和工程应用中获得了巨大的成功。

模糊控制决策过程是模拟人的模糊思维形式，它一般包括三种基本要素：模糊概念、模糊判断和模糊推理[3]，其具体要素及推理过程如图 4-8 所示。

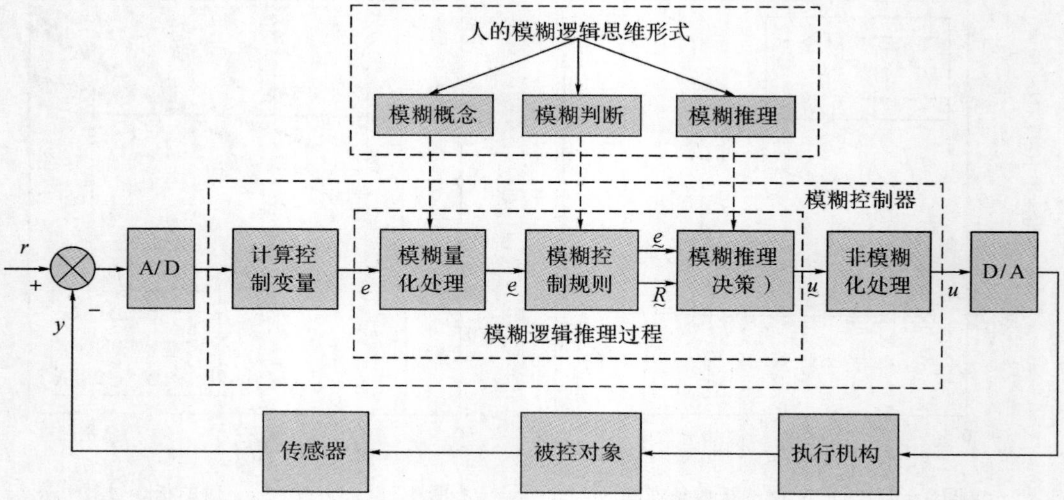

图 4-8 模糊控制系统的要素及其推理过程

根据图 4-8 所描述的模糊控制系统的要素及其推理过程可知，传感器首先将被控对象的状态参数传递给计算机，状态参数与参考输入相减形成误差参量，并通过模数转换器转换为精确的数字信号；然后进入模糊逻辑推理过程，将数字形式的误差参量进行模糊化处理之后，结合模糊控制规则和数据库形成的专家知识库，进行模糊逻辑推理并形成控制输出；最后，将模糊化输出进行解模糊形成最终控制量，再经过数模转换形成模拟信号，操纵执行机构，使被控对象按照期望的状态运行。因此，模糊控制系统可以充分采用人的思维过程及专家经验，具有高度的智能特性。

模糊自适应控制理论是将模型参考自适应控制理论与模糊控制理论综合起来而形成的一种模糊控制的新型发展方向，它可以使模糊控制系统的参数进行自适应调整，因此具有更高的自适应性和智能特性。模糊自适应控制系统原理如图 4－9 所示。

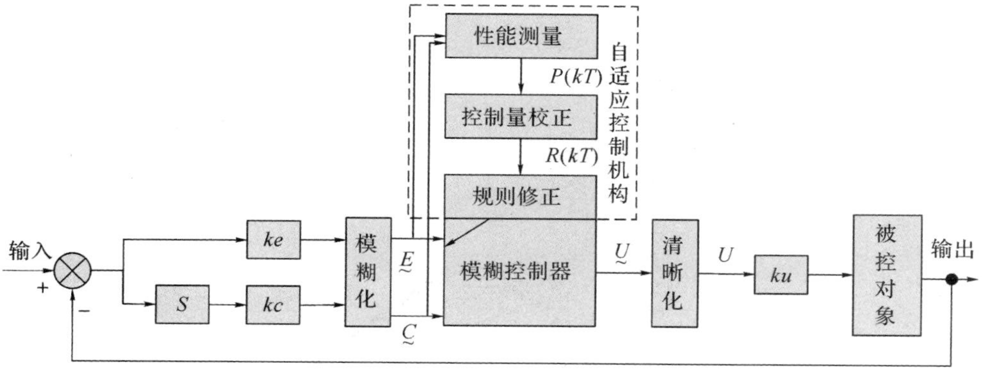

图 4－9　模糊自适应控制系统原理框图

根据图 4－9 所描述的原理框图可知，模糊自适应控制系统是在如图 4－8 所示的模糊控制系统的基础上增添了自适应控制子系统，通过性能测量、控制量校正和规则修正等三个步骤对模糊推理计算过程进行自适应调整。

2. 高斯型模糊逻辑系统的万能逼近特性

高斯型模糊逻辑系统的定义为由中心平均反模糊化器、乘积推理规则、单值模糊产生器以及高斯型隶属度函数构成的模糊逻辑系统[4,5]，其系统描述为

$$f(x)=\frac{\sum_{l=1}^{m} \bar{y}^{l}\left\{\prod_{i=1}^{n} a_{t}^{l} \exp \left[-\left(\frac{x_{i}-\bar{x}_{i}^{l}}{\bar{\sigma}_{i}^{l}}\right)^{2}\right]\right\}}{\sum_{l=1}^{m}\left\{\prod_{i=1}^{n} a_{t}^{l} \exp \left[-\left(\frac{x_{i}-\bar{x}_{i}^{l}}{\bar{\sigma}_{i}^{l}}\right)^{2}\right]\right\}} \tag{4-38}$$

下面，给出高斯型模糊逻辑系统的相关逼近定理[4-7]。

定理 4－1　（Stone－weirstrass 定理）

设 U 为列紧集，集合 Z 为 U 上的一族连续实函数，若

1）Z 在加法运算、乘法运算及标量乘法运算下是封闭的，即集合 Z 为代数系统；

2）$\forall x,y\in U\in \mathbf{R}^n$，如果 $x\neq y$，则一定有函数 f 并满足 $f(x)\neq f(y)$，即 U 空间上的所有点可以被集合 Z 离析；

3）$\forall x\in U$，$\exists f\in Z$，使函数 $f(x)\neq 0$，即集合 Z 在空间 U 上的所有点都是非零的。

那么 (Z,d_∞) 在 $(c(U),d_\infty)$ 上是列紧的。

定理 4－2　设 g 为列紧集 $U\in \mathbf{R}^n$ 上的任意连续函数，对于 $\forall \varepsilon>0$，存在式（4－38）所描述的模糊系统 $f(x)$，满足

$$\sup\{|g(x)-f(x)| : x\in U\}<\varepsilon \tag{4-39}$$

定理 4－3　设 $U\in \mathbf{R}^n$ 为列紧集；$\forall g\in L_2(U)$，对于 $\varepsilon>0$，存在式（4－38）所描述的模糊系统，满足

$$\left[\int_J |f(x)-g(x)|^2 \mathrm{d}x\right]^{1/2}<\varepsilon \tag{4-40}$$

式中，$L_2(U)=\{g:U\to R\,|\int_J|g(x)|^2\mathrm{d}x<\infty\}$，且$\int_J|g(x)|^2\mathrm{d}x$为勒贝格意义下的积分。

3. **模糊变论域控制**

一般情况下，模糊控制系统的论域量化等级越细，它的控制精度会越高。因此通过增加系统输入信号的模糊区间的个数，可增加模糊规则数量，从而提高模糊控制的控制精度。但是这样会使模糊推理计算量过大、模糊控制算法过于复杂，从而增大模糊控制器的设计和应用难度。

在此情况下，李洪兴[8-11]提出了模糊控制的变论域控制方法，即运用伸缩因子在线实时地修正模糊控制的论域，从而使论域范围随着输入的增大而增大、减小而减小，这样便增加了输入值附近的论域划分，可以取得与增加模糊控制规则数量相似的控制效果，大大地提高了控制精度，其原理如图 4-10 所示。

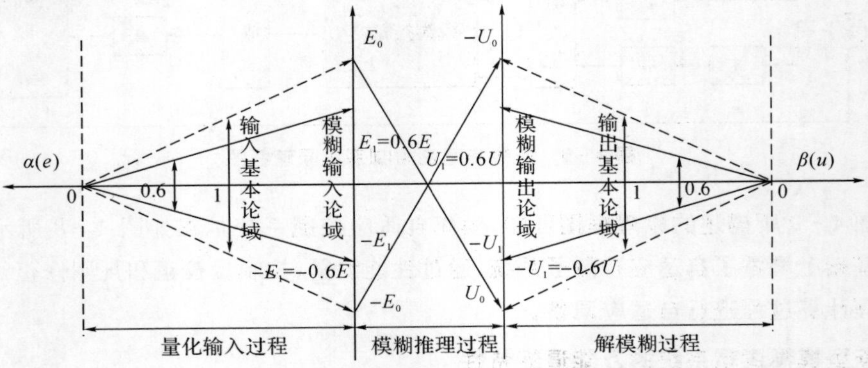

图 4-10　模糊变论域控制基本原理示意图

图 4-10 为模糊变论域控制基本原理示意图，横轴主要表示伸缩因子，横轴 $\alpha(e)$的正方向朝右，横轴 $\beta(u)$的正方向朝左；两个纵轴分别表示输入基本论域和输出基本论域。当 $\alpha(e)=1$ 时，$\beta(u)-1$、$X_0(e)=[-E_0,E_0]$、$Y_0(e)=[-U_0,U_0]$，$X_0(e)$和 $Y_0(e)$为输入基本论域和输出基本论域；当 $\alpha(e)=0.6$ 时，$\beta(u)=0.6$、$X_1(e)=[-E_1,E_1]=[-\alpha(e)E_0,\alpha(e)E_0]$、$Y_1(e)=[-U_1,U_1]=[-\beta(u)U_0,\beta(u)U_0]$。

可见，模糊控制系统的论域随着误差输入变量的减小而收缩、增大而扩张，具有一定的自适应性，从而使控制点两侧的论域划分变得极为精细，大大地提高了控制精度。因此，模糊变论域控制本质上也是一类模糊自适应控制。

4.3.2　导弹-目标空间拦截模型构建

图 4-11 中，$O_IX_IY_IZ_I$ 为惯性坐标系，$O_LX_LY_LZ_L$ 为视线坐标系，其三个方向的单位向量用$[\boldsymbol{i}_L,\boldsymbol{j}_L,\boldsymbol{k}_L]^T$ 表示；$\boldsymbol{V}_M$ 和 $\boldsymbol{V}_T$ 分别为导弹和目标的速度矢量；$\boldsymbol{a}_M$ 和 $\boldsymbol{a}_T$ 分别为导弹和目标的加速度矢量；θ_L 和 ψ_L 分别为导弹的视线倾角和视线偏角；$\boldsymbol{r}_M$ 和 $\boldsymbol{r}_T$ 分别为导弹和目标的位置矢量；$\boldsymbol{r}$ 为导弹与目标的相对位置矢量。

设 $\boldsymbol{\Omega}$ 为视线坐标系相对惯性坐标系的旋转角速度矢量，那么 $\boldsymbol{\Omega}$ 有如下形式：

$$\boldsymbol{\Omega}=\dot{\psi}_L\sin\theta_L\boldsymbol{i}_L-\dot{\theta}_L\boldsymbol{j}_L+\dot{\psi}_L\cos\theta_L\boldsymbol{k}_L \tag{4-41}$$

根据弹目相对运动学关系，可得

$$\boldsymbol{r}=\boldsymbol{r}_T-\boldsymbol{r}_M=r\boldsymbol{e}_r \tag{4-42}$$

$$\frac{\mathrm{d}\boldsymbol{r}}{\mathrm{d}t}=\boldsymbol{V}_{\mathrm{T}}-\boldsymbol{V}_{\mathrm{M}}=\dot{r}\boldsymbol{i}_{\mathrm{L}}+r\boldsymbol{\Omega}_{\mathrm{L}}\times\boldsymbol{i}_{\mathrm{L}} \tag{4-43}$$

$$\begin{aligned}\frac{\mathrm{d}^2\boldsymbol{r}}{\mathrm{d}t^2}=&\boldsymbol{a}_{\mathrm{T}}-\boldsymbol{a}_{\mathrm{M}}=\\&\ddot{r}\boldsymbol{i}_{\mathrm{L}}+\dot{r}\boldsymbol{\Omega}_{\mathrm{L}}\times\boldsymbol{i}_{\mathrm{L}}+\dot{r}\boldsymbol{\Omega}_{\mathrm{L}}\times\boldsymbol{i}_{\mathrm{L}}+r(\dot{\boldsymbol{\Omega}}_{\mathrm{L}}\times\boldsymbol{i}_{\mathrm{L}}+\boldsymbol{\Omega}_{\mathrm{L}}\times\dot{\boldsymbol{i}}_{\mathrm{L}})=\\&(\ddot{r}-r\dot{\psi}_{\mathrm{L}}{}^2\cos^2\theta_{\mathrm{L}}-r\dot{\theta}_{\mathrm{L}}{}^2)\boldsymbol{i}_{\mathrm{L}}+(2\dot{r}\dot{\theta}_{\mathrm{L}}+r\ddot{\theta}_{\mathrm{L}}{}^2\sin\theta_{\mathrm{L}}\cos\theta_{\mathrm{L}})\boldsymbol{j}_{L}+\\&(2\dot{r}\dot{\psi}_{\mathrm{L}}\cos\theta_{\mathrm{L}}+r\ddot{\psi}_{\mathrm{L}}\cos\theta_{\mathrm{L}}-2r\dot{\theta}_{\mathrm{L}}\dot{\psi}_{\mathrm{L}}\sin\theta_{\mathrm{L}})\boldsymbol{k}_{\mathrm{L}}\end{aligned} \tag{4-44}$$

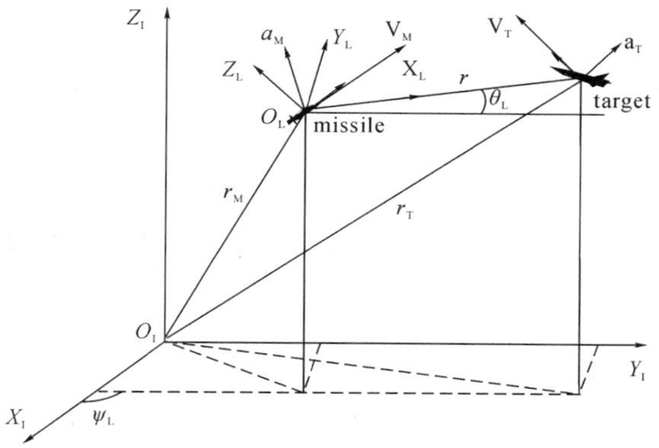

图 4-11　弹目三维相对运动学示意图

设 $\boldsymbol{a}_{\mathrm{T}}$，$\boldsymbol{a}_{\mathrm{M}}$ 在 $O_{\mathrm{L}}X_{\mathrm{L}}Y_{\mathrm{L}}Z_{\mathrm{L}}$ 三个坐标轴上的分量分别为 $a_{\mathrm{T}i}$、$a_{\mathrm{T}j}$、$a_{\mathrm{T}k}$ 和 $a_{\mathrm{M}i}$、$a_{\mathrm{M}j}$、$a_{\mathrm{M}k}$，则有

$$\left.\begin{aligned}a_{\mathrm{T}i}-a_{\mathrm{M}i}&=\ddot{r}-r\dot{\psi}_{\mathrm{L}}{}^2\cos^2\theta_{\mathrm{L}}-r\dot{\theta}_{L}{}^2\\a_{\mathrm{T}j}-a_{\mathrm{M}j}&=2\dot{r}\dot{\theta}_{\mathrm{L}}+r\ddot{\theta}_{\mathrm{L}}+r\dot{\psi}_{\mathrm{L}}{}^2\sin\theta_{\mathrm{L}}\cos\theta_{\mathrm{L}}\\a_{\mathrm{T}k}-a_{\mathrm{M}k}&=2\dot{r}\dot{\psi}_{\mathrm{L}}\cos\theta_{\mathrm{L}}+r\ddot{\psi}_{\mathrm{L}}\cos\theta_{\mathrm{L}}-2r\dot{\theta}_{\mathrm{L}}\dot{\psi}_{\mathrm{L}}\sin\theta_{\mathrm{L}}\end{aligned}\right\} \tag{4-45}$$

定义如下状态变量：$x_1=r$，$x_2=\dot{r}$，$x_3=\theta_{\mathrm{L}}$，$x_4=\dot{\theta}_{\mathrm{L}}$，$x_5=\psi_{\mathrm{L}}$，$x_6=\dot{\psi}_{\mathrm{L}}$，则式(4-45)可以写成如下形式：

$$\left.\begin{aligned}\dot{x}_1&=x_2\\\dot{x}_2&=rx_6^2\cos^2x_3+x_1x_4^2+a_{\mathrm{T}i}-a_{\mathrm{M}i}\\\dot{x}_3&=x_4\\\dot{x}_4&=-2\,\frac{x_2x_4}{x_1}+\frac{a_{\mathrm{T}k}-a_{\mathrm{M}k}}{x_1}-\frac{x_6^2\sin2x_3}{2}\\\dot{x}_5&=x_6\\\dot{x}_6&=-2\,\frac{x_2x_6}{x_1}+2x_4x_6\tan x_3+\frac{a_{\mathrm{T}j}-a_{\mathrm{M}j}}{x_1\cos x_3}\end{aligned}\right\} \tag{4-46}$$

式(4-46)即为导弹与目标的三维相对运动学模型。

4.3.3　模糊有限时间收敛制导律设计及稳定性证明

令滑模切换函数为 $s_1=x_4$，$s_2=x_6$，若达到比较理想的滑动模态控制，则 $s_1=0$，$s_2=0$，即导弹拦截目标达到准平行接近状态，并能够保证导弹准确命中目标。

首先设计三维滑模制导律，构造如下 Lyapunov 函数：

$$\left.\begin{aligned} V_1 &= \frac{1}{2}s_1^2 = \frac{1}{2}\dot{\theta}_{\mathrm{L}}^2 \\ V_2 &= \frac{1}{2}s_2^2 = \frac{1}{2}\dot{\psi}_{\mathrm{L}}^2 \end{aligned}\right\} \tag{4-47}$$

为保证 Lyapunov 函数是渐近稳定的，需要满足以下条件

$$\left.\begin{aligned} \dot{V}_1 &= s_1 \dot{s}_1 < 0 \\ \dot{V}_2 &= s_2 \dot{s}_2 < 0 \end{aligned}\right\} \tag{4-48}$$

将式(4-46)代入式(4-48)，可得

$$\left.\begin{aligned} \dot{V}_1 &= x_4\left(-2\frac{x_2x_4}{x_1} + \frac{a_{\mathrm{T}k} - a_{\mathrm{M}k}}{x_1} - \frac{x_6^2 \sin 2x_3}{2}\right) < 0 \\ \dot{V}_2 &= x_6\left(-2\frac{x_2x_6}{x_1} + 2x_4x_6\tan x_3 + \frac{a_{\mathrm{T}j} - a_{\mathrm{M}j}}{x_1\cos x_3}\right) < 0 \end{aligned}\right\} \tag{4-49}$$

由于滑模变结构控制具有对系统不确定性和干扰的鲁棒性，所以可将目标机动视为干扰项，根据式(4-49)，三维滑模制导律可选择为

$$\left.\begin{aligned} a_{\mathrm{M}k} &= -2x_2x_4 - \frac{x_1x_6^2\sin 2x_3}{2} + k_k \mathrm{sgn}(x_4) \\ a_{\mathrm{M}j} &= -2x_2x_6\cos x_3 + 2x_1x_4x_6\sin x_3 + k_j\mathrm{sgn}(x_6) \end{aligned}\right\} \tag{4-50}$$

式中，k_k、k_j 为常数，且 $k_k > \max|a_{\mathrm{T}k}|$、$k_j > \mathrm{sgn}|a_{\mathrm{T}j}|$。

将式(4-50)代入式(4-49)，可得

$$\left.\begin{aligned} \dot{V}_1 &= \frac{a_{\mathrm{T}k}x_4 - k_kx_4\mathrm{sgn}(x_4)}{x_1} < \frac{a_{\mathrm{T}k} - k_k}{x_1} < 0 \\ \dot{V}_2 &= \frac{a_{\mathrm{T}j}x_6 - k_jx_6\mathrm{sgn}(x_6)}{x_1\cos(x_3)} < \frac{a_{\mathrm{T}j} - k_j}{x_1\cos(x_3)} < 0 \end{aligned}\right\} \tag{4-51}$$

由式(4-51)可知，所选择的三维滑模制导律式式(4-50)可以保证式(4-48)所示的 Lyapunov 函数渐近稳定。

针对所设计的三维滑模制导律，令

$$f(x_4,t) = -2x_2x_4 - \frac{1}{2}x_1x_6^2\sin 2x_3 \tag{4-52}$$

$$g(x_6,t) = -2x_2x_6\cos x_3 + 2x_1x_4x_6\sin x_3 \tag{4-53}$$

则式(4-50)可表示为

$$a_{\mathrm{M}k} = f(x_4,t) + k_k\mathrm{sgn}(x_4) \tag{4-54}$$

$$a_{\mathrm{M}j} = g(x_6,t) + k_j\mathrm{sgn}(x_6) \tag{4-55}$$

由式(4-54)、式(4-55)可知，制导律的第一项主要是抑制视线角速率的转动，而第二项是滑模切换项，通过不连续切换使系统状态到达并一直位于滑模面上。由于在实际作战过程中，尤其是在高速目标拦截的情况下，导弹往往仅安装红外导引头，致使状态量 $f(x_4,t)$ 和 $g(x_6,t)$ 无法准确测出，所以，可以考虑使用高斯型自适应模糊逻辑系统所具有的万能逼近特性，并利用有限时间收敛制导律所具有的有限时间收敛特性等专家知识，构造万能变论域模糊自适应逼近系统，对 $f(x_4,t)$ 和 $g(x_6,t)$ 进行逼近。

假设 4-1 x 位于某个紧集 M_x，设 $\hat{f}(x_4|\hat{\boldsymbol{\theta}}_1)$ 和 $\hat{g}(x_6|\hat{\boldsymbol{\theta}}_2)$ 是对状态量 $f(x_4,t)$ 和 $g(x_6,t)$ 的模糊逼近，则状态量 $f(x_4,t)$ 和 $g(x_6,t)$ 的最优参数向量可定义如下：

$$\boldsymbol{\theta}_1^* = \arg\min_{\hat{\theta}_1 \in M_{\theta_1}} \left[\sup_{x_4 \in M_{x_4}} \left| f(x_4, t) - \hat{f}(x_4 | \hat{\boldsymbol{\theta}}_1) \right| \right] \tag{4-56}$$

$$\boldsymbol{\theta}_2^* = \arg\min_{\hat{\theta}_2 \in M_{\theta_2}} \left[\sup_{x_6 \in M_{x_6}} \left| g(x_6, t) - \hat{g}(x_6 | \hat{\boldsymbol{\theta}}_2) \right| \right] \tag{4-57}$$

式(4-56)和式(4-57)中，最优参数向量 $\boldsymbol{\theta}_1{}^*$ 和 $\boldsymbol{\theta}_2{}^*$ 位于某个凸集内，且满足：

$$M_{\theta_1} = \{ \boldsymbol{\theta}_1 \mid \| \boldsymbol{\theta}_1 \| \leqslant m_{\theta_1} \} \tag{4-58}$$

$$M_{\theta_2} = \{ \boldsymbol{\theta}_2 \mid \| \boldsymbol{\theta}_2 \| \leqslant m_{\theta_2} \} \tag{4-59}$$

式中，m_{θ_1} 和 m_{θ_2} 为设计参数。同时，可得到新的滑模制导律的表达形式为

$$a_{Mk} = \hat{f}(x_4 | \hat{\boldsymbol{\theta}}_1) + k_k \operatorname{sgn}(x_4) \tag{4-60}$$

$$a_{Mj} = \hat{g}(x_6 | \hat{\boldsymbol{\theta}}_2) + k_j \operatorname{sgn}(x_6) \tag{4-61}$$

下面，考虑采用高斯模糊逻辑系统所具有的万能逼近特性对状态量 $f(x_4, t)$ 和 $g(x_6, t)$ 进行逼近。

根据有限时间收敛制导技术的原理和专家经验，设计 x_4 和 x_6 与最优模糊逼近器 $\hat{f}(x_4 | \hat{\boldsymbol{\theta}}_1)$ 和 $\hat{g}(x_6 | \hat{\boldsymbol{\theta}}_2)$ 所一一对应的 IF-THEN 形式的模糊规则：

R_1：IF x_4 is A_1，THEN $\hat{f}(x_4 | \hat{\boldsymbol{\theta}}_1)$ is B_1；

R_2：IF x_6 is A_2，THEN $\hat{g}(x_6 | \hat{\boldsymbol{\theta}}_2)$ is B_2。

上述规则可实现由输入 x_4 和 x_6 到 $\hat{f}(x_4 | \hat{\boldsymbol{\theta}}_1)$ 和 $\hat{g}(x_6 | \hat{\boldsymbol{\theta}}_2)$ 的映射，其具体设计方法将在 4.3.4小节中详细研究。其中，A_1 和 A_2 是模糊变量，B_1 和 B_2 为输出变量。然后，采用乘积推理机、单值模糊器和中心平均解模糊器，则其输出可以表示为

$$\hat{f}(x_4 \mid \hat{\boldsymbol{\theta}}_1) = \sum_{i=1}^{n} f_i \frac{\mu_{A_1^i}}{\sum_{j=1}^{n} \mu_{A_1^j}} = \hat{\boldsymbol{\theta}}_1^{\mathrm{T}} \zeta_1(x_4) \tag{4-62}$$

$$\hat{g}(x_6 \mid \hat{\boldsymbol{\theta}}_2) = \sum_{i=1}^{n} g_i \frac{\mu_{A_2^i}}{\sum_{j=1}^{n} \mu_{A_2^j}} = \hat{\boldsymbol{\theta}}_2^{\mathrm{T}} \zeta_2(x_6) \tag{4-63}$$

式中，$\hat{\boldsymbol{\theta}}_1$ 和 $\hat{\boldsymbol{\theta}}_2$ 根据自适应律的变化而变化，$\boldsymbol{\zeta}_1(x_4)$ 和 $\boldsymbol{\zeta}_2(x_6)$ 为模糊向量；$\hat{\boldsymbol{\theta}}_1 = [f_1(x_4) \ f_2(x_4) \ \cdots \ f_n(x_4)]^{\mathrm{T}}$、$\hat{\boldsymbol{\theta}}_2 = [g_1(x_6) \ g_2(x_6) \ \cdots \ g_n(x_6)]^{\mathrm{T}}$、$\boldsymbol{\zeta}_1(x_4) = [\zeta_1^1(x_4) \ \zeta_1^2(x_4) \ \cdots \ \zeta_1^n(x_4)]^{\mathrm{T}}$、$\boldsymbol{\zeta}_2(x_6) = [\zeta_2^1(x_6) \ \zeta_2^2(x_6) \ \cdots \ \zeta_2^n(x_6)]^{\mathrm{T}}$、$\zeta_1^i(x_4) = \dfrac{\mu_{A_1^i}}{\sum_{j=1}^{n} \mu_{A_1^j}}$、$\zeta_2^i(x_6) = \dfrac{\mu_{A_2^i}}{\sum_{j=1}^{n} \mu_{A_2^j}}$。

根据系统的控制特性，可设计模糊有限时间收敛系统的自适应律为

$$\hat{\boldsymbol{\theta}}_1 = -r_1 s_1 \zeta_1(x_4) \tag{4-64}$$

$$\hat{\boldsymbol{\theta}}_2 = -r_2 s_2 \zeta_2(x_6) \tag{4-65}$$

下面，对式(4-64)和式(4-65)所描述的自适应律的稳定性进行证明。

证明：

令 $\tilde{\boldsymbol{\theta}}_1 = \boldsymbol{\theta}_1^* - \hat{\boldsymbol{\theta}}_1$、$\tilde{\boldsymbol{\theta}}_2 = \boldsymbol{\theta}_2^* - \hat{\boldsymbol{\theta}}_2$，且定义 Lyapunov 函数为

$$V_1' = \frac{1}{2}\left(x_2 s_1^2 + \frac{1}{r_1} \tilde{\boldsymbol{\theta}}_1^{\mathrm{T}} \tilde{\boldsymbol{\theta}}_1 \right) \tag{4-66}$$

$$V_2' = \frac{1}{2}\left(x_2' s_2^2 + \frac{1}{r_2} \tilde{\boldsymbol{\theta}}_2^{\mathrm{T}} \tilde{\boldsymbol{\theta}}_2 \right) \tag{4-67}$$

式中，r_1 和 r_2 为自适应控制律参数，$x'=x_1\cos x_3$。

对式(4-66)和式(4-67)两端求导，可得

$$\dot{V}'_1=\frac{x_2 s_1^2}{2}+x_1 s_1 \dot{s}_1+\frac{\tilde{\boldsymbol{\theta}}_1\dot{\hat{\boldsymbol{\theta}}}_1}{r_1} \tag{4-68}$$

$$\dot{V}'_2=\frac{\dot{x}'_1 s_2^2}{2}+x'_1 s_1 \dot{s}_2+\frac{\tilde{\boldsymbol{\theta}}_2\dot{\hat{\boldsymbol{\theta}}}_2}{r_2} \tag{4-69}$$

定义最小逼近误差

$$\omega_1=f(x_4,t)-\hat{f}(x_4\,|\,\boldsymbol{\theta}_1^*) \tag{4-70}$$

$$\omega_2=g(x_6,t)-\hat{g}(x_6\,|\,\boldsymbol{\theta}_2^*) \tag{4-71}$$

根据式(4-46)、式(4-54)～式(4-55)、式(4-68)～(4-71)，可得

$$\begin{aligned}\dot{V}'_1=&\frac{x_2 s_1^2}{2}+x_1 s_1\left(-2\,\frac{x_2 x_4}{x_1}+\frac{a_{\mathrm{T}k}-a_{\mathrm{M}k}}{x_1}-\frac{x_6^2\sin 2x_3}{2}\right)+\frac{\tilde{\boldsymbol{\theta}}_1\dot{\hat{\boldsymbol{\theta}}}_1}{r_1}=\\&\frac{x_2 x_4^2}{2}+x_4 a_{\mathrm{T}k}-x_4 k_k\,\mathrm{sgn}(x_4)+\frac{\tilde{\boldsymbol{\theta}}_1\dot{\hat{\boldsymbol{\theta}}}_1}{r_1}+x_4\left[f(x_4,t)-\hat{f}(x_4\,|\,\hat{\boldsymbol{\theta}}_1)+\hat{f}(x_4\,|\,\boldsymbol{\theta}_1^*)-\hat{f}(x_4\,|\,\boldsymbol{\theta}_1^*)\right]=\\&\frac{x_2 x_4^2}{2}+x_4 a_{\mathrm{T}k}-x_4 k_k\,\mathrm{sgn}(x_4)+\frac{\tilde{\boldsymbol{\theta}}_1\dot{\hat{\boldsymbol{\theta}}}_1}{r_1}+x_4\omega_1+\tilde{\boldsymbol{\theta}}_1 x_4\boldsymbol{\zeta}_1(x_4)=\\&\frac{x_2 x_4^2}{2}+(x_4 a_{\mathrm{T}k}-k_k\,|x_4|)+x_4\omega_1+\tilde{\boldsymbol{\theta}}_1\left(\frac{\dot{\hat{\boldsymbol{\theta}}}_1}{r_1}+x_4\boldsymbol{\zeta}_1(x_4)\right)\end{aligned} \tag{4-72}$$

$$\begin{aligned}\dot{V}'_2=&\frac{\dot{x}'_1 s_2^2}{2}+x'_1 s_2\left(-2\,\frac{x_2 x_6}{x_1}+2x_4 x_6\tan x_3+\frac{a_{\mathrm{T}j}-a_{\mathrm{M}j}}{x_1\cos x_3}\right)+\frac{\tilde{\boldsymbol{\theta}}_2\dot{\hat{\boldsymbol{\theta}}}_2}{r_2}=\\&\frac{\dot{x}'_1 x_6^2}{2}+x_6\left[a_{\mathrm{T}j}-k_j\,\mathrm{sgn}(x_6)\right]+\frac{\tilde{\boldsymbol{\theta}}_2\dot{\hat{\boldsymbol{\theta}}}_2}{r_2}+x_6\left[g(x_6,t)-\hat{g}(x_6\,|\,\hat{\boldsymbol{\theta}}_2)\right]=\\&\frac{\dot{x}'_1 x_6^2}{2}+x_6\left[a_{\mathrm{T}j}-k_j\,\mathrm{sgn}(x_6)\right]+\frac{\tilde{\boldsymbol{\theta}}_2\dot{\hat{\boldsymbol{\theta}}}_2}{r_2}+x_6\left[g(x_6,t)-\hat{g}(x_6\,|\,\hat{\boldsymbol{\theta}}_2)+\hat{g}(x_6\,|\,\boldsymbol{\theta}_2^*)-\hat{g}(x_6\,|\,\boldsymbol{\theta}_2^*)\right]=\\&\frac{\dot{x}'_1 x_6^2}{2}+(x_6 a_{\mathrm{T}j}-k_j\,|x_6|)+x_6\omega_2+\tilde{\boldsymbol{\theta}}_2\left(\frac{\dot{\hat{\boldsymbol{\theta}}}_2}{r_2}+x_6\boldsymbol{\zeta}_2(x_6)\right)\end{aligned} \tag{4-73}$$

由于 $k_k>\max|a_{\mathrm{T}k}|$、$k_j>\max|a_{\mathrm{T}j}|$，$|x_4|<1$、$|x_6|<1$，故 $x_4 a_{\mathrm{T}k}-k_k|x_4|<0$、$x_6 a_{\mathrm{T}j}-k_j|x_6|<0$；此外，由于 $x_2<0$、$\dot{x}'_1<0$，故$\frac{x_2 x_4^2}{2}<0$、$\frac{\dot{x}'_1 x_6^2}{2}<0$，所以，可以选择令式(4-72)和式(4-73)右端的最后一项为零的 $\dot{\hat{\boldsymbol{\theta}}}_1=-r_1 x_4\zeta_1(x_4)$和 $\dot{\hat{\boldsymbol{\theta}}}_2=-r_2 x_6\zeta_2(x_6)$，进而选择较小的最小逼近误差 ω_1 和 ω_2，从而保证 $\dot{V}'_1<0$、$\dot{V}'_2<0$。

证毕。

因此，根据式(4-60)～式(4-65)，所设计的模糊有限时间收敛制导律可表示为

$$a_{\mathrm{M}k}=\hat{\boldsymbol{\theta}}_1^{\mathrm{T}}\zeta_1(x_4)+k_k\,\mathrm{sgn}(x_4) \tag{4-74}$$

$$a_{\mathrm{M}j}=\hat{\boldsymbol{\theta}}_2^{\mathrm{T}}\zeta_2(x_6)+k_J\,\mathrm{sgn}(x_6) \tag{4-75}$$

式中，$\dot{\hat{\boldsymbol{\theta}}}_1=-r_1 s_1\zeta_1(x_4)$，$\dot{\hat{\boldsymbol{\theta}}}_2=-r_2 s_2\zeta_2(x_6)$。

4.3.4　有限时间收敛模糊制导的专家经验及模糊规则设计

1. 有限时间收敛模糊制导专家经验描述

在导弹拦截高速机动目标的末制导过程中，使导弹-目标的视线角速率在有限时间内收敛到零，是保证对目标进行高精度杀伤的重要举措。目前，国内外关于有限时间收敛制导律的研究已经取得了一些成果，总结这些研究成果，可以得到有限时间收敛制导律的制导特性和规律：在末制导初期导弹的需用过载较大，甚至达到饱和状态；当视线角速率达到有限时间收敛后，导弹需用过载降低到很小的数值；这种特性可以使其在末制导初期充分利用其过载能力，以便达到视线角速率有限时间收敛状态，即准平行接近状态，那么导弹在随后的攻击过程中，便可以用较小且平稳的过载准确命中目标，这样既可以使导弹在末制导的中后期游刃有余地应对出现的各种复杂问题，又可以克服传统制导律在制导末段出现的过载激增现象，以及导弹导引头盲区导致的制导信息无法获取等问题，并且可以保证导弹在较短的拦截时间内以较小的能量消耗完成对目标的高精度杀伤，充分提高制导律的鲁棒性和制导精度。

参考真比例导引律的表达式 $u=-k_{\mathrm{T}}\dot{\theta}_{\mathrm{L}}\dot{r}$，可得 $\dot{\theta}_{\mathrm{L}}=-u/k_{\mathrm{T}}/\dot{r}$。在高速目标拦截的作战情形中，因为红外导引头制造工艺的限制等因素，导致拦截导弹的速度难以得到很大提升，导弹速度大小一般小于目标，或与目标速度大小相当，故不能采用尾追的攻击方式，这样 $\dot{r}$ 就具有较小的取值范围。此外，指令加速度 u 也有一定的限制，结合一些高速机动目标拦截的实践经验，如临近空间飞行器或弹道导弹末端高层拦截的运动学特性，可知在一般拦截情况下，$|\dot{\theta}_{\mathrm{L}}|\leqslant 0.03$，$|\dot{\psi}_{\mathrm{L}}|\leqslant 0.03$。因此，可将模糊控制规则定为以下 14 条，制定有限时间收敛智能模糊控制规则。

2. 有限时间收敛模糊控制规则设计

根据上述有限时间收敛模糊制导专家经验所描述的原则和方法，现制定如下有限时间收敛模糊规则。

R_1：IF $x_4\geqslant 0.03$，THEN let $\hat{f}(x_4|\hat{\boldsymbol{\theta}}_1)=900$；

R_2：IF $x_4=0.02$，THEN let $\hat{f}(x_4|\hat{\boldsymbol{\theta}}_1)=600$；

R_3：IF $x_4=0.01$，THEN let $\hat{f}(x_4|\hat{\boldsymbol{\theta}}_1)=300$；

R_4：IF $x_4=0.00$，THEN let $\hat{f}(x_4|\hat{\boldsymbol{\theta}}_1)=0$；

R_5：IF $x_4=-0.01$，THEN let $\hat{f}(x_4|\hat{\boldsymbol{\theta}}_1)=-300$；

R_6：IF $x_4=-0.02$，THEN let $\hat{f}(x_4|\hat{\boldsymbol{\theta}}_1)=-600$；

R_7：IF $x_4\leqslant -0.03$，THEN let $\hat{f}(x_4|\hat{\boldsymbol{\theta}}_1)=-900$；

R_8：IF $x_4\geqslant 0.03$，THEN let $\hat{g}(x_6|\hat{\boldsymbol{\theta}}_2)=900$；

R_9：IF $x_6=0.02$，THEN let $\hat{g}(x_6|\hat{\boldsymbol{\theta}}_2)=600$；

R_{10}：IF $x_6=0.01$，THEN let $\hat{g}(x_6|\hat{\boldsymbol{\theta}}_2)=300$；

R_{11}：IF $x_6=0.00$，THEN let $\hat{g}(x_6|\hat{\boldsymbol{\theta}}_2)=0$；

R_{12}：IF $x_6=-0.01$，THEN let $\hat{g}(x_6|\hat{\boldsymbol{\theta}}_2)=-300$；

R_{13}：IF $x_6=-0.02$，THEN let $\hat{g}(x_6|\hat{\boldsymbol{\theta}}_2)=-600$；

R_{14}：IF $x_6\leqslant -0.03$，THEN let $\hat{g}(x_6|\hat{\boldsymbol{\theta}}_2)=-900$。

由这些原则和方法可知，该模糊规则具有通用性和广泛适用性，只要根据特定的拦截场景，依据上述模糊规则制定的原则和方法，即可确定 $\dot{\theta}_L$ 和 $\dot{\psi}_L$ 的取值范围，进而确定模糊规则。此外，对状态 x_4 和 x_6 分别选择 7 个状态变量，它们的隶属度函数分别为

$$\mu_{A_1^1}=\begin{cases}1, & x_4\geqslant 0.03\\ \exp\left\{-0.6\left(\frac{x_4-0.03}{0.01}\right)^2\right\}, & 0.02<x_4<0.03\end{cases} \tag{4-76}$$

$$\mu_{A_1^2}=\exp\left\{-0.6\left(\frac{x_4-0.02}{0.01}\right)^2\right\} \tag{4-77}$$

$$\mu_{A_1^3}=\exp\left\{-0.6\left(\frac{x_4-0.01}{0.01}\right)^2\right\} \tag{4-78}$$

$$\mu_{A_1^4}=\exp\left\{-0.6\left(\frac{x_4}{0.01}\right)^2\right\} \tag{4-79}$$

$$\mu_{A_1^5}=\exp\left\{-0.6\left(\frac{x_4+0.01}{0.01}\right)^2\right\} \tag{4-80}$$

$$\mu_{A_1^6}=\exp\left\{-0.6\left(\frac{x_4+0.02}{0.01}\right)^2\right\} \tag{4-81}$$

$$\mu_{A_1^7}=\begin{cases}1, & x_4\leqslant -0.03\\ \exp\left\{-0.6\left(\frac{x_4+0.03}{0.01}\right)^2\right\}, & -0.03<x_4<-0.02\end{cases} \tag{4-82}$$

$$\mu_{A_2^1}=\begin{cases}1, & x_6\geqslant 0.03\\ \exp\left\{-0.6\left(\frac{x_6-0.03}{0.01}\right)^2\right\}, & 0.02<x_6<0.03\end{cases} \tag{4-83}$$

$$\mu_{A_2^2}=\exp\left\{-0.6\left(\frac{x_6-0.02}{0.01}\right)^2\right\} \tag{4-84}$$

$$\mu_{A_2^3}=\exp\left\{-0.6\left(\frac{x_6-0.01}{0.01}\right)^2\right\} \tag{4-85}$$

$$\mu_{A_2^4}=\exp\left\{-0.6\left(\frac{x_6}{0.01}\right)^2\right\} \tag{4-86}$$

$$\mu_{A_2^5}=\exp\left\{-0.6\left(\frac{x_6+0.01}{0.01}\right)^2\right\} \tag{4-87}$$

$$\mu_{A_2^6}=\exp\left\{-0.6\left(\frac{x_6+0.02}{0.01}\right)^2\right\} \tag{4-88}$$

$$\mu_{A_2^7}=\begin{cases}1, & x_6\leqslant -0.03\\ \exp\left\{-0.6\left(\frac{x_4+0.03}{0.01}\right)^2\right\}, & -0.03<x_6<-0.02\end{cases} \tag{4-89}$$

4.3.5 基于新型伸缩因子的变论域模糊有限时间收敛制导律设计

常用的变论域模糊控制伸缩因子有比例指数型伸缩因子和自然指数型伸缩因子，其通用形式[12,13]为

$$\alpha(x)=(|x|/E)^{\tau} \tag{4-90}$$

$$\alpha(x)=1-ce^{-kx^2} \tag{4-91}$$

式中，$-E \leqslant x \leqslant E$，$0<\tau<1$，$k>0$。

然而，比例指数型伸缩因子的非线性有限，特别在输入误差较小的情况下，伸缩因子 $\alpha(x)$ 的变化幅度太小，此时导弹所采用的制导律便难以给出合适的制导指令从而实现高精度控制。此外，自然指数型伸缩因子在误差很大的情况下变化比较剧烈，也会对精确控制构成不利影响。因此可以将比例指数型伸缩因子与自然指数型伸缩因子结合起来，构造下列类型的输入伸缩因子：

$$\alpha(x)=\frac{m(x)}{n(x)}=\frac{(|x|/E)^{\tau_1}+\varepsilon_1}{\exp(-k_1|x|)+\varepsilon_2} \tag{4-92}$$

式中，ε_1 为充分小的正常数，$0<\varepsilon_2<1$，$k_1>0$。

根据伸缩因子的定义，分别对上述伸缩因子所应具有的对偶性、近零性、单调性、协调性和正规性进行证明。

1)对偶性。对于 $\forall x \in X$，可知 $\alpha(x)=\alpha(-x)$。

2)近零性。当 $x=0$ 时，$\alpha(0)=\dfrac{\varepsilon_1}{1+\varepsilon_2}<\varepsilon_1 \rightarrow 0$，满足近零性要求。

3)单调性。对 $\alpha(x)$ 求导，可得

$$\dot{\alpha}(x)=\frac{\dot{m}(x)n(x)-m(x)\dot{n}(x)}{n^2(x)}$$

由于 $m(x)>0$、$n(x)>0$、$\dot{m}(x)>0$、$\dot{n}(x)<0$，故 $\dot{\alpha}(x)>0$，因此 $\alpha(x)$ 是单调递增的。

4)正规性。当 $x=\pm E$ 时，$\alpha(\pm E)=\dfrac{1+\varepsilon_1}{\exp(-k_1E)+\varepsilon_2}$，令 $k=\ln(1-\varepsilon_2)/E$，故 $\exp(-k_1E)+\varepsilon_2=1$，此外，由于 ε_1 是充分小的正数，所以可知 $\alpha(\pm E)=1$。

5)协调性。由于 $\alpha(x)$ 是单调递增的，且 ε_1 是充分小的正数，故当 $x\in[0,E]$ 时，可知：

$$L_1(x)=\frac{\alpha(x)E}{x}=\frac{(E/x)^{1-\tau_1}}{\exp(-k_1|x|)+\varepsilon_2}$$

由于 $E/x \geqslant 1$，故 $(E/x)^{1-\tau_1} \geqslant 1$；同时，$L_2(x)=\exp(-k_1|x|)+\varepsilon_2$ 单调递减，故 $L_2(x) \leqslant L_2(E)=1$。因此，$L_1(x) \geqslant 1$ 时可得 $x \leqslant \alpha(x)E$。

由于 $\alpha(x)$ 具有对偶性，所以，当 $x\in[-E,0]$ 时，同样满足 $x \leqslant \alpha(x)E$。

综上，对于 $\forall x \in X$，可知 $x \leqslant \alpha(x)E$。

证毕。

同理，选择输出伸缩因子为

$$\beta(y)=\frac{(|y|/U)^{\tau_2}+\varepsilon_3}{\exp(-k_2|y|)|\varepsilon_4} \tag{4-93}$$

式中，$-U \leqslant y \leqslant U$，$\varepsilon_3$ 为充分小的正常数，$0<\varepsilon_4<1$，$k_2>0$。

因此，基于新型伸缩因子的变论域模糊有限时间收敛制导律为

$$a_{Mk}=\beta\hat{\boldsymbol{\theta}}_1^{\mathrm{T}}\zeta_1(x_4/\alpha(x_4))+k_k\,\mathrm{sgn}(x_4/\alpha(x_4)) \tag{4-94}$$

$$a_{Mj}=\beta\hat{\boldsymbol{\theta}}_2^{\mathrm{T}}\zeta_2(x_6/\alpha(x_6))+k_j\,\mathrm{sgn}(x_6/\alpha(x_6)) \tag{4-95}$$

式中，

$$\hat{\boldsymbol{\theta}}_1=[f_1(x_4/\alpha(x_4))\quad f_2(x_4/\alpha(x_4))\quad \cdots\quad f_n(x_4/\alpha(x_4))]^{\mathrm{T}}$$

$$\hat{\boldsymbol{\theta}}_2=[g_1(x_6/\alpha(x_6))\quad g_2(x_6/\alpha(x_6))\quad \cdots\quad g_n(x_6/\alpha(x_6))]^{\mathrm{T}}$$

$$\boldsymbol{\zeta}_1(x_4/\alpha(x_4))=[\zeta_1^1(x_4/\alpha(x_4))\quad \zeta_1^2(x_4/\alpha(x_4))\quad \cdots\quad \zeta_1^n(x_4/\alpha(x_4))]^{\mathrm{T}}$$

$$\boldsymbol{\zeta}_2(x_6/\alpha(x_6))=[\zeta_2^1(x_6/\alpha(x_6))\quad \zeta_2^2(x_6/\alpha(x_6))\quad \cdots\quad \zeta_2^n(x_6/\alpha(x_6))]^{\mathrm{T}}$$

$$\zeta_1^i(x_4/\alpha(x_4))=\frac{\mu_{A_1^i}(x_4/\alpha(x_4))}{\sum_{j=1}^{n}\mu_{A_1^j}(x_4/\alpha(x_4))}$$

$$\zeta_2^i(x_6/\alpha(x_6))=\frac{\mu_{A_2^i}(x_6/\alpha(x_6))}{\sum_{j=1}^{n}\mu_{A_2^j}(x_6/\alpha(x_6))}$$

式(4-94)和式(4-95)所示的制导律中含有符号函数，由于导弹控制系统的控制量切换难以在极短时间内完成，所以容易造成抖振，为消除抖振，可以对上述制导律的符号函数进行光滑处理，这里用饱和函数 $\mathrm{sat}(s)$ 替换符号函数 $\mathrm{sgn}(s)$。$\mathrm{sat}_\Delta(s)$ 的表达式如下

$$\mathrm{sat}_\Delta(s)=\begin{cases}1 & s>\Delta\\ \gamma s & |s|\leqslant\Delta,\quad \gamma=1/\Delta\\ -1 & s<-\Delta\end{cases}\tag{4-96}$$

但是，采用饱和函数法对制导律的开关函数进行连续化，会对系统的有限时间收敛特性产生一定的影响，如下式所示：

$$\mathrm{sat}_\Delta(s)=\begin{cases}\mathrm{sgn}(s) & |s|>\Delta\\ \gamma r & |s|\leqslant\Delta\end{cases}$$

因此，只要 Δ 取得足够小，即可保证所选定的状态在有限时间内收敛到$[-\Delta,\Delta]$的邻域内，继而保证其有限时间收敛特性及制导精度。

该新型模糊有限时间收敛制导律的实现方法及仿真流程如图 4-12 所示。

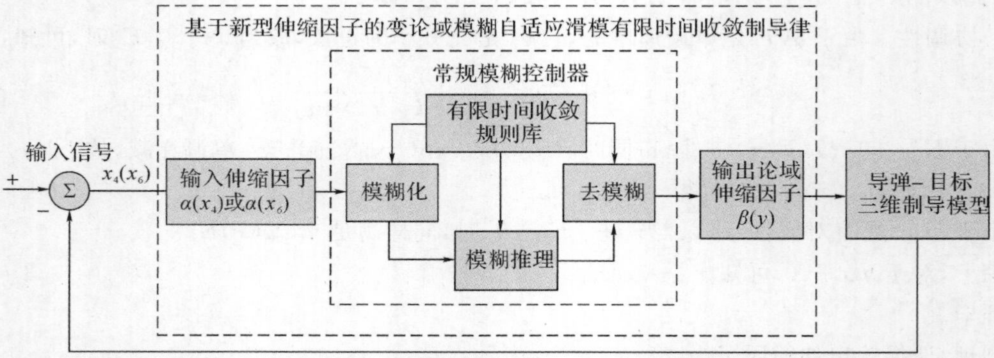

图 4-12 基于新型伸缩因子的变论域有限时间收敛制导律实现方法

由图 4-12 可知，系统状态 x_4 或 x_6 经过与输入伸缩因子相除之后，改变了其原有的论域，然后通过常规模糊控制器的乘积推理机、单值模糊器和中心平均解模糊器进行处理，最后与输出论域伸缩因子 $\beta(y)$ 相乘，完成对系统状态的模糊逼近，进而作用于导弹-目标三维制导模型。

4.3.6 仿真方案设计与性能分析

导弹拦截目标初始状态参数设置见表 4-2。

表 4-2　导弹与目标的初始状态参数

参数	x_0/km	y_0/km	z_0/km	$\nu/(\mathrm{m\cdot s^{-1}})$	$\theta/(°)$	$\psi/(°)$
导弹	0	0	18	1 800	4.57	1.15
目标	50	1	22	2 000	10.0	180.0

根据仿真实验及专家经验，基于新型伸缩因子的变论域模糊有限时间收敛制导律参数取值为 $E=0.03$、$U=900$、$\tau_1=0.9$、$\tau_2=0.9$、$\varepsilon_1=10^{-6}$、$\varepsilon_2=0.1$、$\varepsilon_3=10^{-5}$、$\varepsilon_4=0.05$、$k_1=3.512\ 0$、$k_2=1.709\ 8$。在仿真过程中，导弹的可用过载为 $20g$，目标的机动过载为 $1\sim4g$。仿真结果如图 4-13～图 4-19、表 4-3～表 4-5 所示，其中图 4-15～图 4-19 是目标机动过载为 1 g 时的导弹和目标的制导信息。

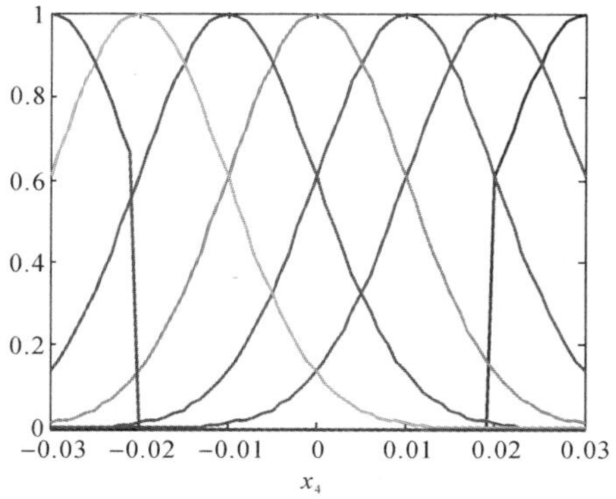

图 4-13　原始论域及其模糊划分

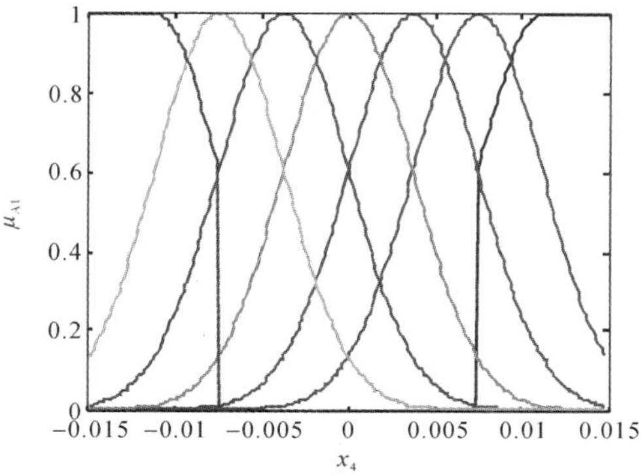

图 4-14　压缩后的论域及其模糊划分图示

由图 4-13 可知，原始论域包括 7 条模糊规则，当模糊系统输入变小时，其论域范围也随之减小，其模糊划分通过伸缩因子进行了压缩，形成的压缩后的论域及其模糊划分如图 4-14 所示。由图 4-14 可知，压缩后的论域依然包括 7 条模糊规则，只是其模糊划分更为密集，即插值点变得更加密集，从而提高了制导律的制导精度，因此变论域模糊控制更加适用于需要进行高精度控制的场合。

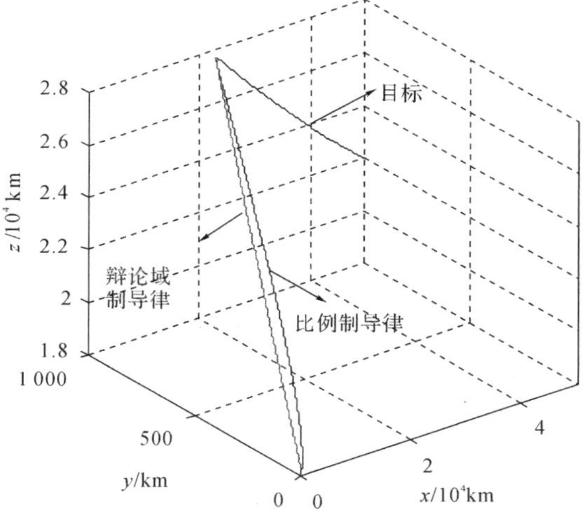

图 4-15　变论域模糊制导律与比例制导律的弹道轨迹曲线

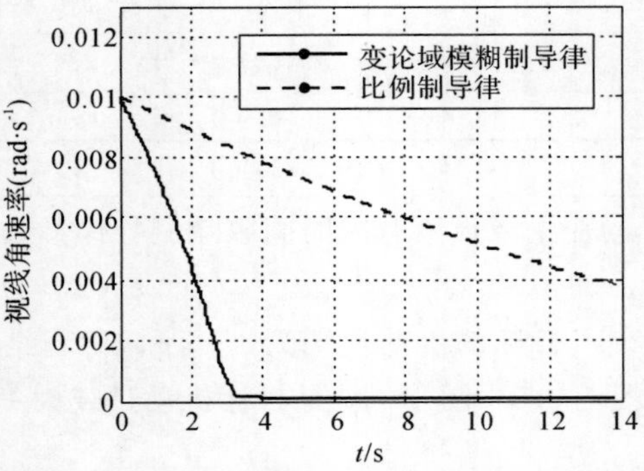

图 4-16 纵向视线角速率随时间的变化曲线

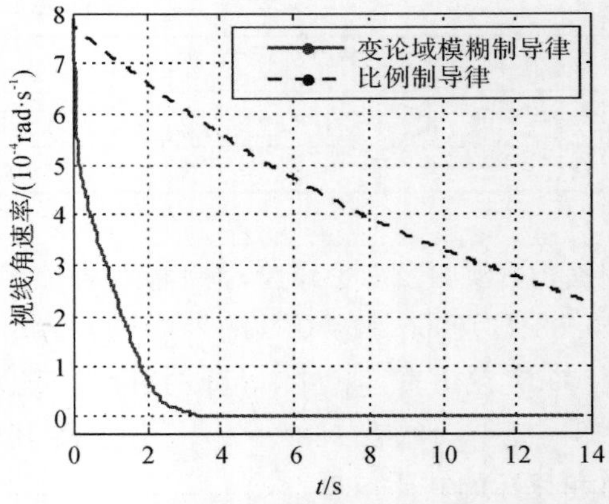

图 4-17 侧向视线角速率随时间的变化曲线

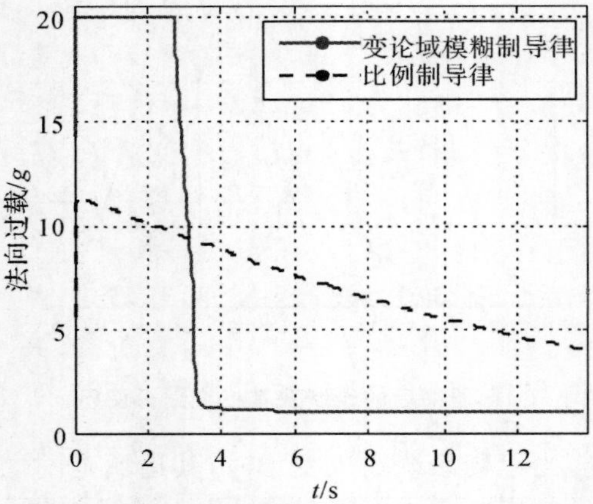

图 4-18 导弹纵向过载随时间的变化曲线

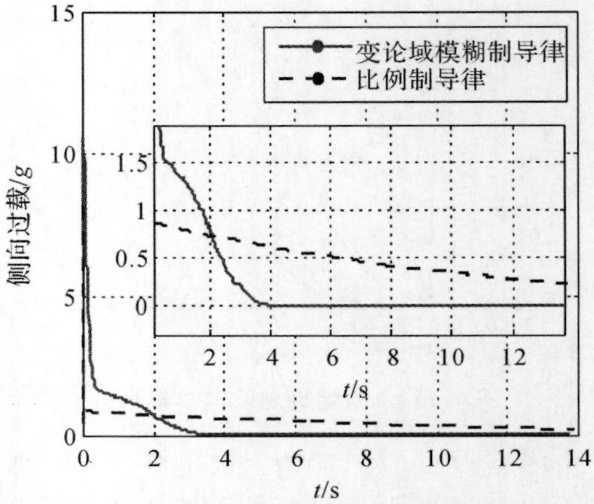

图 4-19 导弹侧向过载随时间的变化曲线

由图 4-15 可知，在导弹飞行的前半段，变论域模糊有限时间收敛制导律的弹道较比例制导律稍微弯曲一些，而后半段则较为平直一些，其主要原因是变论域模糊有限时间收敛制导律在末制导初始段用更大的机动过载以使弹目视线角速率在有限时间内收敛到零附近的较小邻域内，因此其弹道在此时更加弯曲一些；一旦视线角速率达到有限时间收敛，其指令过载便几乎保持在较小的水平(见图 4-18～图 4-19)。由图 4-16～图 4-17 可知，变论域模糊有限时间收敛制导律的视线角速率能够在有限时间内收敛到零附近的较小邻域内，而比例制导律则没有此种特性。由图 4-18～图 4-19 可知，变论域模糊有限时间收敛制导律的这种特性可以使其在末制导初始阶段以较大的机动能力飞向目标，而在导弹-目标视线角速率达到有限时间收敛后，则可以以很小的过载飞行，充分节省燃料并保证对目标的命中精度。

表 4-3 $\theta_{m0}=4.57^\circ$、$\psi_{m0}=1.15^\circ$时的制导精度

目标机动过载(a_t)		$1g$	$2g$	$3g$	$4g$
比例制导律	Time/s	13.940	14.170	14.460	14.820
	Miss/m	0.079 8	0.231 6	0.518 7	4.122 6

续表

目标机动过载(a_t)		1g	2g	3g	4g
变论域模糊 有限时间收敛制导律	Time/s	13.880	14.070	14.310	14.600
	Miss/m	0.030 2	0.098 0	0.178 1	0.374 7

表 4-4 $\theta_{m0}=14.57°$、$\psi_{m0}=1.15°$时的制导精度

目标机动过载(a_t)		1g	2g	3g	4g
比例制导律	Time/s	13.870	14.070	14.330	14.650
	Miss/m	0.073 5	0.186 2	0.390 1	1.603 3
变论域模糊 有限时间收敛制导律	Time/s	13.850	14.030	14.260	14.530
	Miss/m	0.032 0	0.078 8	0.118 1	0.177 6

表 4-5 $\theta_{m0}=4.57°$、$\psi_{m0}=11.15°$时的制导精度

目标机动过载(a_t)		1g	2g	3g	4g
比例制导律	Time/s	13.950	14.180	14.470	14.840
	Miss/m	0.091 2	0.211 8	0.489 6	4.213 9
变论域模糊 有限时间收敛制导律	Time/s	13.880	14.080	14.320	14.610
	Miss/m	0.035 0	0.140 9	0.484 4	0.744 7

由表 4-3～表 4-5 可知，在不同的导弹初始弹道倾角和弹道偏角及不同的目标机动过载情况下，比例制导律在目标机动过载为 4g 时出现了脱靶，但是变论域模糊有限时间收敛制导律始终能够精确命中目标，且较比例制导律具有更小的脱靶量和更短的拦截时间；在目标做 1g～4g 的机动时，相对于比例制导律，变论域模糊制导律在三种仿真情形下的脱靶量均值分别提高了 60.08%、49.61%、45.48%和 87.39%。同时，由表 4-3 和表 4-4 可知，在导弹初始弹道偏角不变的情况下，当初始弹道倾角变大时，导弹拦截目标的时间整体上变短，脱靶量变小；由表 4-4 和表 4-5 可知，在导弹初始弹道倾角不变的情况下，当初始弹道偏角变大时，导弹拦截目标的时间整体上变长，脱靶量变大。因此，本书所设计的变论域模糊有限时间收敛制导律能够达到视线角速率有限时间收敛，且较比例制导律具有更高的制导精度。

4.4 本章小结

本章首先基于动态终端滑模的有限时间收敛特性，研究了一种带补偿函数的终端滑模切换函数，将其通过微分环节构造了非线性动态滑模超平面，提出了基于动态终端滑模的制导律，并对其有限时间收敛特性进行了分析。该制导律针对导弹指令加速度的导数进行设计，可将滑模控制中特有的非连续项转移到指令过载的一阶导数中去，有效地消除了抖振。其次，针对导弹仅能获取弹目视线角和视线角速率信息的情况，将有限时间收敛制导律的专家经验应用于模糊控制中，采用模糊控制的万能逼近特性，完成对模型的准确逼近。在此基础上，设计了新型变论域伸缩因子，提出了基于变论域模糊控制理论的三维有限时间收敛制导律，所设计的制导律自适应性更强、应用范围更广。最后仿真实验表明，所提出的制导律具有很高的制导精度和良好的有限时间收敛特性。

参考文献

[1] ZADEH L A. Outline of a new approach to the analysis of of complex systems and decision processes[J]. IEEE Trans on Systems Man and Cyberneticws, 1973, 3: 28 - 44.

[2] MAMDANI E H, ASSILIAN S. An experiment in linguistic synthesis with a fuzzy logic controller[J]. International Journal of Man-Machine Studies, 1975, 7(1): 1 - 13.

[3] 李士勇. 智能控制[M]. 哈尔滨:哈尔滨工业大出版社, 2011.

[4] 王立新. 模糊系统与模糊控制教程[M]. 北京: 清华大学出版社, 2003.

[5] 于金鹏. 基于模糊逼近的交流电动机自适应控制[D]. 青岛: 青岛大学, 2011.

[6] 丁海山, 毛剑琴. 模糊系统逼近理论的发展现状[J]. 系统仿真学报, 2006, 18(8): 2061 - 2066.

[7] SOHAIL L. Fuzzy controllers-recent advances in theory and applications[M]. Rijeka: InTech, 2012.

[8] 李洪兴. 变论域自适应模糊控制器[J]. 中国科学: E辑, 1999, 29(1): 32 - 42.

[9] LI H X, MIAO Z H, WANG J Y. Variable universe adaptive fuzzy control on the quadruple inverted pendulum[J]. Science in China(Series E), 2002, 45(2): 213 - 224.

[10] 龙祖强, 梁昔明, 阎纲. 变论域模糊控制器的万能逼近性及其逼近条件[J]. 中南大学学报(自然科学版), 2012, 43(8): 3046 - 3052.

[11] 魏丽霞. 变论域模糊控制器及其在末制导中的应用研究[D]. 哈尔滨: 哈尔滨工业大学, 2011.

[12] ZHANG Y L, WANG J Y, LI H X. Stabilization of the quadruple inverted pendulum by variable universe adaptive fuzzy controller based on variable gain H_∞ regulator [J]. Journal of Systems Science & Complexity, 2012(5): 856 - 872

[13] ZHANG G M, MEI L, YUAN Y H. Variable universe fuzzy PID control strategy of permanent magnet biased axial magnetic bearing used in magnetic suspension wind power generator [J]. Lecture Notes in Computer Science, 2012, 7506(1): 34 - 43.

第五章　侧窗探测约束轨控有限时间收敛制导律

5.1 引　　言

直接碰撞杀伤是拦截最重要的一个手段，该特点决定了拦截器在末端需要很高的制导精度。拦截器的导引头安装在弹体头部的侧面，采用的是侧窗探测的方式，探测装置的光学旋转中心并不在弹体纵轴上。导引头在探测目标时，弹目视线始终处于导弹的一侧，因而在对目标的跟踪方式上与传统的导弹有所区别。相较于导引头位于拦截器头部的配置，在纵向平面有一个明显的“抬头”或“低头”趋势，在末制导拦截的过程中，采取什么样的探测方式更有利于拦截需要进行进一步的分析和论证。此外，为保证侧窗探测视场的稳定，需要姿态定向，但轨控发动机捷联安装在弹体上，只能输出大小和方向恒定的力，姿态定向使得纵向平面和侧向平面的控制力存在耦合，因而考虑侧窗约束下的制导律研究是亟待解决的一个问题。

本章首先对末制导段的拦截过程进行了分析，并给出了“抬头”和“低头”两种目标探测方式下的角度关系，其次构建了侧窗约束下的三维轨控制导模型，然后设计了适用于姿态定向和视线约束的新型制导算法，并严格证明了有限时间收敛的特性，考虑到所设计的制导律为连续控制量，并不能直接应用于轨控发动机，本书设计了 PSR 脉冲调制器，将连续控制量转化为开关式控制量，并将其与 PWPF 调制器进行了对比分析，最后，分析了不同制导律、目标机动特性和开关机门限等因素对制导精度的影响。

考虑到临近空间高超声速目标强烈的红外特征和临近空间光学遮挡少、大气传输光学波段衰减小等，光学制导，特别是红外成像制导与毫米波、微波相比更适于远距离探测高超声速目标[1-2]。但临近空间飞行器飞行速度极快，大气气流与拦截器头部整流罩摩擦将动能转变成热能，会产生严重的气动加热现象，最高温度可达 3 000 K，强烈的气动加热对红外像平面上的目标像点产生很大影响，严重影响探测精度，为了避免严重的气动加热现象，国内外末端高空拦截器通常将导引头安装在导弹头部的侧面，避开了导弹高速飞行时头部的高温驻点，减小了气动加热对导引头探测精度的影响，这便是采用了侧窗探测技术[3-5]。采用侧窗探测技术，减小了导弹在大气层内高速飞行时的气动加热效应对导引头探测精度的影响，但由此引出了如下几个新的问题：

(1)导引头在探测目标时，相比于传统的配置，有一个明显的“抬头”或者“低头”趋势，不同的目标探测方式对探测精度、弹道和控制方式产生着重要影响；

(2)采用侧窗探测技术，为保证视场稳定需要对姿态进行定向，高精度的姿态控制是保证侧窗探测视场的关键技术；

(3)轨控发动机的推力垂直于弹体，但姿态定向使得弹体坐标系与视线坐标系之间存在一定的夹角，如不进行主动控制补偿必然会对轨道控制产生影响。

5.2 红外导引头侧窗探测目标方式

临近空间高动态目标具有两大明显的运动特征：高速和机动。目标高速使得传统采用追踪目标的导引规律的防空导弹无法保证速度优势，机动存在造成运动轨迹无法精确预报，使得反弹道导弹所采用的逆轨拦截思路在临近空间高超声速目标的拦截中受到很大局限性，因此，临近空间拦截导弹总体设计的一个核心目标就是在小弹目速度比的条件下降低拦截导弹的需用过载。为了达到这一目标，在总体设计方面要先考虑良好的拦截策略和导引规律，如迎头拦截策略。

拦截临近空间高超声速目标需要更远的射程和更高的速度，因此本书假设采用高抛再入式弹道。拦截器采用全捷联红外导引头，在体-视线坐标系下侧窗探测的视场高低角为 $q_\varepsilon^b=[5°,55°]$，方位角为 $q_\beta^b=[-5°,5°]$（在实际的作战过程中，为保证导引头良好的探测能力，通常使得弹目视线位于导引头中心位置，因此本书选取姿态定向角为 $q_\varepsilon^b=30°$，$q_\beta^b=0°$）。假设导引头在高度为 75 km ，距离为 200 km 处截获目标，假设中末交接班理想，交接班完成后目标处于零控拦截流型，采用迎头拦截的方式对目标进行拦截。

侧窗探测的 KKV 探测目标方式相较于导引头位于拦截器头部的传统配置，在纵向平面有一个明显的“抬头”或“低头”的趋势，“抬头”即为 KKV 纵轴位于视线上方，“低头”即为纵轴位于视线下方，其示意图如图 5-1 所示。

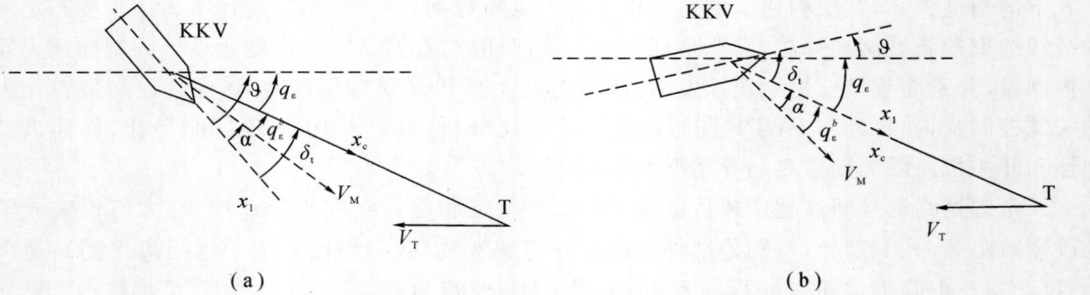

图 5-1 侧窗探测下拦截器跟踪目标方式分析

(a)“低头”方式；(b)“抬头”方式

以纵向平面为例，假设中末交接班时刻，目标的坐标为 $(X_T,Y_T)=(200\text{ km},45\text{ km})$，拦截器的坐标为 $(X_M,Y_M)=(0\text{ km},75\text{ km})$，则此时弹目视线角为

$$q_\varepsilon=\arctan\left(\frac{Y_T-Y_M}{X_T-X_M}\right)=\arctan\left(\frac{-30\text{ km}}{200\text{ km}}\right)\approx-9° \tag{5-1}$$

为保证末制导能有一个好的拦截态势，中制导通常将拦截器送到零控拦截位置，因此这里假设中末交接班完成后，拦截器位于零控拦截位置，则可得以下数学表达式：

$$\left.\begin{array}{l}(V_M\cos\theta_M+V_T)\cdot t=X_T-X_M\\ V_M\sin\theta_M\cdot t+\dfrac{1}{2}gt^2=Y_T-Y_M\\ \sin^2\theta_M+\cos^2\theta_M=1\end{array}\right\} \tag{5-2}$$

假设拦截器的速度 $V_M=3\ \mathrm{km/s}$，$V_T=2.5\ \mathrm{km/s}$，$g=9.8\ \mathrm{m/s^2}$。解方程组可得 $\theta_M\approx-12°$，$t=55\ \mathrm{s}$。

对于“低头”的探测方式，由图 5-1(a)可得

$$\eta_M=\theta_M-q_a=-3° \tag{5-3}$$

$$\alpha=q_\varepsilon^b-\eta_M=-30°+3°=-27° \tag{5-4}$$

$$\vartheta=q_\alpha+q_\varepsilon^b=-9°-30°=-39° \tag{5-5}$$

对于“抬头”的探测方式，由图 5-1(b)可得

$$\alpha=q_\varepsilon^b-\eta_M=30°+2°=32° \tag{5-6}$$

$$\vartheta=q_\varepsilon^b-q_\alpha=30°-9°=21° \tag{5-7}$$

文献[6]指出，当攻角为正 30°时，导引头的制冷效果最好。同时我发现，由于导引头的截获距离远，所以当采用“抬头”的目标探测方式时，拦截器的攻角为正，产生正升力，更有利于拦截器的射程。尽管“低头”的方式同样可以产生正攻角，但是产生正攻角的前提是目标要落在导引头成像视场的边缘，当目标机动时容易丢失目标，且因为其正攻角较小，产生的升力有限。综合以上分析，末制导过程中，本书将采用“抬头”的探测方式对目标进行探测。

5.3　侧窗约束有限时间收敛末端制导律设计

5.3.1　侧窗约束弹-目相对运动模型

由 4.2.1 节可得如下的三维弹目相对运动方程：

$$\left.\begin{aligned}&\ddot{R}-R\dot{q}_\varepsilon^2-R\dot{q}_\beta^2\cos^2 q_\varepsilon=a_{TR}-a_{MR}\\&R\ddot{q}_\varepsilon+2\dot{R}\dot{q}_\varepsilon+R\dot{q}_\beta^2\sin q_\varepsilon\cos q_\varepsilon=a_{T\varepsilon}-a_{M\varepsilon}\\&-R\ddot{q}_\beta\cos q_\varepsilon-2\dot{R}\dot{q}_\beta\cos q_\varepsilon+2R\dot{q}_\varepsilon\dot{q}_\beta\sin q_\varepsilon=a_{T\beta}-a_{M\beta}\end{aligned}\right\} \tag{5-8}$$

定义状态变量 $x_1=q_\varepsilon$，$x_2=\dot{q}_\varepsilon$，$x_3=q_\beta$，$x_4=\dot{q}_\beta$ 可建立状态方程如下：

$$\left.\begin{aligned}&\dot{x}_1=x_2\\&\dot{x}_2=-\frac{2\dot{R}}{R}x_2-x_4^2\sin x_1\cos x_1-\frac{a_{M\varepsilon}}{R}+\frac{a_{T\varepsilon}}{R}\\&\dot{x}_3=x_4\\&\dot{x}_4=-\frac{2\dot{R}}{R}x_4-2x_2x_4\tan q_\varepsilon+\frac{a_{M\beta}}{R\cos q_\varepsilon}+\frac{a_{T\beta}}{R\cos q_\varepsilon}\end{aligned}\right\} \tag{5-9}$$

零化视线角度率的思想是设计合理的 $a_{M\varepsilon}$ 和 $a_{M\beta}$，使得视线角速率 $\dot{q}_\varepsilon$ 和 $\dot{q}_\beta$ 收敛到 0，从而使拦截器以准平行接近的方法命中目标。

轨控发动机捷联安装在 KKV 的质心周围，如图 5-2 所示。从 KKV 尾部向前看，发动机 1# 和 3# 可产生沿本体 Oy_1 轴上的控制力，2# 和 4# 可产生沿本体 Oz_1 轴上的控制力。为保证侧窗探测视场的稳定，需要对 KKV 姿态进行定向，因此 $a_{M\varepsilon}$ 和 $a_{M\beta}$ 与侧窗定向角度有关。下面将推导侧窗定向下的轨控加速度 $a_{M\varepsilon}$ 和 $a_{M\beta}$ 的具体表达式。

视线坐标系 $Ox_Ly_Lz_L$ 和弹体坐标系 $Ox_1y_1z_1$ 的空间关系如图 5-3 所示，两者相互转换的

角度为高低角 ε、方位角 β 和滚转角 γ，其转换关系为

$$\begin{bmatrix} x_{\mathrm{L}} \\ y_{\mathrm{L}} \\ z_{\mathrm{L}} \end{bmatrix} = L_x(\gamma) L_z(\varepsilon) L_y(-\beta) \begin{bmatrix} x_l \\ y_l \\ z_l \end{bmatrix} \tag{5-10}$$

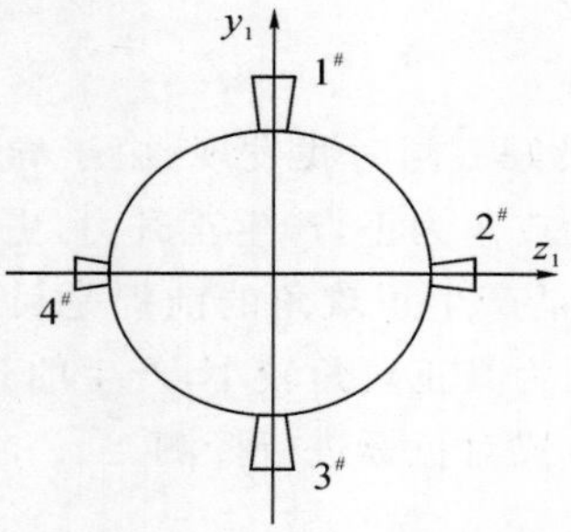

图 5-2　轨控发动机布局

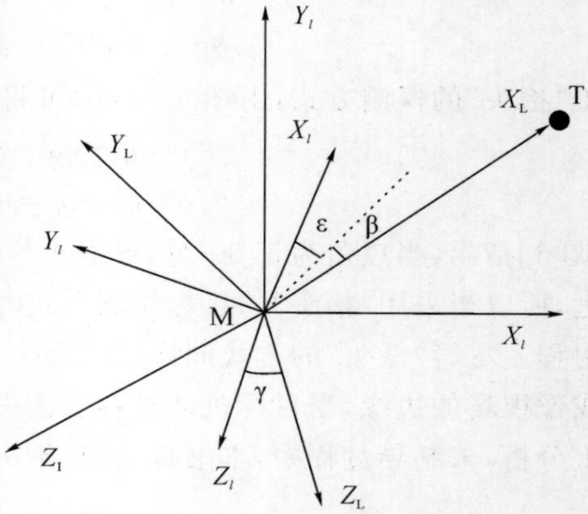

图 5-3　姿态约束关系

在弹体系下推力 $\boldsymbol{F}_l$ 可表示为

$$\boldsymbol{F}_l = [0 \quad F_{ly} \quad F_{lz}]^{\mathrm{T}} \tag{5-11}$$

结合式(5-10)将推力转换到视线坐标系下，得到视线系下的推力 $\boldsymbol{F}_l$ 表达式为

$$\boldsymbol{F}_l = \begin{bmatrix} \sin\varepsilon F_{ly} + \cos\varepsilon\sin\beta F_{lz} \\ \cos\gamma\cos\varepsilon F_{ly} + (\sin\gamma\cos\beta - \cos\gamma\sin\varepsilon\sin\beta) F_{lz} \\ -\sin\gamma\cos\varepsilon F_{ly} + (\sin\gamma\sin\beta\sin\varepsilon + \cos\beta\cos\gamma) F_{lz}) \end{bmatrix} \tag{5-12}$$

加速度 $\boldsymbol{a}_l = \boldsymbol{F}_2/m = [a_{x2} \quad a_{y2} \quad a_{z2}]$为 KKV 加速度在视线坐标系下各坐标轴的分量。考虑到姿态定向完成后，为保证探测视场稳定，需要保证 $\gamma = 0$，因此：

$$\left.\begin{aligned} a_{\mathrm{M}\varepsilon} &= a_{y2} = \frac{\cos\varepsilon F_{ly} - \sin\varepsilon\sin\beta F_{lz}}{m} \\ a_{\mathrm{M}\beta} &= a_{z2} = \frac{\cos\beta F_{lz}}{m} \end{aligned}\right\} \tag{5-13}$$

轨控发动机输出力如下所示：

$$\left.\begin{aligned} F_{ly} &= \pm T_y \quad \text{or} \quad 0 \\ F_{lz} &= \pm T_z \quad \text{or} \quad 0 \end{aligned}\right\} \tag{5-14}$$

式中，T_y 和 T_z 为常值。将式(5-13)带入式(5-9)可得姿态定向下的制导律约束方程，考虑到目标加速度难以精确获取，本书将目标加速度作为扰动量处理。

$$\left.\begin{aligned} \dot{x}_1 &= x_2 \\ \dot{x}_2 &= -\frac{2\dot{R}}{R}x_2 - x_4^2\sin x_1\cos x_1 - \frac{\cos\varepsilon F_{ly} - \sin\varepsilon\sin\beta F_{lz}}{mR} \\ \dot{x}_3 &= x_4 \\ \dot{x}_4 &= -\frac{2\dot{R}}{R}x_4 - 2x_2x_4\tan q_\varepsilon + \frac{\cos\beta F_{lz}}{mR\cos q_\varepsilon} \end{aligned}\right\} \tag{5-15}$$

由式(5-15)可知，视线倾角速率主要通过发动机1#、3#进行控制，但由于姿态定向，高低角 ε 和方位角 β 不为0，发动机2#和4#同样会影响视线倾角速率，尽管 $\sin\varepsilon\sin\beta$ 为较小的量，但发动机推力较大，若不进行主动控制，必然会影响最终的制导精度。

5.3.2　三维鲁棒反演有限时间收敛制导律设计

考虑侧窗探测约束下的制导模型具有高阶性、耦合性的特点，为保证弹目视线角速率在有限时间内收敛到零附近的较小邻域内，从而实现准平行接近的目的，本书基于动态面反演控制理论设计了有限时间收敛制导律。

1. 有限时间收敛控制理论

为证明系统的有限时间收敛特性，下面引入两个重要的引理。

引理 5-1　针对自治系统 $\dot{x}=f(x)$，$f(0)=0$。假设存在连续可微函数 $V: D\to\mathbf{R}^n$，满足如下条件：

1)为正定函数；

2)存在正实数 $c_1>0$，$c_2>0$ 和 $\alpha\in(0,1)$，以及一个包含原点的领域 $D_0\subset D$，使得下列条件成立：

$$\dot{V}(x)+c_1V^{\alpha}(x)+c_2V(x)\leqslant 0,\quad x\in D_0/\{0\} \tag{5-16}$$

那么原点是系统的有限时间稳定的平衡点，即 $V(x)$ 可在有限时间 $T(x)$ 内从 $D_0\subset R^n$ 到达 $V(x)=0$。

$$T(x)\leqslant\frac{1}{c_2(1-\alpha)}\ln\frac{c_2V^{1-\alpha}(x_0)+c_1}{c_1} \tag{5-17}$$

式中，$V(x_0)$ 是 $V(x)$ 的初始值。此外，若 $D=\mathbf{R}^n$，$V(x)$ 是径向无界($V(x)\to\infty$，当 $\|x\|\to+\infty$)时，且 $\dot{V}$ 的数值在 $\mathbf{R}^n/\{0\}$ 上为负，则原点 $x=0$ 是系统的全局有限时间稳定的平衡点。

引理 5-2　对于 $x_l\in\mathbf{R}(l=1,2,\cdots,n)$，其中 $n>1$；同时 $0<p\leqslant 1$，则满足下式

$$(|x_1|+|x_2|+\cdots+|x_n|)^p\leqslant|x_1|^p+|x_2|^p+\cdots+|x_n|^p \tag{5-18}$$

2. 有限时间收敛制导律设计

(1)纵向平面制导律设计

定义跟踪误差 $e_1=x_1-x_1^*$，其中 x_1^* 代表期望的视线倾角角度，对 e_1 求导可得

$$\dot{e}_1=x_2 \tag{5-19}$$

针对式(5-19)，设计如下虚拟控制量：

$$\dot{x}_2^*=k_{11}e_1+k_{12}|e_1|^p\operatorname{sgn}(e_1) \tag{5-20}$$

定义跟踪误差为 $e_2=x_2-x_2^*$，对 e_2 求导可得

$$\dot{e}_2=-\frac{2\dot{R}}{R}x_2-x_4^2\sin x_1\cos x_1-\frac{\cos\varepsilon F_{ly}-\sin\varepsilon\sin\beta F_{lz}}{mR}-\dot{x}_2^* \tag{5-21}$$

针对式(5-21)，设计纵向平面制导律如下：

$$F_{ly}=\frac{mR}{\cos\varepsilon}\left(-\frac{2\dot{R}}{R}x_2-x_4^2\sin x_1\cos x_1-\frac{-\sin\varepsilon\sin\beta F_{lz}}{mR}+k_{21}e_2+k_{22}|e_2|^p\operatorname{sgn}(e_2)-\dot{x}_2^*\right) \tag{5-22}$$

(2)侧向平面制导律设计

定义跟踪误差 $e_3=x_3-x_3^*$，其中 x_3^* 代表期望的视线偏角角度，对 e_3 求导可得：

$$\dot{e}_3=x_3 \tag{5-23}$$

针对式(5-23)，设计如下所示的虚拟控制量：

$$x_4^*=k_{31}e_3+k_{32}|e_3|^\rho \mathrm{sgn}(e_3) \tag{5-24}$$

定义跟踪误差为 $e_4=x_3-x_4^*$，对 e_4 求导可得

$$\dot{e}_4=-\frac{2\dot{R}}{R}x_4-2x_1x_2\tan q_\varepsilon+\frac{\cos\beta F_{lz}}{mR\cos q_\varepsilon}-\dot{x}_4^* \tag{5-25}$$

针对式(5-25)，设计如下的制导律：

$$F_{ly}=\frac{mR\cos q_\varepsilon}{\cos\beta}\left(\frac{2\dot{R}}{R}x_4+2x_2x_4\tan q_\varepsilon-k_{41}e_4-k_{42}|e_4|^\rho \mathrm{sgn}(e_4)+\dot{x}_4^*\right) \tag{5-26}$$

式中，k_{11}，k_{12}，k_{21}，k_{22}，k_{31}，k_{32}，k_{41}，k_{42} 均为大于零的常数。

由式(5-22)和式(5-26)可知，设计的制导律充分考虑了姿态定向对控制力的影响，并在制导律中进行了控制补偿，这无疑会减小控制的难度，提高控制的精确度。

5.3.3 有限时间收敛特性证明

为证明有限时间收敛特性，考虑如下的 Lyapunov 函数：

$$V=\frac{1}{2}(e_1^2+e_2^2+e_3^2+e_4^2) \tag{5-27}$$

对式(5-27)求导，结合式(5-19)、式(5-21)、式(5-23)和式(5-25)可得：

$$\dot{V}=-k_{11}e_1^2-k_{21}e_2^2-k_{31}e_3^2-k_{41}e_4^2-k_{12}|e_1|^{\rho+1}-k_{22}|e_2|^{\rho+1}-k_{32}|e_3|^{\rho+1}-k_{42}|e_4|^{\rho+1}=$$
$$\sum_{i=1}^{4}k_{i1}e_i^2-\sum_{i=1}^{4}k_{i2}|e_i|^{\rho+1} \tag{5-28}$$

引入正数 k_1 和 k_2，使得

$$k_1<\min(k_{11}+k_{21}+k_{31}+k_{41}) \tag{5-29}$$

$$k_2<\min(k_{12}+k_{22}+k_{32}+k_{42}) \tag{5-30}$$

则

$$\dot{V}<-2k_1\left[\left(\sum_{i=1}^{4}e_i^2\right)/2\right]-k_2\left(\sum_{i=1}^{4}|e_i|^{\rho+1}\right) \tag{5-31}$$

根据引理 5-2，可得

$$\dot{V}<-2k_1V-2^{\rho+1}k_2V^{(\rho+1)/2} \tag{5-32}$$

由式(5-32)可知所设计的制导律满足引理 5-1，这样就保证视线倾角速率和偏角速率的跟踪误差在有限时间内收敛。

5.4 PSR 脉冲调制器设计

利用 PSR 调制器将连续的量转化为数字式的控制量。PSR 调制器的结构与 PWPF 调制器相似，只是一阶惯性环节的位置不同，一阶惯性环节用于补偿施密特触发器在反馈回路中的

输出。PSR 调制器的结构如图 5-4 所示。

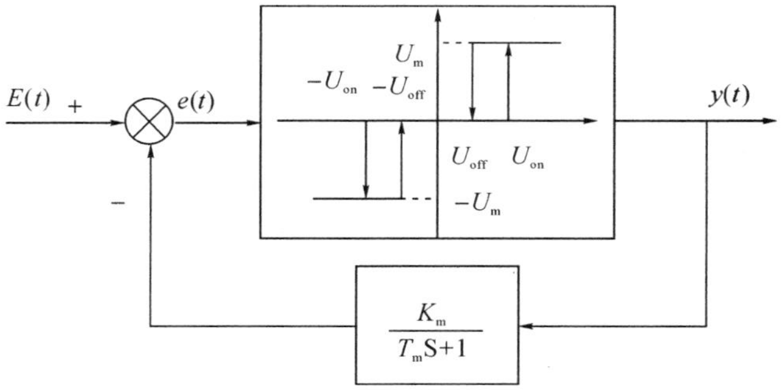

图 5-4　PSR 调制器结构图

当施密特触发器的输入 $e(t)$大于门限 u_{on}，输出一个定值 1。调制器输入 $\boldsymbol{E}(t)$与 1 经过指数衰减后相减得到新的 $e(t)$。在 $e(t)$继续增大或减小到 u_{off}之前，调制器的输出始终为 1；触发器输入 $e(t)$小于 u_{on}或减小到 u_{off}后，调制器的输出为 0。同理，$e(t)$为负值时，调制器输出 0 或−1(负号表示调制器反向开)，由此得出调制器的输出。

根据图写出 $e(t)$的表达式，当继电器开启时：

$$e(t)=K_m(E-u_m)(1-e^{-t_1/\mathrm{Tm}})+u_{on}e^{-t_1/\mathrm{Tm}},\quad 0\leqslant t_1\leqslant T_{on} \tag{5-33}$$

当继电器关闭时：

$$e(t)=K_m(E-u_m)(1-e^{-t_2/T_m})+u_{off}e^{-t_2/T_m},\quad 0\leqslant t_2\leqslant T_{off} \tag{5-34}$$

由此得出输出脉冲宽度为

$$T_{on}=-T_m\ln\left[1-\frac{h}{K_m u_m-(E-u_{on})}\right] \tag{5-35}$$

继电器在一个周期内的关闭时间为

$$T_{off}=-T_m\ln\left[1-\frac{h}{K_m u_m-(E-u_{off})}\right] \tag{5-36}$$

开关频率为

$$f=\frac{1}{T_{on}+T_{off}} \tag{5-37}$$

最小脉冲宽度为

$$\Delta\approx\frac{hT_m}{K_m} \tag{5-38}$$

PSR 调制器是 PWPF 的一种改进，它继承了 PWPF 的优点，静态特性也与飞行器的参数无关，输出脉冲不仅与误差幅值和误差速度有关，并且还提供相位超前性能。

5.5　仿 真 分 析

以拦截器拦截临近空间飞行器为例，拦截器采用高抛再入式弹道，其初始仿真参数见表 5-1，轨控发动机参数见表 5-2。导引头数据采样周期和制导指令形成的周期均为 10 ms，导引头盲区为 $r_b=300$ m，导引头进入盲区后，仿真步长为 0.01 ms，发动机推力为 0，直至命中目标。初始视线角分别为 $q_\varepsilon=1.7°$、$q_\beta=2.6°$，初始视线角速率为 $\dot{q}_\varepsilon=1°/s$、$\dot{q}_\beta=2.6°/s$。假设当 $R<0.6$ m 时实现弹目直接碰撞。

表 5-1　仿真初始参数

参数	数值
拦截器位置坐标/km	(0,60,0)
拦截器速度矢量/($m\cdot s^{-1}$)	(3 380,905,0)
目标位置坐标/km	(200,45,10)
目标速度矢量/($m\cdot s^{-1}$)	(−2 000,0,0)

表 5-2　拦截器系统参数

参数	数值
拦截器初始质量 m/kg	50
发动机稳定推力 T_g/N	3 000
发动机比冲 I_s/s	400
发动机开关延迟时间 τ/ms	15
最小脉冲宽度 Δ/ms	5
轨控响应时间 $t_{90}(t_{10})$/ms	10

5.5.1　有限时间收敛制导律仿真分析

仿真 1:检验制导律性能。将本书设计的 FTCG 制导律与经典的 PNG 进行对比。初始仿真参数见表 5-1 表 5-2,目标在纵向和侧向平面分别做加速度为 $2g$ 的圆弧机动。仿真结果如图 5-5～图 5-9 所示。

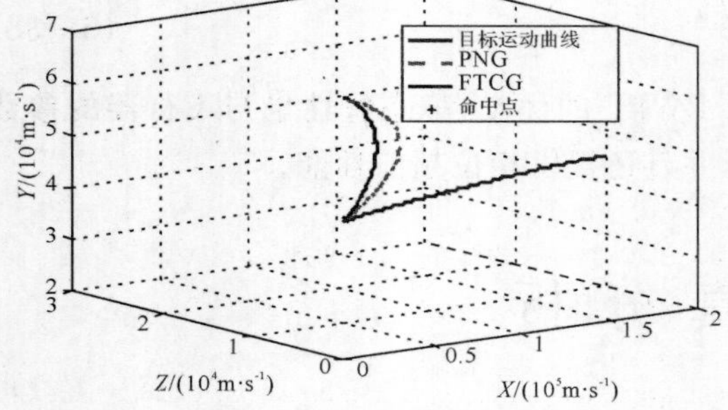

图 5-5　三维空间弹道曲线

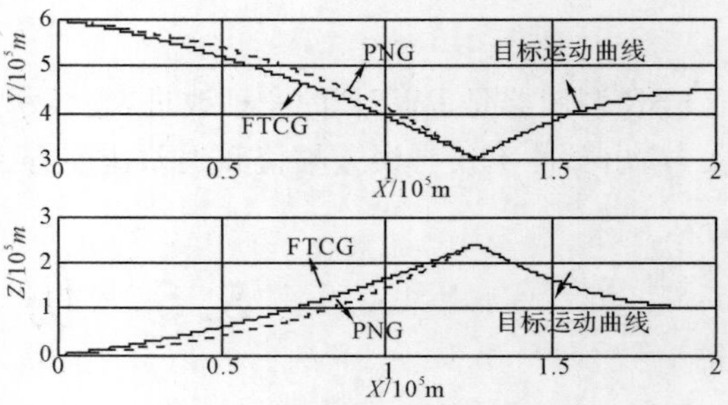

图 5-6　二维平面弹道曲线

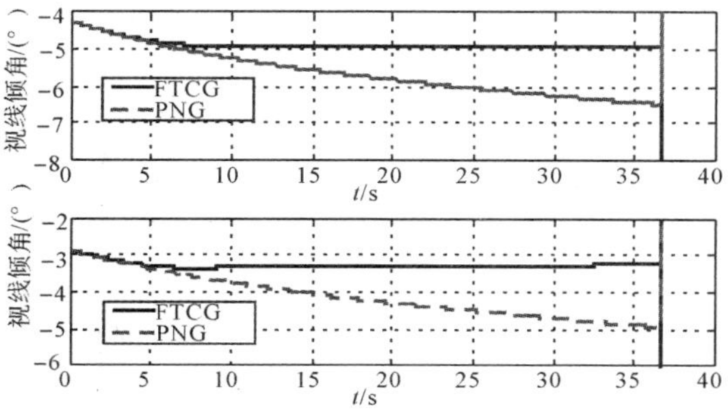

图 5-7　弹目视线角

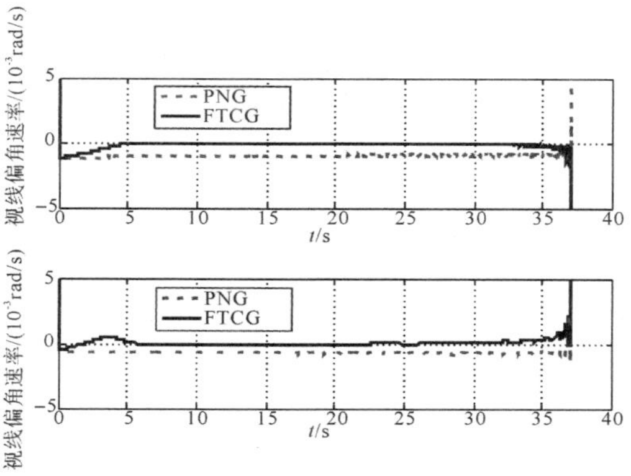

图 5-8　视线角速率

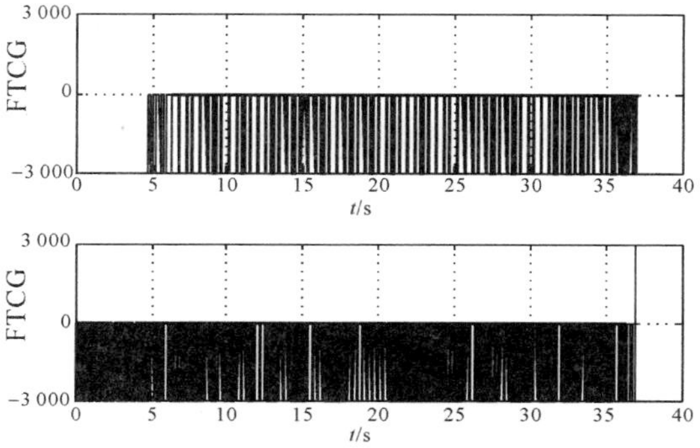

图 5-9　纵向平面发动机推力

表 5-3　仿真结果

制导律	脱靶量/m	开关次数		消耗总冲/(N·s)
		y 向	z 向	
FTCG	0.06	117	31	38 220
PNG	0.15	198	92	40 320

由仿真图 5-5 和图 5-6 可以看出，FTCG 与 PNG 对应的弹道轨迹差别较大，相对于传统的 PNG 制导，FTCG 弹道曲率变化较小，弹道更加平直，这一点有利于导弹在飞行时的弹道控制，具有重要的工程应用价值。由图 5-7 可得，所设计的制导律将视线角稳定在一个较小的范围内，不仅有利于侧窗探测视场的稳定，同时也降低了导引头探测跟踪目标的难度；由图 5-8、图 5-9 及表 5-3 可知，在拦截的开始阶段，导弹没有及时补偿目标机动信息，这样造成了制导后期的强制补偿，从而使得弹道弯曲，尤其是在拦截的末端。由图 5-8 可得，随着视线角速率的增大，PNG 过载出现了激增，尤其是在末端，开关机次数和开关机时间明显增多，甚至达到了饱和状态，这也是导致脱靶量较大的原因，而所设计的 FTCG 整体过载比较平稳，即使在导引的末端，发动机的开关机次数和开关机时间仍然能保证在一个合理的范围内，大大

降低了对执行机构的要求，这将极大的提高其工程应用价值。

仿真 2:检验目标机动队制导性能的影响。目标的机动特性通常会使制导性能变差，且对拦截弹道曲率有着直接的影响，本书目标在纵向平面分别采取如图 5-10 所示的三种机动方式，视线倾角速率和推力曲线如图 5-11 和图 5-12 所示。

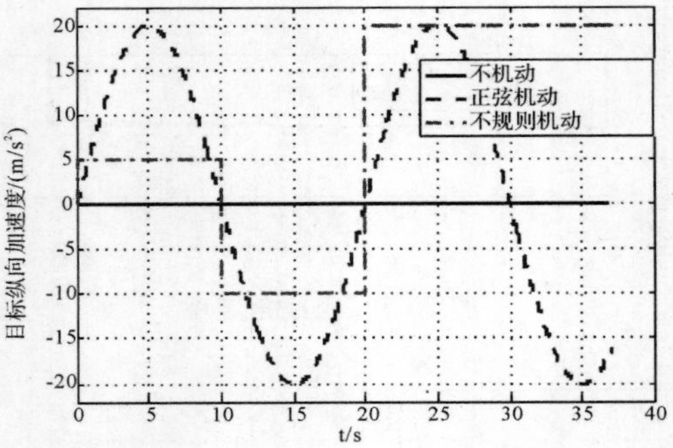

图 5-10　纵向机动加速度

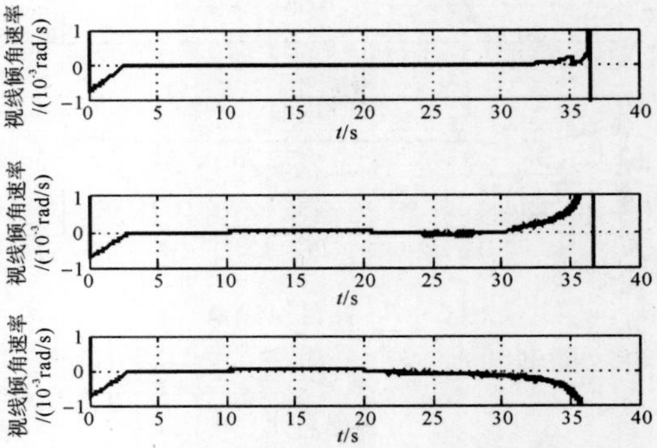

图 5-11　三种机动方式视线倾角速率

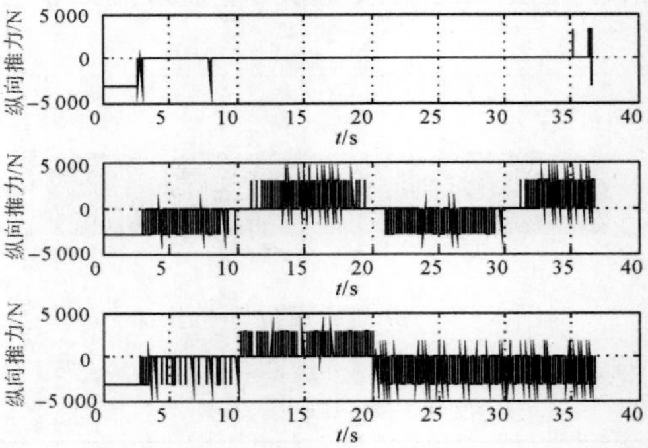

图 5-12　三种机动方式纵向发动机推力

由图 5-11 和表 5-4 可得，无论面对目标何种样式的机动，所设计的制导律均能使视线角速率快速收敛到零附近的较小邻域内，因而保证了足够高的制导精度。由图 5-11 和表 5-4 可知，目标的机动会使轨控发动机开机次数增多，且机动加速度越大，发动机开机越频繁，消耗的总冲越大，制导精度越差。

表 5-4　仿真结果

目标机动	脱靶量/m	开关次数		消耗总冲/(N·s)
		y 向	z 向	
不机动	0.06	14	16	16 380
正弦机动	0.15	271	51	40 800
不规则机动	0.26	271	46	41 220

仿真 3:检验开关机门限对制导性能的影响。为了减少发动机的开关机次数且抑制滑模

的抖动，需要设定一定的开关机门限，本书设定纵向平面的开机门限分别为 $0.1T_y$、$0.2T_y$、$0.3T_y$，得到的纵向视线倾角速率和纵向发动机推力曲线如图 5－13 和图 5－14 所示。

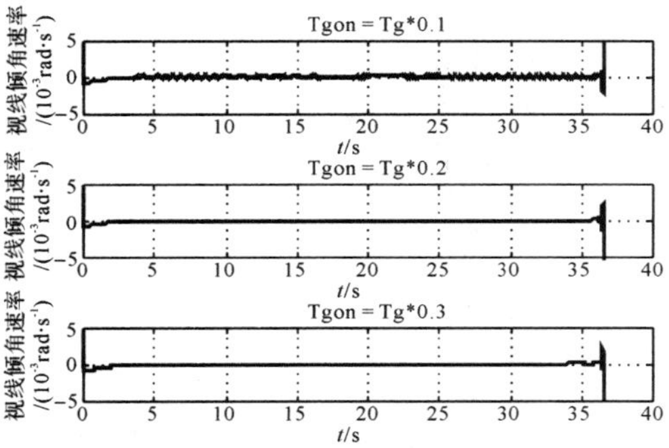

图 5－13　不同开关机门限视线倾角速率

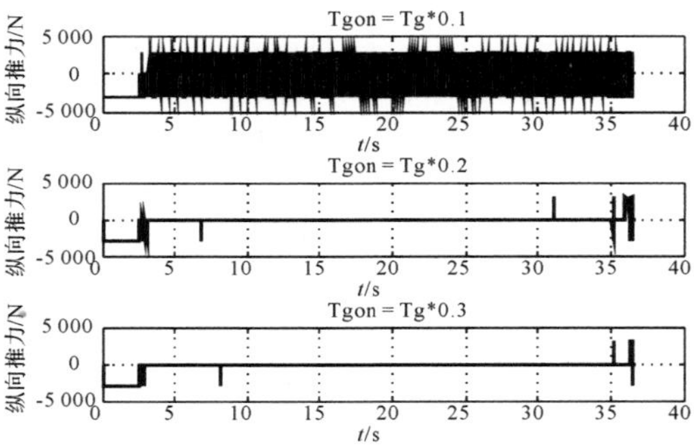

图 5－14　三种机动方式纵向发动机推力

由图 5－13、图 5－14 和表 5－5 可知，发动机开关机门限越小，其制导精度越高，消耗的总冲越大，随着开关机门限的增加，其脱靶量逐渐增大，因此开关机门限和制导精度是相互矛盾的两个因素，需要根据实际的作战环境灵活地选定开关机的门限来达到开关机能量和制导精度的统一。

表 5－5　仿真结果

开关门限	脱靶量/m	开关次数		消耗总冲 N・s
		y 向	z 向	
$0.1T_g$	0.07	1 365	662	81 450
$0.2T_g$	0.08	32	39	17 670
$0.3T_g$	0.11	14	16	16 380

5.5.2　PSR 脉冲调制器与 PWPF 脉冲调制器对比分析

PSR 调制器与 PWPF 调制器对比分析，PWPF 与 PSR 最优参数取值范围如参考文献[7]中 TableⅡ所示，本书仿真参数选择见表 5－6，以典型的阶跃信号为参考信号，PWPF 和 PSR 调制器调制曲线如图 5－15 所示。

表 5－6　调制器仿真初始参数

PWPF	PSR
$K_m=4$	$K_m=2$
$T_m=0.5$	$T_m=0.3$
$U_{on}=0.5$	$U_{on}=0.45$
$U_{off}=0.12$	$U_{off}=0.3$

由图 5-15 可知，PSR 调制器和 PWPF 调制器的调制曲线最大的不同点在初始阶段，PSR 调制器在初始阶段便开机，直到将误差降低到关机门限时关机，而 PWPF 调制器则是在初始阶段关机直到误差达到开机门限才开机，这样相比于 PSR 调制器存在相位延迟，这可能会造成系统的不稳定。同时由图 5-15 可以清晰地看到，PWPF 调制器的开机时间明显长于 PSR，这将造成燃料的浪费。因此，PSR 调制器相比于 PWPF 调制器，其性能有明显的优势。

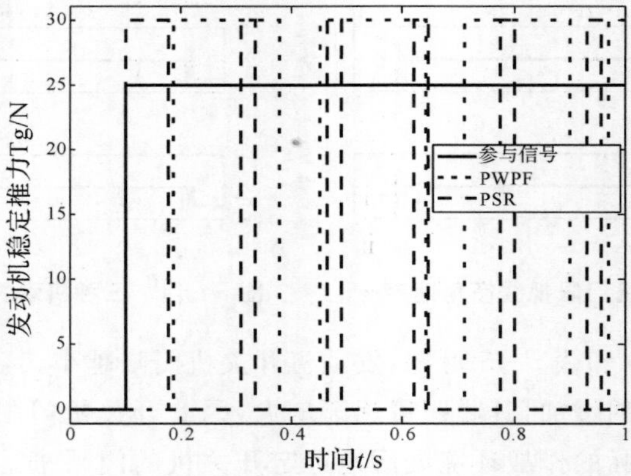

图 5-15　PSR 和 PWPF 调制器响应曲线

5.6　本章小结

本章首先建立了红外导引头“抬头”和“低头”两种侧窗探测目标方式的几何模型，并给出了“抬头”和“低头”两种目标探测方式下的角度关系，选定拦截器导引头制冷效果最好，更有利于射程的“抬头”方式进行目标探测和拦截；随后，建立侧窗约束三维弹目交战模型，设计适用于姿态定向和视线约束的新型有限时间收敛制导算法，对有限时间收敛特性进行严格证明，并设计 PSR 脉冲调制器，将连续控制律转化为适用于轨控发动机的开关式控制律，实现了常值推力控制下的精确制导。仿真结果表明，本书所设计的制导律弹道平直，制导精度高，满足直接碰撞杀伤的要求，角度约束保证了探测视场的稳定，降低了导引头探测和跟踪的难度，PSR 脉冲调制器相比于 PWPF 调制器，克服了相位延迟的问题，开机时间短，燃料消耗少，具有明显的优势。

参考文献

[1]　张大元，雷虎民，邵雷，等. 临近空间高超声速目标拦截弹弹道规划[J]. 国防科大学报，2015，37(3)：91-97.

[2]　梁海燕. 反临近空间高超声速飞行器导引头及关键技术分析[J]. 飞航导弹，2013，3：61-63.

[3]　YANG B Q, ZHENG T Y, ZHANG S L, et al. Analysis and Modeling of Terminal

Guidance System for A Flight Vehicle with Side-window Detection [C]//Chinese Control Conference. Nanjing, 2014:1051 - 1054.

[4] ZHENG T Y, YAO Y, HE F H, et al. Integrated guidance and control design of flight vehicle with side-window detection [J]. Chinese Journal of Aeronautics, 2018,2(3):1 - 16.

[5] 王洋,周军,赵斌,等. 侧窗探测动能拦截器末端轨控方案[J]. 固体火箭技术,2016,39(4):588 - 593.

[6] LI C C, CHAN Y, HSIEH M C. 3-D Simulation of External Cooling of Aero-optical Side Window [C] //2011 IEEE 3rd International Conference on Communication Software and Nerworks. Xi'an, China: IEEE,2011:214 - 218.

[7] NAVABI M,RANGRAZ H. Comparing optimum operation of pulse width-pulse frequency and pseudo-rate modulators in spacecraft attitude control subsystem employing thruster[C] //Proceedings of 6th International Conference on Recent Advances in Space Technologies, 2013: 625 - 630.

第六章 攻击角度约束有限时间收敛制导律

6.1 引　言

协同制导要求多枚拦截弹从不同的方向以一定的攻击角度击中目标，实现对目标的协同包围，因此导弹在满足制导精度的同时还要满足角度约束。目前对攻击角度约束制导律的研究虽然实现了对攻击角度的精确控制，但大都只适合于拦截非机动目标，且很少考虑自动驾驶仪延迟对制导性能的影响。

对于同时考虑自动驾驶仪延时和拦截机动目标的攻击角度约束制导问题的研究，文献[1-2]基于反演动态面控制理论设计了拦截机动目标的 IACG，但采用估计目标机动上界的办法有失一般性，且估计值的准确度直接影响制导性能；文献[3]设计了拦截机动目标的积分滑模 IACG，并采用高阶滑模微分器估计目标加速度；文献[4]同样采用积分滑模设计 IACG，不同之处在于其应用干扰观测器估计目标加速度；文献[5]引入扩张状态观测器估计目标机动扰动，并以此设计了非奇异终端滑模 IACG。需要说明的是，上述文献所采用的观测器只能保证观测误差渐近收敛，而非有限时间收敛，且所有关于自动驾驶仪延时的 IACG 研究均未考虑视线角速率量测噪声。

针对考虑自驾动态特性和视线角速率噪声的机动目标拦截攻击角度约束问题，本章利用快速 Terminal 滑动模态设计了一种全局快速有限时间收敛 IACG。为了抑制量测噪声，设计一种跟踪微分滤波器进行滤波；为了对目标机动干扰进行补偿，采用误差有限时间收敛的非齐次干扰观测器对其精确估计。仿真结果表明，所设计制导律在噪声抑制、干扰估计、制导精度和角度控制等方面都具有十分优异的性能。

6.2 基于 NHDO 的攻击角度约束制导律

6.2.1 考虑自动驾驶仪延迟的攻击角度约束制导模型

考虑如下所示二维弹目相对运动，相对运动方程如下：

$$\dot{R}=V_{\mathrm{T}}\cos\eta_{\mathrm{T}}-V_{\mathrm{M}}\cos\eta_{\mathrm{M}} \tag{6-1}$$

$$R\dot{q}=-V_{\mathrm{T}}\sin\eta_{\mathrm{T}}+V_{\mathrm{M}}\sin\eta_{\mathrm{M}} \tag{6-2}$$

$$\dot{\theta}_{\mathrm{M}}=a_{\mathrm{M}}/V_{\mathrm{M}} \tag{6-3}$$

$$\dot{\theta}_{\mathrm{T}}=a_{\mathrm{T}}/V_{\mathrm{T}} \tag{6-4}$$

对式(6－2)求导可得

$$\dot{R}\dot{q}+R\ddot{q}=\dot{V}_{\mathrm{T}}\sin\eta_{\mathrm{T}}-V_{\mathrm{T}}\cos\eta_{\mathrm{T}}(\dot{q}-\dot{\theta}_{\mathrm{T}})+\dot{V}_{\mathrm{M}}\sin\eta_{\mathrm{M}}+V_{\mathrm{M}}\cos\eta_{\mathrm{M}}(\dot{q}-\dot{\theta}_{\mathrm{M}}) \tag{6-5}$$

整理可得

$$\ddot{q}=-\frac{2\dot{R}}{R}\dot{q}-\frac{A_{\mathrm{M}}}{R}+g(t) \tag{6-6}$$

$$g(t)=\frac{A_{\mathrm{T}}+\dot{V}_{\mathrm{M}}\sin\eta_{\mathrm{M}}-\dot{V}_{\mathrm{T}}\sin\eta_{\mathrm{T}}}{R} \tag{6-7}$$

式中,$A_{\mathrm{M}}=a_{\mathrm{M}}\cos\eta_{\mathrm{M}}$,$A_{\mathrm{T}}=a_{\mathrm{T}}\cos\eta_{\mathrm{T}}$ 分别为导弹和目标加速度在视线法向上的分量。在末制导过程中,认为导弹和目标均作常速运动,则 $g(t)\approx A_{\mathrm{T}}/R$ 可视为目标机动引起的系统不确定性扰动。传统制导律设计的目的就是寻找一种控制算法使视线角速率 $\dot{q}$ 趋近于零,保证导弹以准平行接近状态高精度击中目标。而对于含攻击角度约束的制导问题,必须将角度约束项纳入弹目运动方程建立新的导引模型。

设拦截时刻为 t_{f},令拦截时刻导弹和目标的弹道倾角分别为 θ_{Mf}、θ_{Tf},视线倾角为 q_{d},定义导弹速度矢量与目标速度矢量之间的夹角为最终的攻击角,即

$$\gamma_{\mathrm{f}}=\theta_{\mathrm{Tf}}-\theta_{\mathrm{Mf}} \tag{6-8}$$

此外,拦截条件的发生要求视线角速率为零,将式(6－8)代入式(6－2)可知,在拦截时刻各角度之间的关系由下式确定

$$V_{\mathrm{M}}\sin(q_{\mathrm{d}}-\theta_{\mathrm{Tf}}+\gamma_{\mathrm{f}})=V_{\mathrm{T}}\sin(q_{\mathrm{d}}-\theta_{\mathrm{Tf}}) \tag{6-9}$$

对式(6－9)进行三角运算得终端视线角

$$\left.\begin{aligned}
q_{\mathrm{d}}&=\theta_{\mathrm{Tf}}-\arctan\left(\frac{\sin\gamma_{\mathrm{f}}}{\cos\gamma_{\mathrm{f}}-V_{\mathrm{T}}/V_{\mathrm{M}}}\right) & 0\leqslant\gamma_{\mathrm{f}}\leqslant\pi/2\\
q_{\mathrm{d}}&=\theta_{\mathrm{Tf}}-\left[\pi+\arctan\left(\frac{\sin\gamma_{\mathrm{f}}}{\cos\gamma_{\mathrm{f}}-V_{\mathrm{T}}/V_{\mathrm{M}}}\right)\right] & \pi/2<\gamma_{\mathrm{f}}\leqslant\pi
\end{aligned}\right\} \tag{6-10}$$

由式(6－10)可知,假定拦截时刻 θ_{Tf} 已知,在设计带攻击角约束的制导律时可以将拦截时刻的攻击角转化为终端时刻视线角 q_{d} 进行约束,同时,这也符合反临等高速机动目标拦截作战中拦截弹调整视线角以保证良好侧窗探测条件的需要。

在实际的制导过程中,为了补偿自动驾驶仪延迟,考虑如下一阶动态模型:

$$\dot{A}_{\mathrm{M}}=-\frac{1}{\tau}A_{\mathrm{M}}+\frac{1}{\tau}u \tag{6-11}$$

式中,τ 是延迟常数,u 是提供给导弹的加速度指令。

为了实现攻击角度约束要求,选取状态变量 $x_1=q-q_{\mathrm{d}}$,$x_2=\dot{x}_1=\dot{q}$,则

$$x_3=\dot{x}_2=\ddot{q}=-\frac{2\dot{R}}{R}x_2-\frac{A_{\mathrm{M}}}{R}+\varphi(t) \tag{6-12}$$

$$\frac{A_{\mathrm{T}}}{R}\approx\varphi(t)=\frac{2\dot{R}}{R}x_2+\frac{A_{\mathrm{M}}}{R}+x_3 \tag{6-13}$$

对式(6－12)求导,并将式(6－11)代入得

$$\dot{x}_3=\left(-\frac{2\ddot{R}}{R}+\frac{2\dot{R}^2}{R^2}\right)x_2-\frac{2\dot{R}}{R}x_3+\left(\frac{\dot{R}}{R^2}+\frac{1}{R\tau}\right)A_{\mathrm{M}}-\frac{1}{R\tau}u-\frac{\dot{R}}{R^2}A_{\mathrm{T}}+\frac{1}{R} \tag{6-14}$$

将式(6－13)代入式(6－14)整理得

$$\dot{x}_3=-\frac{2\ddot{R}}{R}x_2-\frac{3\dot{R}}{R}x_3+\frac{1}{R\tau}A_{\mathrm{M}}-\frac{1}{R\tau}u+\frac{1}{R}\dot{A}_{\mathrm{T}} \tag{6-15}$$

在末制导过程中，通常认为弹目接近速度 $V_c=-\dot{R}\approx\text{const}$，故 $\dot{R}\approx 0$，从而有

$$\dot{x}_3=-\frac{3\dot{R}}{R}x_3+\frac{1}{R\tau}A_M-\frac{1}{R\tau}u+\frac{1}{R}\dot{A}_T \tag{6-16}$$

式中，$\dot{A}_T/R$ 为目标机动引起的系统扰动。

令 $b=-1/R\tau$，$f(t)=-3x_3\dot{R}/R+A_M/R\tau$，$g(t)=\dot{A}_T/R$，可得考虑自动驾驶仪动态特性的含攻击角度约束的制导模型为

$$\left.\begin{aligned}\dot{x}_1&=x_2\\\dot{x}_2&=x_3\\\dot{x}_3&=f(t)+g(t)+bu\end{aligned}\right\} \tag{6-17}$$

6.2.2 跟踪微分滤波器设计

为了得到纯净的制导信息，有必要对含有噪声的视线角速率信号进行滤波处理。本节将利用跟踪微分器的噪声抑制能力，设计更加精确的跟踪微分滤波器。

非线性跟踪微分器的一般表达式为

$$\left.\begin{aligned}\dot{\mu}_1&=\mu_2\\\dot{\mu}_2&=-\gamma\text{sign}(\mu_1-\nu+\frac{\mu_2|\mu_2|}{2\gamma})\end{aligned}\right\} \tag{6-18}$$

式中，ν 为带噪声的输入信号，μ_1 为滤波之后的跟踪信号，μ_2 为滤波之后的微分信号，γ 为调节参数。

针对如下一阶微分方程：

$$\left.\begin{aligned}&\frac{\mathrm{d}y}{\mathrm{d}x}=f(x,y)\\&y(x_0)=y_0\end{aligned}\right\} \tag{6-19}$$

若式(6-19)有精确解 $y=y(x)$，且 $y(x)n+1$ 阶连续可导，则 $y(x)$ 可由泰勒公式展开为如下无穷级数：

$$y(x_{k+1})=y(x_k)+hy'(x_k)+\cdots+\frac{h^n}{n!}y^{(n)}(x_k)+\frac{h^{n+1}}{(n+1)!}y^{(n+1)}(\xi)+\cdots \tag{6-20}$$

式中，h 为仿真步长，$x_k<\xi<x_{k+1}$。

如果令 $n=2$，并且忽略高阶无穷小项，可得式(6-20)的泰勒近似求解表达式，即

$$y(x_{k+1})=y(x_k)+hy'(x_k)+\frac{h^2}{2}y''(x_k) \tag{6-21}$$

由式(6-21)得式(6-18)的输出预测表达式为

$$\hat{y}(t+h)=\mu_1(t)+h\dot{\mu}_1(t)+\frac{h^2}{2}\ddot{\mu}_1(t)=\mu_1(t)+h\dot{\mu}_1(t)+\frac{h^2}{2}\dot{\mu}_2(t) \tag{6-22}$$

将式(6-22)纳入式(6-18)，可得所设计的跟踪微分滤波器表达式为

$$\left.\begin{aligned}\dot{\mu}_1&=\mu_2\\\dot{\mu}_2&=-\gamma\text{sign}(\mu_1-\nu+\frac{\mu_2|\mu_2|}{2\gamma})\\\hat{y}&=\mu_1+h\dot{\mu}_1+\frac{h^2}{2}\dot{\mu}_2\end{aligned}\right\} \tag{6-23}$$

式中，$\hat{y}=\hat{y}(t+h)$为滤波器输出。式(6－23)的第二式含有符号函数，在实际应用中可能会带来系统抖振，影响滤波性能。而连续光滑的双曲正切函 $\tanh(x)$取值无限趋近于±1，因此可以采用双曲正切函数 $\tanh(s(\boldsymbol{x},\boldsymbol{t})/d)$对符号函数进行连续化处理，其中边界层厚度$\Delta=2\pi d$。

最终可得连续化后的跟踪微分滤波器的表达式为

$$\left.\begin{aligned}&\dot{\mu}_1=\mu_2\\&\dot{\mu}_2=-\gamma\tanh\left[\left(\mu_1-\nu+\frac{\mu_2|\mu_2|}{2\gamma}\right)/d\right]\\&\hat{y}=\mu_1+h\dot{\mu}_1+\frac{h^2}{2}\dot{\mu}_2\end{aligned}\right\}\tag{6-24}$$

6.2.3　基于状态滤波的 NHDO 设计

为了对系统不确定性扰动进行跟踪估计，文献[6]基于非齐次微分器首次提出了可以缩短暂态过程的非齐次干扰观测器，它能在保证误差有限时间收敛的同时提供最优的渐进精度。对于如下 SISO 非线性系统：

$$\dot{\sigma}=g(t)+u\tag{6-25}$$

式中，$u\in\mathbf{R}$是系统控制输入，$g(t)$为$m-1$次可导连续不确定函数，且$g^{m-1}(t)$具有 Lipschitz 常数L。则针对系统(6－25)可设计如下有限时间收敛非齐次干扰观测器

$$\left.\begin{aligned}&\dot{z}_0=\kappa_0+u,\kappa_0=h_0(z_0-\sigma)+z_1\\&\dot{z}_1=\kappa_1,\quad \kappa_1=h_1(z_1-\kappa_0)+z_2\\&\qquad\vdots\\&\dot{z}_{m-1}=\kappa_{m-1},\ \kappa_{m-1}=h_{m-1}(z_{m-1}-\kappa_{m-2})+z_m\\&\dot{z}_m=h_m(z_m-\kappa_{m-1})\end{aligned}\right\}\tag{6-26}$$

式中，函数h_i的表达式如下：

$$h_i(\rho)=-\lambda_{m-i}L^{\frac{1}{m-i+1}}|\rho|^{\frac{m-i}{m-i+1}}\operatorname{sgn}(\rho)-\gamma_{m-i}\rho\tag{6-27}$$

式中，$\lambda_i>0,\gamma_i>0,i=0,1,2,\cdots,m$。

根据考虑自动驾驶仪动态特性含攻击角度约束的制导模型，重新令$\mu_3=q-q_d,\mu_4=\dot{\mu}_3=\dot{q},\mu_5=\dot{\mu}_4=\ddot{q}$，可得

$$\left.\begin{aligned}&\dot{\mu}_3=\mu_4\\&\dot{\mu}_4=\mu_5\\&\dot{\mu}_5=f_0+f_1+bu\end{aligned}\right\}\tag{6-28}$$

将跟踪微分滤波器扩张到式(6－28)所示的系统中，可得如下包含滤波的制导系统状态方程：

$$\left.\begin{aligned}&\dot{\mu}_1=\dot{\mu}_2\\&\dot{\mu}_2=-\gamma\tanh\left[\left(\mu_1-\mu_3^*+\frac{\mu_2|\mu_2|}{2\gamma}\right)/d\right]\\&\dot{\mu}_3=\mu_4\\&\dot{\mu}_4=\mu_5\\&\dot{\mu}_5=f_0+f_1+bu\\&\hat{y}=\mu_1+h\dot{\mu}_1+\frac{h^2}{2}\dot{\mu}_2=\mu_4\end{aligned}\right\}\tag{6-29}$$

式中，μ_3^* 是导引头测得的带噪声的视线角速率信息，$\hat{y}$ 是滤波后的视线角速率。

为了得到干扰 $\dot{f}_1$ 的 Lipschitz 常数，首先给出如下假设：

假设 1：存在常数 $l_1>0, l_2>0$，使得 $|\dot{A}_T|\leqslant l_1, |\ddot{A}_T|\leqslant l_2$ 成立。

假设 2：系统中时变的弹目距离 R 满足 $R\geqslant R_o$，R_o 为导引头盲区距离，在导引头盲区内，导引头不产生制导指令，导弹依靠惯性飞行。

结合假设 1 和假设 2，干扰 $\dot{f}_1$ 的 Lipschitz 常数可由下式产生：

$$|\dot{f}_1|=\left|\frac{\ddot{A}_T R-\dot{A}_T\dot{R}}{R^2}\right|=\left|\frac{\ddot{A}_{\mathrm{T}}}{R}-\frac{\dot{A}_{\mathrm{T}}(V_{\mathrm{T}}\cos\eta_{\mathrm{T}}-V_{\mathrm{M}}\cos\eta_{\mathrm{M}})}{R^2}\right|\leqslant\frac{l_2}{R_o}+\frac{l_1 V_{\mathrm{Tmax}}}{R_0^2}+\frac{l_1 V_{\mathrm{Mmax}}}{R_0^2}=L \tag{6-30}$$

式中，V_{Tmax}、V_{Mmax} 分别表示目标和导弹的最大速度。

结合式(6-26)和式(6-27)可知，针对滤波后的制导系统(6-29)，用于估计 f_1 的非齐次干扰观测器应设计为

$$\left.\begin{aligned}
\dot{z}_o&=K_o+f_o+bu\\
K_o&=-\lambda_2 L^{\frac{1}{3}}|z_o-\mu_5|^{\frac{2}{3}}\mathrm{sgn}(z_o-\mu_5)\\
&\quad-\gamma_2(z_o-\mu_5)+z_1\\
\dot{z}_1&=K_1\\
K_1&=-\lambda_1 L^{\frac{1}{2}}|z_1-K_o|^{\frac{1}{2}}\mathrm{sgn}(z_1-K_o)\\
&\quad-\gamma_1(z_1-K_o)+z_2\\
\dot{z}_2&=-\lambda_0 L\,\mathrm{sgn}(z_2-K_1)-\gamma_o(z_2-K_1)
\end{aligned}\right\} \tag{6-31}$$

根据文献[7]的结论，系统经过有限时间的暂态过程之后，一定有下式成立：

$$z_o=\mu_5,\quad z_1=\hat{f}_1 \tag{6-32}$$

式中，$\hat{f}_1\approx f_1$ 为干扰的估计值，估计误差有限时间收敛。

6.2.4 有限时间收敛攻击角度约束制导律

1. 全局快速滑模制导律设计

为了能使系统状态在弹目交会前极短的时间内实现快速收敛，本节利用快速 Terminal 滑动模态，设计了一种带有攻击角度约束的有限时间收敛全局快速滑模制导律 FSMG。

针对非线性制导系统(6-28)，取 $s_o=\mu_3$，为了保证在有限时间达到滑模面 s_0，设计一种具有递归结构的快速滑动模态：

$$\left.\begin{aligned}
s_1&=\dot{s}_0+\alpha_0 s_0+\beta_0 s_0^{q_0/p_0}\\
s_2&=\dot{s}_1+\alpha_1 s_1+\beta_1 s_1^{q_1/p_1}
\end{aligned}\right\} \tag{6-33}$$

式中，α_i、$\beta_i>0$ 且 q_i、$p_i(q_i<p_i)(i=0,1)$ 为正奇数。

设计全局快速滑模制导律为

$$u=-\frac{1}{b}\left(f_0+f_1+\sum_{k=0}^{n-2}\alpha_k s_k^{(n-k-1)}\right)+\sum_{k=0}^{n-2}\beta_k\frac{\mathrm{d}^{n-k-1}}{\mathrm{d}t^{n-k-1}}s_k^{q_k/p_k}+\varepsilon s_{n-1}+\eta s_{n-1}^{q/p} \tag{6-34}$$

式中，$n=3$ 为系统阶数，ε、$\eta>0$，p 和 $q(q<p)$ 为正奇数。

在制导律式(6-34)的作用下，系统能够实现有限时间收敛，且系统状态沿 $\dot{s}_2=-\varepsilon s_2-$

$\eta s_2^{q/p}$ 到达滑模面 $s_2(t)=0$ 的时间为

$$t_{s_2}=\frac{p}{\varepsilon(p-q)}\ln\frac{\varepsilon[s_2(0)]^{(p-q)/p}+\eta}{\eta} \tag{6-35}$$

用观测器(6-31)的输出 z_1 代替式(6-34)中的 f_1,并用3.2.2节所设计的跟踪微分滤波器滤除视线角速率噪声,得到最终可实现的有限时间收敛制导律为

$$u=-\frac{1}{b}\left(f_0+z_1+\sum_{k=0}^{n-2}\alpha_k\tilde{s}_k^{(n-k-1)}\right)+\sum_{k=0}^{n-2}\beta_k\frac{\mathrm{d}^{n-k-1}}{\mathrm{d}t^{n-k-1}}\tilde{s}_k^{q_k/p_k}+\varepsilon\tilde{s}_{n-1}+\eta\tilde{s}_{n-1}^{q/p} \tag{6-36}$$

式中,$n=3$,$\tilde{s}_i(i=0,1,2)$表示滤除视线角速率噪声后的滑模状态。

2. 有限时间收敛稳定性分析

为证明制导律(6-34)作用下的制导系统有限时间收敛特性,给出如下有限时间收敛Lyapunov稳定性引理。

引理6-1　考虑非线性系统 $\dot{x}=f(x,t)$,$f(0,t)=0$,$x\in\mathbf{R}^n$,假定存在一个定义在原点邻域 $\hat{U}\subset U_0\subset\mathbf{R}^n$ 上的光滑函数 $V(x)$,存在实数 $c>0$ 以及 $0<\delta<1$,使 $V(x)$ 在 $\hat{U}$ 上正定,并且 $\dot{V}(x)+cV^{\delta}(x)$ 在 $\hat{U}$ 上半负定,则上述非线性系统的原点是有限时间稳定的,稳定时间上界为

$$t(x_0)\leqslant\frac{V^{1-\delta}(x_0)}{c(1-\delta)} \tag{6-37}$$

式中,x_0 是系统状态初值,如果 $\hat{U}=\mathbf{R}^n$ 并且 $V(x)$ 是径向无界的(即当 $\|x\|\to+\infty$ 时,$V(x)\to+\infty$),则该非线性系统的原点是全局有限时间稳定的。

扩展的快速有限时间收敛Lyapunov稳定引理如下。

引理6-2　考虑非线性系统 $\dot{x}=f(x,t)$,$f(0,t)=0$,$x\in\mathbf{R}^n$,假定存在一个定义在原点的邻域 $\hat{U}\subset U_0\subset\mathbf{R}^n$ 上的光滑函数 $V(x)$,存在实数 $c_1>0$,$c_2>0$ 以及 $0<\delta<1$,使得在 $\hat{U}$ 上有 $V(x)>0$,并且 $\dot{V}(x)+c_1V(x)+c_2V^{\delta}(x)\leqslant 0$,则上述非线性系统的原点是有限时间稳定的,稳定时间依赖于系统状态初值 x_0,有

$$t(x_0)\leqslant\frac{1}{c_1(1-\delta)}\ln\frac{c_2V^{1-\delta}(x_0)+c_2}{c_2} \tag{6-38}$$

由式(6-33)可得

$$\dot{s}_2=\ddot{s}_1+\alpha_1\dot{s}_1+\beta_1\frac{\mathrm{d}}{\mathrm{d}t}s_1^{q_1/p_1} \tag{6-39}$$

由于 $s_i=\dot{s}_{i-1}+\alpha_{i-1}s_{i-1}+\beta_{i-1}s_{i-1}^{q_{i-1}/p_{i-1}}$,$i=1,2$,$s_i$ 的 l 阶导数为

$$s_i^{(l)}=s_{i-1}^{(l+1)}+\alpha_{i-1}s_{(i-1)}^{(l)}+\beta_{i-1}\frac{\mathrm{d}^l}{\mathrm{d}t^l}s_{i-1}^{q_{i-1}/p_{i-1}} \tag{6-40}$$

则

$$\ddot{s}_1=\dddot{s}_0+\alpha_0\ddot{s}_0+\beta_0\frac{\mathrm{d}^2}{\mathrm{d}t^2}s_0^{q_0/p_0} \tag{6-41}$$

将式(6-41)代入式(6-39)得

$$\dot{s}_2=\dddot{s}_0+\alpha_0\ddot{s}_0+\beta_0\frac{\mathrm{d}^2}{\mathrm{d}t^2}s_0^{q_0/p_0}+\alpha_1\dot{s}_1+\beta_1\frac{\mathrm{d}}{\mathrm{d}t}s_1^{q_1/p_1} \tag{6-42}$$

通过进一步递推可得

$$\dot{s}_2=\dddot{s}_0+\sum_{k=0}^{n-2}\alpha_k s_k^{(n-k-1)}+\sum_{k=0}^{n-2}\beta_k\frac{\mathrm{d}^{n-k-1}}{\mathrm{d}t^{n-k-1}}s_k^{q_k/p_k}=\dot{\mu}_5+\sum_{k=0}^{n-2}\alpha_k s_k^{(n-k-1)}+\sum_{k=0}^{n-2}\beta_k\frac{\mathrm{d}^{n-k-1}}{\mathrm{d}t^{n-k-1}}s_k^{q_k/p_k} \tag{6-43}$$

将式(6-28)代入式(6-43),得

$$\dot{s}_2 = f_0 + f_1 + bu + \sum_{k=0}^{n-2} \alpha_k s_k^{(n-k-1)} + \sum_{k=0}^{n-2} \beta_k \frac{\mathrm{d}^{n-k-1}}{\mathrm{d}t^{n-k-1}} s_k^{q_k/p_k} \tag{6-44}$$

将制导律式(6-34)代入式(6-44),得

$$\dot{s}_2 = -\varepsilon s_2 - \eta s_2^{q/p} \tag{6-45}$$

定义 Lyapunov 函数 $V = s_2^2$,对 V 求导并将式(6-45)代入得

$$\dot{V} = 2 s_2 \dot{s}_2 = -2\varepsilon s_2^2 - 2\eta s_2^{(p+q)/p} = -2\varepsilon V - 2\eta V^{(p+q)/2p} \tag{6-46}$$

因为 $q<p$,所以 $0<(p+q)/2p<1$,又因为 ε、$\eta>0$,所以式(6-46)满足引理6-2的条件,系统是有限时间收敛的。

进一步,由微分方程式(6-45)可得

$$s_2^{-q/p} \frac{\mathrm{d}s_2}{\mathrm{d}t} + \varepsilon s_2^{1-q/p} = -\eta \tag{6-47}$$

令 $y = s_2^{1-q/p}$,则 $\frac{\mathrm{d}y}{\mathrm{d}t} + \frac{p-q}{p} s_2^{-q/p} \frac{\mathrm{d}s_2}{\mathrm{d}t}$,式(6-47)可以写为

$$\frac{\mathrm{d}y}{\mathrm{d}t} + \frac{p-q}{p}\varepsilon y = -\frac{p-q}{p}\eta \tag{6-48}$$

因为一阶线性微分方程 $\frac{\mathrm{d}y}{\mathrm{d}x} + P(x)y = Q(x)$ 的通解为

$$y = \mathrm{e}^{-\int P(x)\mathrm{d}x}\left(\int Q(x)\mathrm{e}^{\int P(x)\mathrm{d}x}\mathrm{d}x + C\right) \tag{6-49}$$

所以方程式(6-48)的解为

$$\begin{aligned} y &= \mathrm{e}^{-\int_0^t \frac{p-q}{p}\varepsilon \mathrm{d}t}\left(\int_0^t -\frac{p-q}{p}\eta \mathrm{e}^{\int_0^t \frac{p-q}{p}\varepsilon \mathrm{d}t}\mathrm{d}t + C\right) = \\ & \mathrm{e}^{-\int_0^t \frac{p-q}{p}\varepsilon \mathrm{d}t}\left(\int_0^t -\frac{p-q}{p}\eta \mathrm{e}^{\frac{p-q}{p}\varepsilon t}\mathrm{d}t + C\right) \end{aligned} \tag{6-50}$$

$t=0$ 时,$C=y(0)$,上式变为

$$\begin{aligned} y &= \mathrm{e}^{-\int_0^t \frac{p-q}{p}\varepsilon \mathrm{d}t}\left(\int_0^t -\frac{p-q}{p}\eta \mathrm{e}^{\int_0^t \frac{p-q}{p}\varepsilon \mathrm{d}t} + C\right) = \\ & \mathrm{e}^{-\frac{p-q}{p}\varepsilon t}\left(-\frac{p-q}{p}\eta \frac{p}{(p-q)\varepsilon}\mathrm{e}^{\frac{p-q}{p}\varepsilon t}\Big|_0^t + y(0)\right) = \\ & -\frac{\eta}{\varepsilon} + \frac{\eta}{\varepsilon}\mathrm{e}^{-\frac{p-q}{p}\varepsilon t} + y(0)\mathrm{e}^{-\frac{p-q}{p}\varepsilon t} \end{aligned} \tag{6-51}$$

由于 $s_2=0$ 时,$y=0$,$t=t_{s_2}$,所以式(6-51)可变为

$$\frac{\eta}{\varepsilon}\mathrm{e}^{-\frac{p-q}{p}\varepsilon t_{s_2}} + y(0)\mathrm{e}^{-\frac{p-q}{p}\varepsilon t_{s_2}} = \frac{\eta}{\varepsilon} \tag{6-52}$$

即

$$\frac{\eta + \varepsilon y(0)}{\eta} = \mathrm{e}^{\frac{p-q}{p}\varepsilon t_{s_2}} \tag{6-53}$$

式中,$y(0) = s_2(0)^{p-q/p}$。

由式(6-53)可得,在滑动模态上从任意初始状态 $s_2(0)\neq 0$ 收敛到平衡状态 $s_2(t)=0$ 的时间为

$$t_{s_2} = \frac{p}{\varepsilon(p-q)}\ln\frac{\varepsilon[s_2(0)]^{(p-q)/p} + \eta}{\eta} \tag{6-54}$$

又因为 $V=s_2^2$，所以将式(6－54)进一步变形可得

$$
\begin{aligned}
t_{s_2} &= \frac{p}{\varepsilon(p-q)}\ln\frac{\varepsilon[V(0)]^{(p-q)/2p}+\eta}{\eta} \\
&= \frac{1}{2\varepsilon\left(1-\dfrac{p+q}{2p}\right)}\ln\frac{2\varepsilon[V(0)]^{1-\frac{p+q}{2p}}+2\eta}{2\eta}
\end{aligned} \tag{6-55}
$$

不难看出，稳定时间式(6－55)符合引理 6－2 的结论，系统的有限时间收敛特性得证。

3. 数值仿真验证

Case1：不同期望视线角对比仿真

(1)不加视线角速率噪声

导弹速度大小 $V_M=1\ 000$ m/s，初始弹道倾角 $\theta_M=60°$，初始位置为(0，0)m；目标速度大小 $V_T=680$ m/s，初始航迹角 $\theta_T=190°$，初始位置为(10 000，10 000)m，为验证本章所设计的攻击角度约束制导律对机动目标的拦截能力，假设目标加速度为 $a_T=5g\sin(\pi t/3)$。制导律参数设置为 $\alpha_0=2$，$\alpha_1=2$，，$\beta_0=1$，$\beta_1=1$，$q_0=5$，$p_0=9$，$q_1=3$，$p_1=5$，$q=1$，$p=3$，$\varepsilon=10$，$\eta=10$；干扰观测器参数设置为 $\lambda_0=8$，$\lambda_1=5$，$\lambda_2=3$，$\gamma_0=12$，$\gamma_1=11$，$\gamma_2=10$，$L=1.5$；自动驾驶仪延时常数 $\tau=0.5$ s，仿真步长取 0.001 s，拦截弹过载限制为 $\pm30g$。仿真如图 6－1～图 6－6 和表6－1 所示。

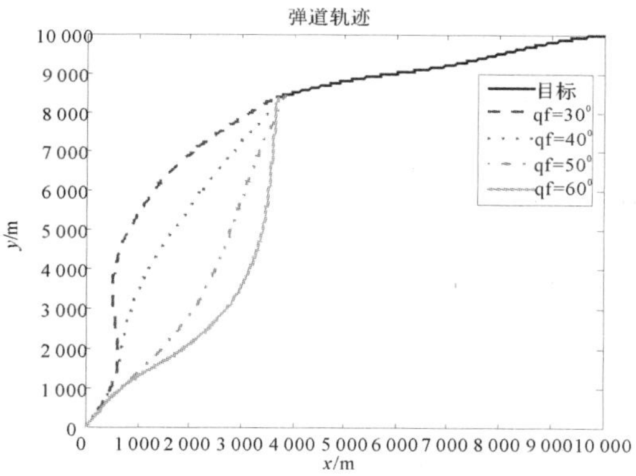

图 6－1　弹道轨迹曲线

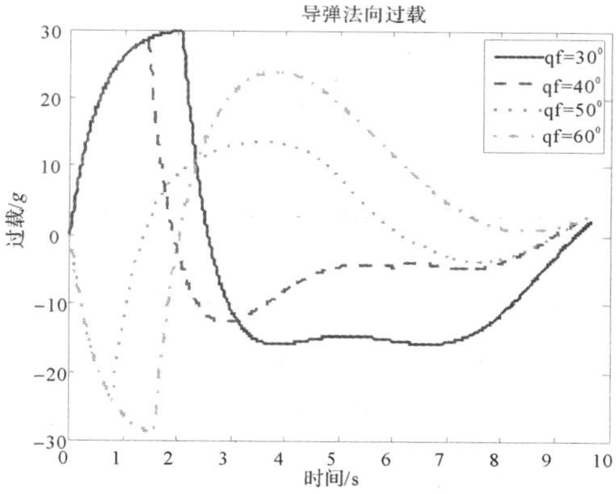

图 6－2　法向过载曲线

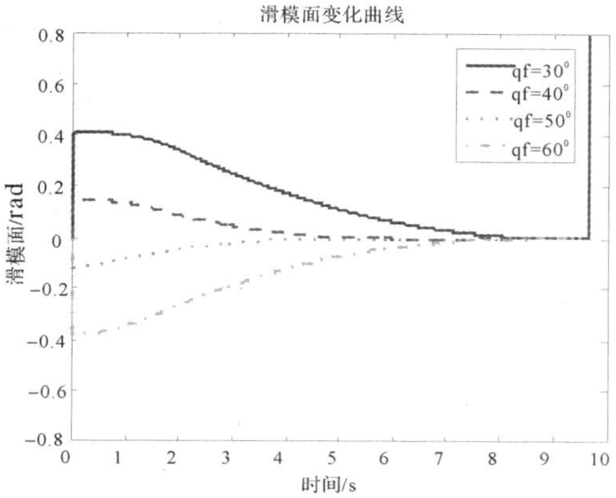

图 6－3　滑模面 s_0 变化曲线

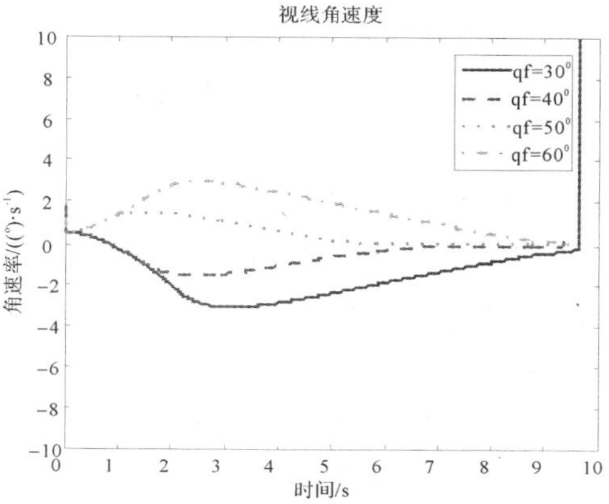

图 6－4　视线角速率曲线

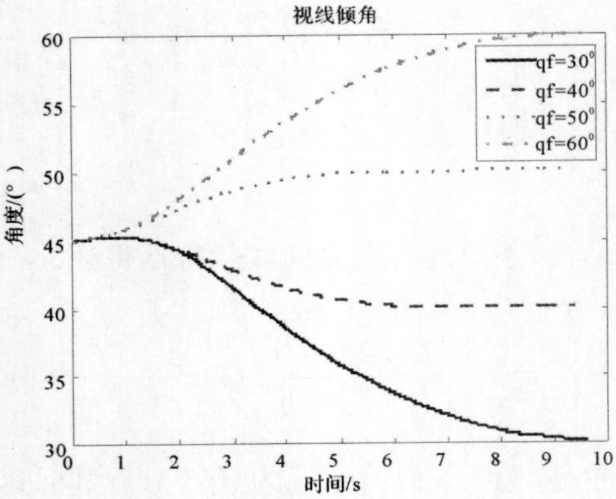

图 6-5 视线倾角曲线

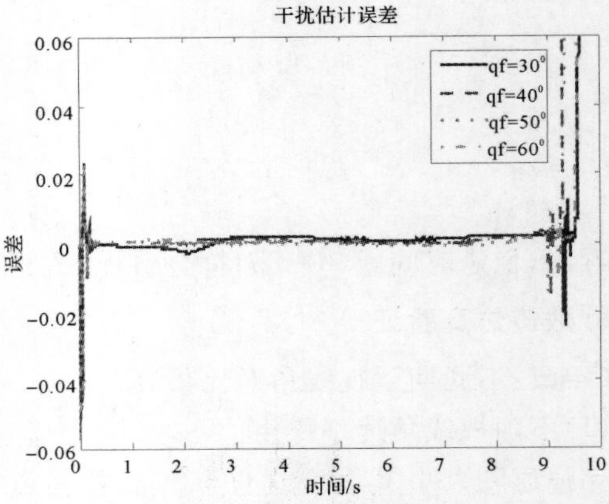

图 6-6 干扰跟踪误差

表 6-1 不同期望视线角拦截效果

期望视线角/(°)	脱靶量/m	拦截时间/s	实际视线角/(°)
30	0.073	9.650	30.134
40	0.030	9.372	40.007
50	0.035	9.382	50.006
60	0.060	9.615	59.964

分析图 6-3～图 6-5 可知，在本例的仿真条件下，针对不同的期望视线角，本书所设计的制导律都能保证滑模面在弹目交会前收敛于零，进而使视线角速率收敛到零，终端视线角达到期望角，证明了该制导律良好的有限时间收敛特性。而由表 6-1 数据可知，FSMG 不仅角度偏差小，且脱靶量不超过 0.1 m，满足高精度制导要求，说明其在拦截机动目标时的有效性。由图 6-6 可以看出，这种有效性是基于所设计的非齐次干扰观测器对目标机动干扰的精确估计，虽然导弹初始段需用法向过载较大(见图 6-2)，但随着干扰估计精度的提高和滑模面的收敛，导弹法向过载呈逐渐减小的趋势，且在制导末段趋近于零，这样导弹可以在制导初始段充分利用其机动能力调整攻击角度以及应对目标机动，制导末段则以较小的过载保证制导精度。

(2)加视线角速率噪声

为了验证 6.2.2 节设计的跟踪微分滤波器的有效性，给视线角速率加 0.01 rad/s 的高斯白噪声。设期望视线角为 50°，跟踪微分滤波器参数设置为 $\gamma=1.5$，$d=0.005$，其余仿真条件同(1)。则一次滤波效果如图 6-7～图 6-8 所示。

为进一步说明滤波器的有效性，在视线角速率加 0.01 rad/s 高斯白噪声的情况下对 30°、40°、50°、60°的期望视线角各做 200 次蒙特卡洛仿真，并计算脱靶量、视线角的均值和方差，结果见表 6-2。

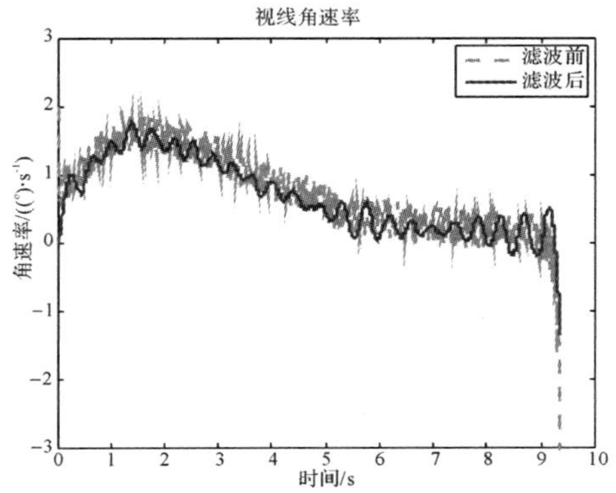

图 6-7　视线角速率曲线

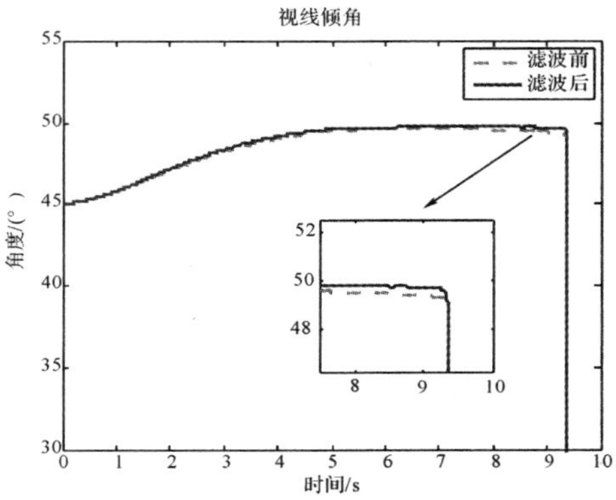

图 6-8　视线倾角曲线

表 6-2　200 次蒙特卡洛仿真视线角统计特性

期望视线角/(°)		30	40	50	60
脱靶量/m	均值	0.104	0.086	0.082	0.086
	方差	0.005	0.004	0.004	0.004
视线角/(°)	均值	29.492	39.422	49.433	59.139
	方差	2.466e-6	2.766e-6	2.224e-6	1.406e-6

由图 6-7 和图 6-8 可以看出，在保证视线角速率收敛的总体趋势下，本书所设计的跟踪微分滤波器能够有效滤除干扰噪声，使终端视线角更加接近期望角。另外由表 6-2 也可以看出，针对不同的期望视线角，脱靶量均值几乎不会超过 0.1 m，视线角误差不会超过 1°，且方差均维持在零左右，进一步证明了跟踪微分滤波器滤波的稳定性。

Case2：不同制导律对比仿真

为进一步说明本书设计的 FSMG 的优越性，将其与文献[8]提出的基于反步法的考虑目标机动和自动驾驶仪动特性的终端角度约束滑模制导律 BSMG 进行 50°角约束下仿真对比，仿真条件同 1)，仿真结果如图 6-9～图 6-12 所示。

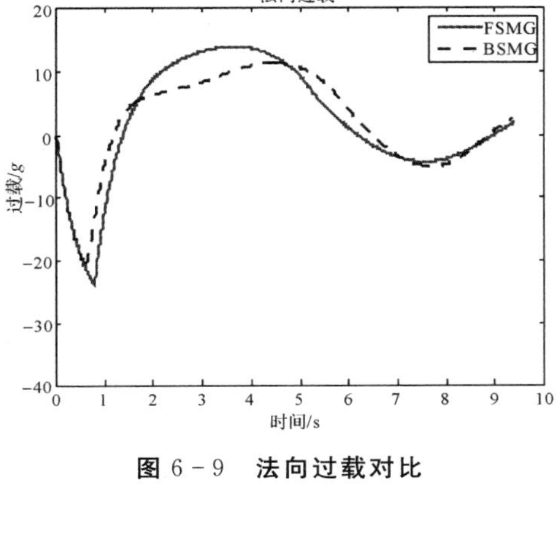

图 6-9　法向过载对比

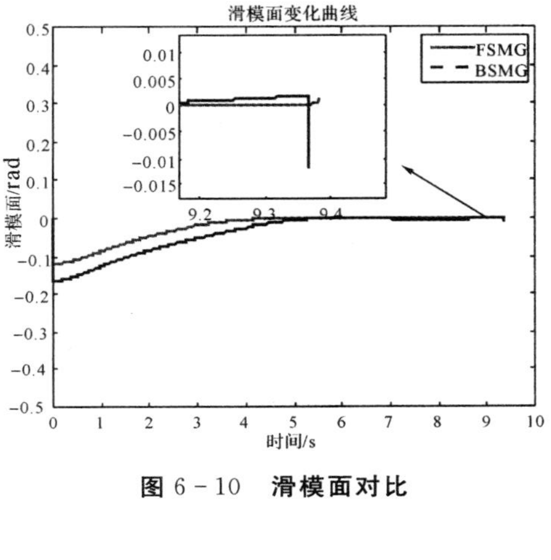

图 6-10　滑模面对比

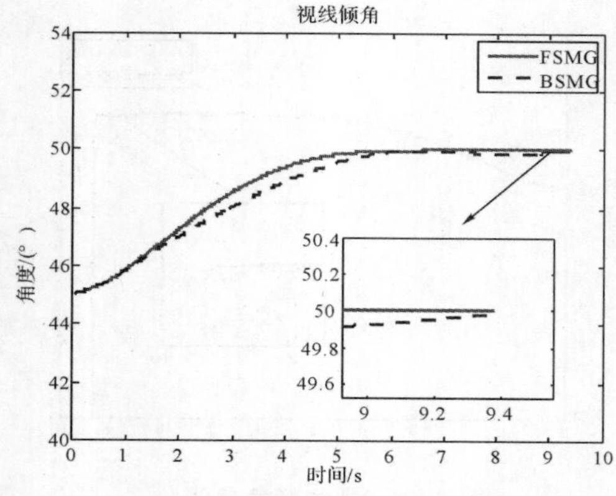

图 6-11　视线角速率对比

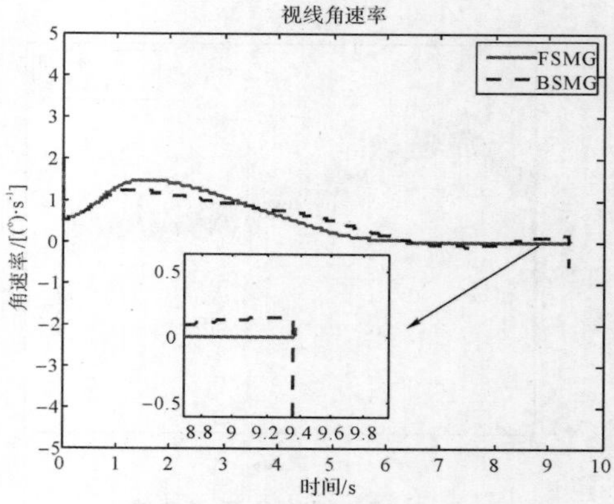

图 6-12　视线倾角对比

由仿真结果可以看出，整体而言，FSMG 和 BSMG 都具有良好的有限时间收敛特性，能够满足机动目标拦截时的攻击角度约束要求。但具体来看，FSMG 视线角速率能够收敛至零并且始终维持于零，而 BSMG 的视线角速率最终收敛在 0.2°/s 附近（见图 6-11）。在视线角的控制精度上，FSMG 也比 BSMG 更加接近于 50°（见图 6-12），这主要是因为 FSMG 滑模面的收敛精度要高于 BSMG（见图 6-10）。在收敛速度方面，FSMG 也快于 BSMG，尽管 FSMG 的法向过载稍大于 BSMG（见图 6-9），但始终在导弹可用过载范围内。而基于反步法设计的 BSMG 制导律不仅形式复杂，且容易造成虚拟控制项的微分膨胀问题，相比之下，FSMG 制导律形式简单，更适合工程应用。

6.3　自适应鲁棒高阶滑模有限时间收敛制导律

在第三章的制导律设计中通过引入非齐次干扰观测器对目标机动加速度进行估计，而观测器 Lipschitz 常数 L 的选取需要先假设目标机动加速度上界，但实际情况下由于系统自身和外界的不确定性，目标机动加速度上限无法准确获得，方法有失通用性，导致其独立于模型的设计能力差，且估计值的准确性将直接影响观测器的估计效果进而影响制导性能，假设的上界值过大还会使导弹的需用过载变大并且带来高频抖振，打破系统原有的物理约束条件。由于高阶滑模控制具有良好的有限时间收敛特性和抖振抑制能力，所以本节将基于高阶滑模控制理论设计带攻击角度约束的鲁棒有限时间收敛制导律。首先，考虑二维平面内弹目相对运动模型，提出一种控制增益有界的自适应律，并用于设计补偿控制律应对目标机动。将所设计的制导律用于导弹常速和变速下的拦截仿真，可以实现视线角速率和视线角偏差有限时间收敛，使弹道提前成形，满足高速机动目标拦截攻击角度约束作战需要。其次，考虑三维空间内的耦合制导模型，提出一种改进的二阶超螺旋（STA）三维滑模制导律，并基于类二次型 Lyapunov 函数推导了参数自适应律，给出了有限时间稳定性证明，仿真验证了制导律的有效性。

6.3.1　自适应滑模控制

自适应滑模控制是将自适应方法与滑模控制相结合的一种控制方法，其主要思想是在线实时估计被控对象中存在的不确定性或控制参数的上界，以适应控制对象和扰动变化，从而保证控制系统的稳定性。传统的滑模控制虽然对外界干扰和自身参数摄动具有鲁棒性，但在控制器的设计时往往需要对系统不确定性上界进行估计，而实际情况下，这是很难做到的，换句话说，传统滑模控制方法对匹配不确定性具有鲁棒性，而对于具有未知上界的非匹配不确定性，滑模控制则需要与其他方法有效结合来补偿不确定性的影响。随着自适应控制的研究深入，自适应滑模控制方法应运而生，它保留了滑模控制的不变性特点，同时还能实时调整控制增益，为系统存在外界干扰或参数不确定问题的解决提供了一种有效控制策略，因此这种方法具有很大的理论价值和现实意义。

6.3.2　高阶滑模控制

高阶滑模是目前最为全面的、能够消除传统滑模的缺陷，并保持传统滑模优点的控制方法，它扩展了传统滑模的思想，不是将不连续的控制量作用在滑模量的一阶导数上，而是将其作用在高阶导数上，这样不仅保留了传统滑模算法的简单、鲁棒性强且容易实现等优点，还可以有效削弱抖振[9]。

考虑如下仿射非线性不确定系统

$$\left.\begin{aligned}\dot{\boldsymbol{x}}&=f(\boldsymbol{x})+g(\boldsymbol{x})u\\ y&=s(\boldsymbol{x})a\end{aligned}\right\}\tag{6-56}$$

式中，$\boldsymbol{x}\in\mathbf{R}^n$ 是系统状态变量，u 是控制输入，$s(\boldsymbol{x})$是滑模变量，$f(\boldsymbol{x})$和 $g(\boldsymbol{x})$是不确定光滑函数。

当系统(6－56)可以构成非连续闭环状态反馈控制时，假设 $s,\dot{s},\cdots,s^{r-1}$ 为连续函数，集合 $S^r=\{\boldsymbol{x}\,|\,s(\boldsymbol{x})=\dot{s}(\boldsymbol{x})=\cdots s^{(r-1)}(\boldsymbol{x})=0\}$非空且在 Filippov 意义下局部可积，则系统在 S^r 上的运动就称为关于滑模变量的 r 阶滑模。

对滑模变量求 r 阶导数可得

$$s^{(r)}(\boldsymbol{x})=\psi(\boldsymbol{x})+\zeta(\boldsymbol{x})u\tag{6-57}$$

式中，$\psi(\boldsymbol{x})=L_{f(x)}^{r}s(\boldsymbol{x})$，$\zeta(\boldsymbol{x})=L_{g(x)}L_{f(x)}^{r-1}s(\boldsymbol{x})$，$L_{(\cdot)}^{r}(\cdot)$为 r 重李导数。r 阶滑模控制就是寻找合适的控制函数，使得滑模变量 s 至 s 的 $r-1$ 阶导数 $s^{(r-1)}$在有限的时间内镇定。

假设式(6－57)中不确定有界函数 $\psi(\boldsymbol{x})$、$\zeta(\boldsymbol{x})$可表示为

$$\left.\begin{aligned}\psi(\boldsymbol{x})&=\bar{\psi}(\boldsymbol{x})+\Delta\psi(\boldsymbol{x})\\ \zeta(\boldsymbol{x})&=\bar{\zeta}(\boldsymbol{x})+\Delta\psi(\boldsymbol{x})\end{aligned}\right\}\tag{6-58}$$

式中，$\bar{\psi}(\boldsymbol{x})$、$\bar{\zeta}(\boldsymbol{x})$分别为 $\psi(\boldsymbol{x})$、$\zeta(\boldsymbol{x})$的已知确定部分，$\Delta\psi(\boldsymbol{x})$、$\Delta\zeta(\boldsymbol{x})$为不确定有界部分，且其满足不等式：

$$|\Delta\zeta(\boldsymbol{x})\bar{\zeta}^{-1}(\boldsymbol{x})|\leqslant 1-\beta,\ |\Delta\psi(\boldsymbol{x})-\Delta\zeta(\boldsymbol{x})\bar{\zeta}^{-1}(\boldsymbol{x})\bar{\psi}(\boldsymbol{x})|\leqslant\vartheta(\boldsymbol{x})\tag{6-59}$$

则设计如下所示反馈控制律可部分解耦标称系统[10]：

$$u=\bar{\zeta}^{-1}(\boldsymbol{x})(-\bar{\psi}(\boldsymbol{x})+\mu)\tag{6-60}$$

式中，μ 为辅助虚拟控制律。

将式(6－58)代入式(6－57)并采用反馈控制律(6－60)可得

$$s^{(r)}(\boldsymbol{x})=(1+\Delta\zeta(\boldsymbol{x})\bar{\zeta}^{-1}(\boldsymbol{x}))\mu-\Delta\zeta(\boldsymbol{x})\bar{\zeta}^{-1}(x)\bar{\psi}(\boldsymbol{x})+\Delta\psi(\boldsymbol{x})\tag{6-61}$$

如果令状态变量 $\sigma_i=s^{(i-1)}$，$1\leqslant i\leqslant r$，则关于式(6－56)所示的系统的 r 阶滑模控制可以转

化为如下系统的有限时间镇定问题

$$\left.\begin{aligned}&\dot{\sigma}1=\sigma_2\\&\cdots\cdots\\&\dot{\sigma}_{r-1}=\dot{\sigma}_r\\&\dot{\sigma}_r=s^{(r)}(\boldsymbol{x})=(1+\Delta\zeta(\boldsymbol{x}))\bar{\zeta}^{-1}(\boldsymbol{x})\mu-\Delta\zeta(\boldsymbol{x})\bar{\zeta}^{-1}(\boldsymbol{x})\bar{\psi}(\boldsymbol{x})+\Delta\psi(\boldsymbol{x})\end{aligned}\right\}\tag{6-62}$$

通过设计辅助虚拟控制律 μ，使得式(6－62)所示的系统有限时间镇定，即使系统状态 $\sigma_1=\sigma_2=\cdots=\sigma_{r-1}=\sigma_r=0$，又因 $\sigma_i=s^{i-1}$，故有 $s=\dot{s}=\cdots=s^{r-1}=0$。将 μ 代入式(6－60)则可得到针对系统(6－56)的最终控制律，根据 r 阶滑模控制的定义可知控制律式(6－60)实现了对式(6－56)所示的系统的任意 r 阶滑模控制。因此 r 阶滑模控制就可以等价于辅助虚拟控制律 μ 的设计。

6.3.3 带攻击角度约束的增益自适应高阶滑模制导律

1. 有限时间收敛高阶滑模制导律设计

高阶滑模控制律的设计分如下两步进行：

1)标称控制律 μ_{nom}：令扰动及不确定部分 $\Delta\psi(\boldsymbol{x})$、$\Delta\zeta(\boldsymbol{x})$ 等于零得到。此时系统(6－62)转化为如下 r 阶链式积分系统：

$$\left.\begin{aligned}&\dot{\sigma}_1=\dot{\sigma}_2\\&\cdots\cdots\\&\dot{\sigma}_{r-1}=\dot{\sigma}_r\\&\dot{\sigma}_r=\mu=\mu_{\text{nom}}\end{aligned}\right\}\tag{6-63}$$

文献[11]基于齐次理论设计了一种能使式(6－63)所示的系统有限时间稳定的状态反馈控制律，但当系统状态远离平衡点时，收敛速度较慢，暂态过程较长。针对这一问题，本书提出新的有限时间稳定算法，以缩短暂态过程，实现系统状态快速收敛。

定理 6－1 如果存在常数 $k_1,k_2,\cdots,k_r>0$ 以及 $k'_1,k'_2,\cdots,k'_r>0$，使得多项式 $\Delta(\lambda)=\lambda^r+k_r\lambda^{r-1}+\cdots+k_2\lambda+k_1$ 和多项式 $\Delta'(\lambda)=\lambda^r+k'_r\lambda^{r-1}+\cdots+k'_2\lambda+k'_1$ 均满足 Hurwitz 稳定，则设计如下所示的状态反馈控制律，能够使式(6－63)所示的系统有限时间镇定。

$$\mu=-k_1|\sigma_1|^{\alpha_1}\operatorname{sgn}(\sigma_1)-k'_1\sigma_r-\cdots-k_r|\sigma_r|^{\alpha_r}\operatorname{sgn}(\sigma_r)-k'_r\sigma_r\tag{6-64}$$

式中，$\alpha_1,\alpha_2,\cdots,\alpha_r$ 满足

$$\alpha_{i-1}=\frac{\alpha_i\alpha_{i+1}}{2\alpha_{i+1}-\alpha_i},i=1,2,\cdots,r\tag{6-65}$$

式中，$\alpha_{r+1}=1,\alpha_r=\alpha,\alpha\in(1-\varepsilon,1),\varepsilon\in(0,1)$。

证明：证明对所有的 $\alpha_i,i=1,2,\cdots,r$ 都有 $0<\alpha_i<1$ 成立。

当 $i=r$ 时，显然有 $\alpha_r=\alpha<1=\alpha_{r+1}$ 成立。

假设当 $i=r-k$ 时，有 $\alpha_{r-k}<\alpha_{r-k+1}$ 成立，其中 $k=0,1,\cdots,r-2$，则当 $i=r-k-1$ 时，有下式成立：

$$\alpha_{r-k-1}=\frac{\alpha_{r-k}\alpha_{r-k+1}}{2\alpha_{r-k+1}-\alpha_{r-k}}=\frac{\alpha_{r-k}\alpha_{r-k+1}}{\alpha_{r-k+1}+(\alpha_{r-k+1}-\alpha_{r-k})}\tag{6-66}$$

又因为 $\alpha_{r-k}<\alpha_{r-k+1}$，所以 $\alpha_{r-k+1}-\alpha_{r-k}>0$，故由式(6－66)可得

$$\alpha_{r-k-1}=\frac{\alpha_{r-k}\alpha_{r-k+1}}{\alpha_{r-k+1}+(\alpha_{r-k+1}-\alpha_{r-k})}<\frac{\alpha_{r-k}\alpha_{r-k+1}}{\alpha_{r-k+1}}=\alpha_{r-k} \tag{6-67}$$

由以上证明可知 α_i 单调递减，即对所有的 $\alpha_i, i=1,2,\cdots,r$，都有 $0<\alpha_i<1$ 成立。

当系统状态远离平衡点时，不妨假设此时 $|\sigma_i|>1$，又因为 $0<\alpha_i<1$，故有 $|\sigma_i|^{\alpha_i}<|\sigma_i|$，此时控制律式(6-64)中 $-k_i'\sigma_i$ 项起主导作用，式(6-63)所示的系统变为

$$\left.\begin{aligned}&\dot{\sigma}_1=\dot{\sigma}_2\\&\quad\vdots\\&\dot{\sigma}_{r-1}=\dot{\sigma}_r\\&\dot{\sigma}_r=\mu=-k_1'\sigma_1-k_2'\sigma_2-\cdots-k_r'\sigma_r\end{aligned}\right\} \tag{6-68}$$

因为多项式 $\Delta'(\lambda)=\lambda^r+k_r'\lambda^{r-1}+\cdots+k_2'\lambda+k_1'$ 满足 Hurwitz 稳定，所以系统状态是渐进稳定的，直至满足 $|\sigma_i|<1$。

当 $|\sigma_i|<1$ 时，系统状态接近平衡点，因为 $0<\alpha_i<1$，此时 $|\sigma_i|^{\alpha_i}>|\sigma_i|$，控制律式(6-64)中 $-k_i|\sigma_i|^{\alpha_i}\operatorname{sgn}(\sigma_i)$ 项起主导作用，式(6-63)所示的系统变为

$$\left.\begin{aligned}&\dot{\sigma}_1=\dot{\sigma}_2\\&\quad\vdots\\&\dot{\sigma}_{r-1}=\dot{\sigma}_r\\&\dot{\sigma}_r=\mu=-k_1|\sigma_1|^{\alpha_1}\operatorname{sgn}(\sigma_1)-\cdots-k_r|\sigma_r|^{\alpha_r}\operatorname{sgn}(\sigma_r)\end{aligned}\right\} \tag{6-69}$$

这与文献[11]提出的经典有限时间状态反馈控制律相同，系统状态是有限时间镇定的。

因此标称控制律 μ_{nom} 设计为式(6-64)的形式使定理 6-1 得证。

2)补偿控制律 μ_{com}：定义辅助积分滑模面

$$\lambda=\sigma_r-\sigma_r(0)+\int_0^t-\mu_{\text{nom}}\mathrm{d}\tau \tag{6-70}$$

式中，$\sigma_r(0)$为状态 σ_r 的初值。补偿控制律 μ_{com} 设计如下

$$\mu_{\text{com}}=-\rho\operatorname{sgn}(\lambda) \tag{6-71}$$

式中，$\rho>0$ 为不连续控制增益。最终，针对式(6-72)所示的系统的有限时间状态反馈控制律设计为

$$\mu=\mu_{\text{nom}}+\mu_{\text{com}} \tag{6-72}$$

将其代入式(6-60)，可得到满足系统(6-56)有限时间镇定的 r 阶滑模控制律。

针对 6.2.1 节所示的考虑自动驾驶仪动态特性带攻击角度约束的链式制导系统式(6-72)，令 $g(t)=0$ 并结合定理 6-1 得

$$\begin{aligned}\mu_{\text{nom}}&=f(t)+bu=\\&-k_1|x_1|^{\alpha_1}\operatorname{sgn}(x_1)-k_1'x_1-k_2|x_2|^{\alpha_2}\operatorname{sgn}(x_2)-k_2'x_2-k_3|x_3|^{\alpha_3}\operatorname{sgn}(x_3)-k_3'x_3\end{aligned} \tag{6-73}$$

补偿控制律设计为

$$\mu_{\text{com}}=-\rho\operatorname{sgn}(\lambda) \tag{6-74}$$

式中，$\lambda=x_3+\int_0^t-\mu_{\text{nom}}\mathrm{d}\tau$。最终由式(6-60)可得考虑自动驾驶仪动态特性的含攻击角度约束的制导律为

$$u=\frac{\mu_{\text{nom}}+\mu_{\text{com}}-f(t)}{b} \tag{6-75}$$

2. 切换增益自适应律

在对补偿控制律 μ_{com} 进行设计时，不连续控制增益 ρ 的选择要大于系统不确定上界，然而这在实际工程应用中很难做到。文献[12]设计了增益自适应滑模控制算法，实时调整控制增益以适应参数摄动和外界环境的扰动变化，但不能保证搜寻到尽可能小的控制增益，一旦控制增益被过高估计，不但会带来系统抖振，还对执行机构不利。为此，本节设计了一种切换增益有界的自适应律，在保证 r 阶滑模建立的同时尽可能减小控制增益，自适应律设计如下

$$\dot{\rho}=\begin{cases}\omega_1(|\lambda|)+\omega_2)^{1/\omega_3}\operatorname{sgn}(|\lambda|-\varepsilon) & \rho>\rho_0\\ \rho_0 & \rho\leqslant\rho_0\end{cases} \tag{6-76}$$

式中，$\omega_1>0, \omega_2\geqslant 0, \omega_3\geqslant 1, \rho_0>0, \varepsilon=2T_e\rho$，$T_e$ 为大于零的小常数。

对式(6-70)求导并将 $\mu=\mu_{nom}+\mu_{com}$ 代入可得

$$\dot{\lambda}=(1+\Delta\,\zeta\bar{\zeta}^{-1})\mu_{com}+\Delta\,\zeta\bar{\zeta}^{-1}\mu_{nom}+\Delta\,\psi-\Delta\,\zeta\bar{\zeta}^{-1}\bar{\psi} \tag{6-77}$$

定义 Lyapunov 函数 $V_1=\lambda^2/2$，对 V_1 求导并结合式(6-59)可得

$$\begin{aligned}\dot{V}_1=\lambda\dot{\lambda}=&\lambda[(1+\Delta\,\zeta\bar{\zeta}^{-1})\mu_{com}+\Delta\,\zeta\bar{\zeta}^{-1}\mu_{nom}+\Delta\,\psi-\Delta\,\zeta\bar{\zeta}^{-1}\psi]\leqslant\\ &|\lambda|[-\rho(1+\Delta\,\zeta\bar{\zeta}^{-1})+(1-\beta)|\mu_{nom}|+\vartheta(\boldsymbol{x})]\leqslant\\ &-|\lambda|[\rho\beta-(1-\beta)|\mu_{nom}|-\vartheta(\boldsymbol{x})]\end{aligned} \tag{6-78}$$

不失一般性，假设初始阶段滑模面尚未达到，即 $|\lambda|>\varepsilon, \rho>\rho_0$，由式(6-76)可知 $\dot{\rho}>0$，ρ 将逐渐增大，因此存在一个时刻 t_1 使得 $\rho\beta-(1-\beta)|\mu_{nom}|-\vartheta(\boldsymbol{x})>\delta, \delta=\text{const}>0$，根据式(6-78)结合 6.3.2 节引理 6-1 可知滑模面 λ 将在有限时间 t_1 内可达，即 t_1 时刻之后会有 $|\lambda|<\varepsilon$ 成立。此时由式(6-76)可知 $\dot{\rho}<0$，因此 ρ 将逐渐减小，以致 ρ 不能完全抑制扰动，这时系统的不稳定将会导致滑模面偏离原平衡点，即 $|\lambda|>\varepsilon$，进而再次导致 ρ 增大以至能够完全抑制扰动，从而使滑模面 $|\lambda|<\varepsilon$ 再次可达，由式(6-76)知此时又有 $\dot{\rho}<0$，ρ 将再次减小并如此循环往复下去。因此，控制增益 ρ 存在上界 $\hat{\rho}$ 使 $\forall\, t>0$，都有 $\rho\leqslant\hat{\rho}$ 成立，从而保证了控制增益不会被过高估计。

3. 有限时间收敛稳定性分析

定义 Lyapunov 函数：

$$V_2=\frac{1}{2}\lambda_2+\frac{1}{2}(\rho-\hat{\rho})^2 \tag{6-79}$$

不失一般性，假设初始阶段滑模面尚未达到，即理论 $|\lambda|<\varepsilon$，因此，对 V_2 求导，结合式(6-76)可得

$$\begin{aligned}\dot{V}_2=&\lambda\dot{\lambda}+\omega_1(|\lambda|+\omega_2)^{1/\omega_3}(\rho-\hat{\rho})=\\ &\lambda[(1+\Delta\,\zeta\bar{\zeta}^{-1})\mu_{com}+\Delta\,\zeta\bar{\zeta}^{-1}\mu_{nom}+\Delta\,\psi-\Delta\,\zeta\bar{\zeta}^{-1}\bar{\psi}]+\omega_1(|\lambda|+\omega_2)^{1/\omega_3}(\rho-\hat{\rho})\\ \leqslant&\\ &-|\lambda|[\rho\beta-(1-\beta)|\mu_{nom}|-\vartheta(\boldsymbol{x})]-\omega_1(|\lambda|+\omega_2)^{1/\omega_3}|(\rho-\hat{\rho})|\end{aligned} \tag{6-80}$$

由前文分析可知存在时刻 t_1 使得 $\rho\beta-(1-\beta)|\mu_{nom}|-\vartheta(\boldsymbol{x})>\delta$ 成立，其中常数 $\delta=\text{const}>0$，故可对式(6-80)进一步整理得

$$\begin{aligned}\dot{V}_2=&\delta|\lambda|-\omega_1(|\lambda|+\omega_2)^{1/\omega_3}|\rho-\hat{\rho}|\leqslant\\ &-\delta|\lambda|-\omega_1(\varepsilon+\omega_2)^{1/\omega_3}|\rho-\hat{\rho}|\leqslant\\ &-\min(\sqrt{2}\,\delta,\sqrt{2}\,\omega_1(\varepsilon+\omega_2)^{1/\omega_3})\left(\frac{1}{2}\lambda^2+\frac{(\rho-\hat{\rho})^2}{2}\right)^{1/2}=\\ &-\sqrt{2}\,\bar{\omega}V_2^{1/2}\end{aligned} \tag{6-81}$$

式中，$\bar{\omega}=\min(\sqrt{2}\delta,\sqrt{2}\omega_1(\varepsilon+\omega_2)^{1/\omega_3})$。由引理 6-1 可知 $|\lambda|<\varepsilon$，即 λ 将在有限时间内到达以零为中心的邻域内，因此，采用式(6-82)所示控制律和式(6-76)所示自适应律可使式(6-62)所示的系统有限时间镇定，亦使式(6-66)所示的系统 r 阶滑模建立。从而由 r 阶滑模控制律设计而来的攻击角度约束制导律式(6-75)也能使链式制导式(6-72)所示的系统有限时间稳定。

4. **数值仿真验证**

(1)导弹常速飞行

导弹速度取 $V_M=1\ 000$ m/s，初始弹道倾角为 60°，初始位置坐标为(0,0)；目标速度取 $V_T=800$ m/s，初始弹道倾角为 190°，初始位置坐标为(10 000，10 000)；制导参数取 $k_1=3$，$k_2=4$，$k_3=5$；$k_1'=1$，$k_2'=2$，$k_3'=2$；$\alpha_1=1/2$，$\alpha_2=3/5$，$\alpha_3=3/4$；$\omega_1=400$，$\omega_2=0.002$，$\omega_3=3$；$\rho_0=0.05$，$T_e=0.001$；自动驾驶仪时间常数 $\tau=0.5$ s；制导盲区为 100 m，仿真步长为 0.001 s。为验证拦截机动目标的有效性，假设目标以 $5g$ 的峰值过载采取圆弧、正弦、方波三种方式机动，期望视线角分别取 50°、55°、60°，导弹过载限制为 $\pm30g$，仿真结果如图 6-13～图 6-24 和表 6-3 所示。

case1：圆弧机动 $a_T=5g$

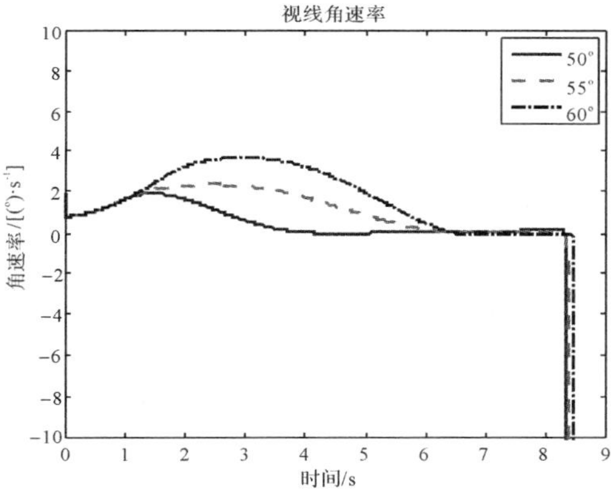

图 6-13　视线角速率曲线

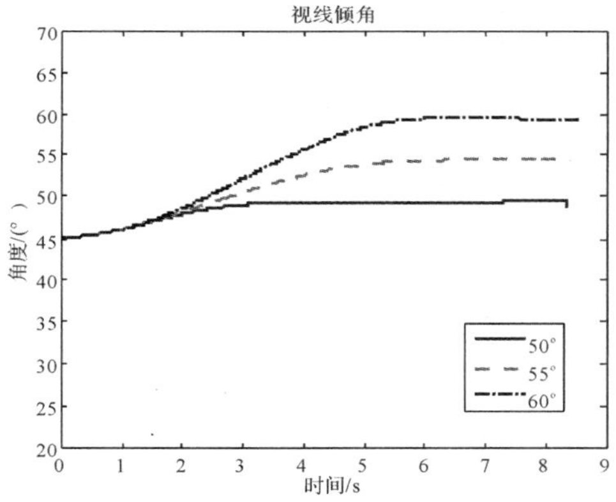

图 6-14　视线倾角曲线

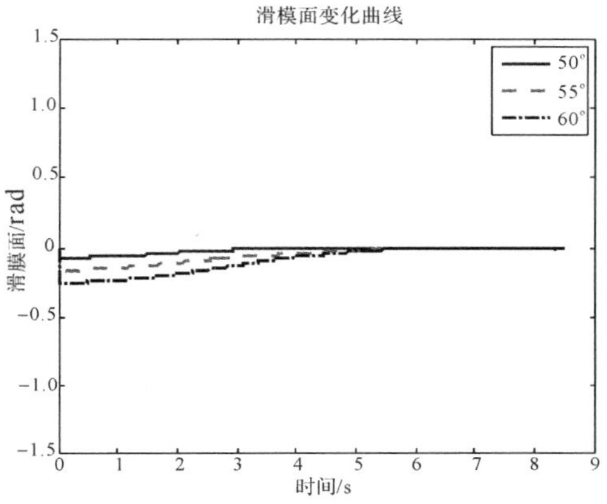

图 6-15　滑模面变化曲线

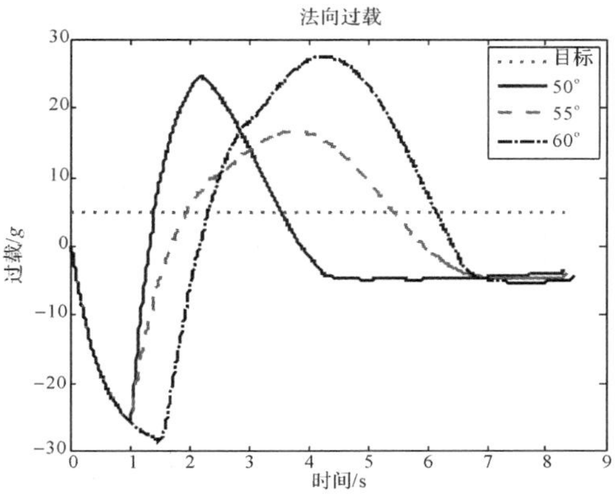

图 6-16　法向过载曲线

case2：正弦机动 $a_T = 5g\sin(\pi t/3)$

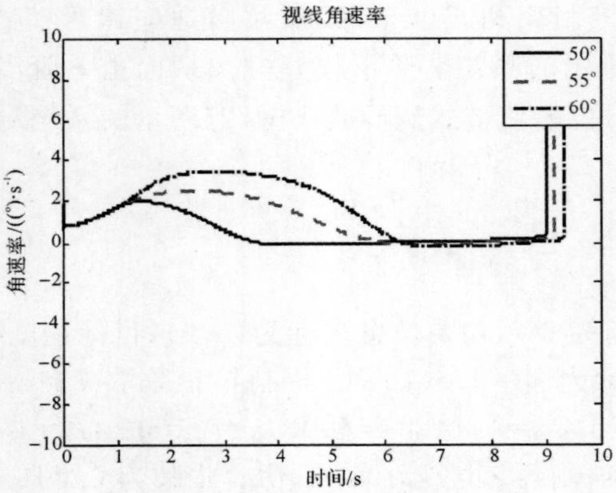

图 6－17　**视线角速率曲线**

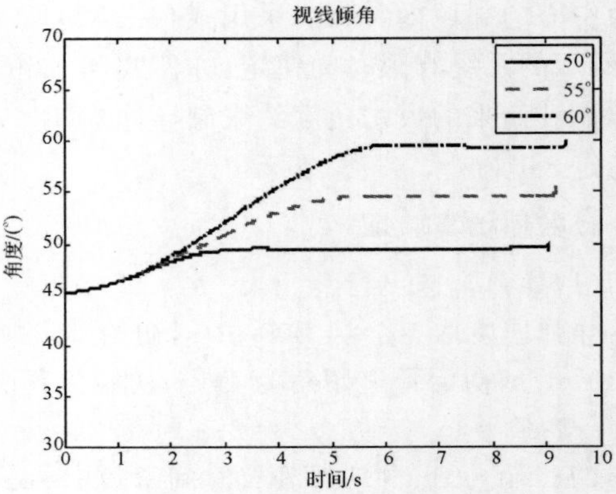

图 6－18　**视线倾角曲线**

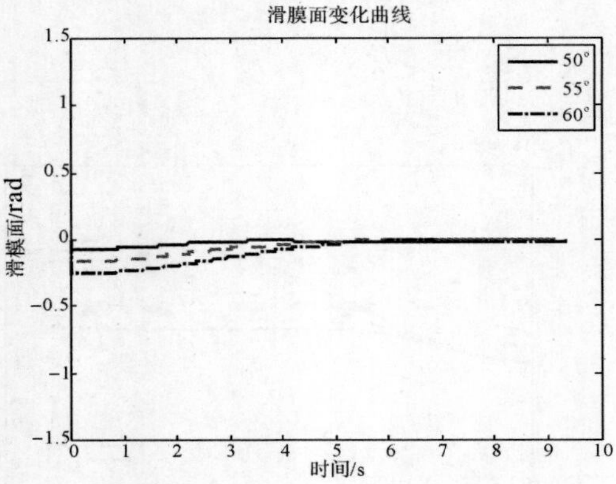

图 6－19　**滑模面变化曲线**

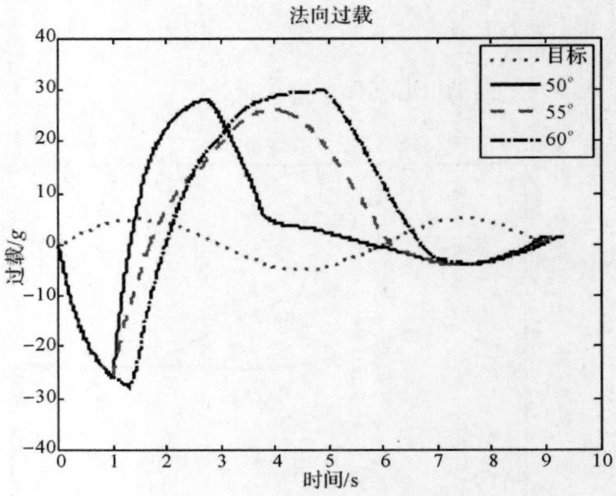

图 6－20　**法向过载曲线**

case3：方波机动 $a_T = 5g\mathrm{sgn}(\pi t/3)$

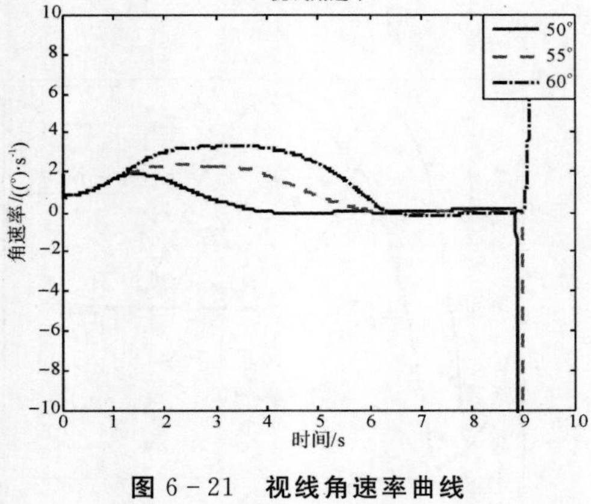

图 6－21　**视线角速率曲线**

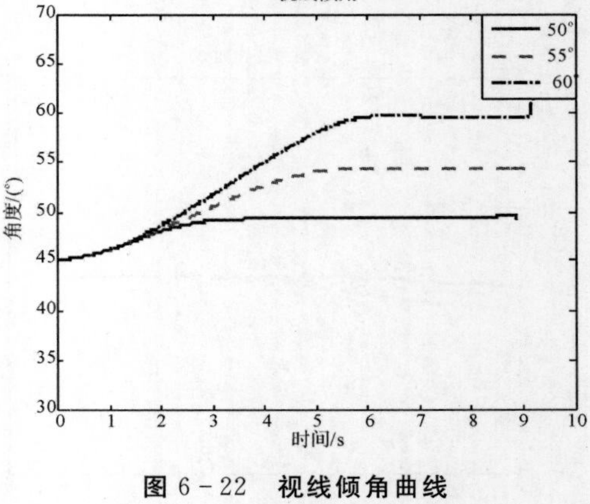

图 6－22　**视线倾角曲线**

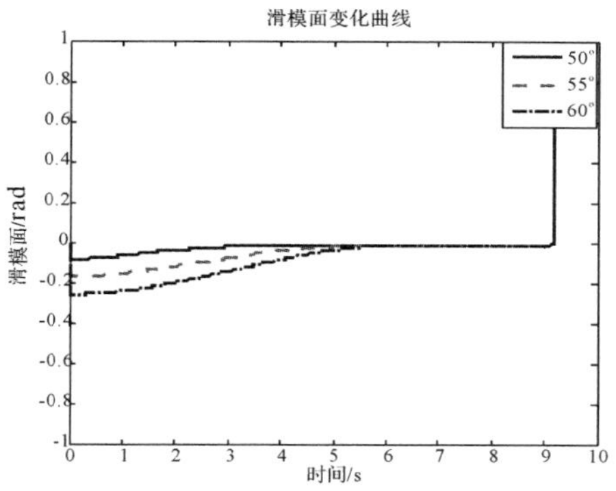

图 6-23　滑模面变化曲线

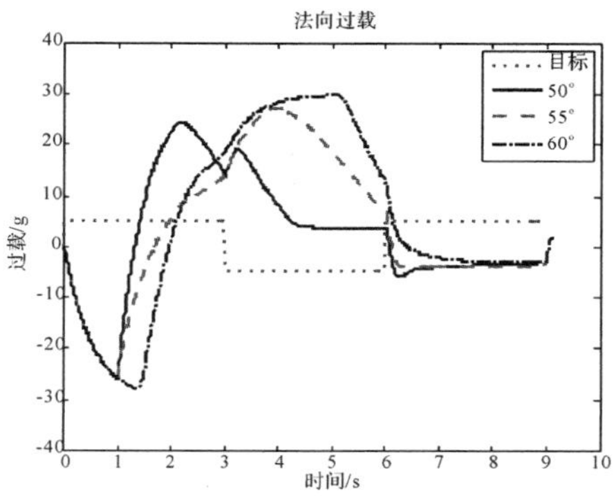

图 6-24　法向过载曲线

表 6-3　三种机动方式下的拦截效果

机动方式	圆弧机动			正弦机动			方波机动		
期望视线角/(°)	50	55	60	50	55	60	50	55	60
脱靶量/m	0.154	0.822	0.576	0.510	0.265	0.325	0.424	0.156	0.807
实际视线角/(°)	49.597	54.558	59.479	49.425	54.520	59.058	49.717	54.544	59.435

由图 6-13～图 6-24 可知无论针对哪一种机动方式，制导律式(6-75)都能保证视线角速率快速收敛到以零为中心的邻域内，从而保证了制导精度，与此同时，视线角也迅速调整到期望值附近，满足攻击角度约束要求。仿真显示，法向过载在制导初期较大，这主要是仿真所拦截的是高速机动目标所致，而为了满足攻击角度约束要求，导弹也需要较大的过载进行机动以实现弹道提前成形，这也导致了法向过载变化较大。而一旦系统状态到达滑模面，视线角调整至期望值附近，视线角速率收敛到以零为中心的邻域内，导弹就能以较小的法向过载实施拦截直至弹目交会。这保证了导弹能够在制导初期利用充分的过载裕度调整攻击角度，应对目标机动，而在制导末期不再大机动飞行而是以较小的过载跟踪目标机动，从而确保制导精度。

(2)导弹变速飞行

仿真(1)给出了导弹常速飞行的情况，而实际情况下，导弹在飞行过程中总会受到非定常阻力的影响，因此导弹的速度也是非定常的，为检验制导律式(6-75)在导弹变速拦截时的有效性，特给出本节仿真。导弹变速度质点模型可由如下微分方程描述[13]：

$$\dot{x}_M = V_M \cos\theta_M \tag{6-82}$$

$$\dot{y}_M = V_M \sin\theta_M \tag{6-83}$$

$$\dot{V}_M = \frac{T-D}{m} - g\sin\theta_M \tag{6-84}$$

$$\dot{\theta}_M = \frac{a_M - g\cos\theta_M}{V_M} \tag{6-85}$$

式中，x_M、y_M 表示导弹水平和竖直位置，m 为导弹质量，T 表示推力，D 表示阻力。其中推力 T 可由下式计算

$$T = \begin{cases} 33\,000 & 0 \leqslant t \leqslant 1.5 \\ 7\,500 & 1.5 < t \leqslant 8.5 \\ 0 & t > 8.5 \end{cases} \tag{6-86}$$

阻力的计算式为

$$D=D_0+D_i \tag{6-87}$$

式中，$D_0=C_{D_0}Qs$ 表示零升阻力，C_{D_0} 为零升阻力系数，Q 为动压，s 为参考面积；$D_i=Km^2a_M^2/Qs$ 表示诱导阻力，K 为诱导阻力系数。C_{D_0}、Q、K 的计算式如下

$$C_{D_0}=\begin{cases}0.02 & Ma<0.93\\ 0.02+0.2(Ma-0.93) & Ma<1.03\\ 0.04+0.06(Ma-1.03) & Ma<1.10\\ 0.0442-0.007(Ma-1.10) & Ma<1.10\end{cases} \tag{6-88}$$

$$Q=\frac{1}{2}\rho_{\text{air}}V_M^2 \tag{6-89}$$

$$K=\frac{1}{\pi A_r e} \tag{6-90}$$

式中，Ma 为马赫数，ρ_{air} 为大气密度，A_r 为展弦比，K 可按下式计算[73]

$$K=\begin{cases}0.2 & Ma<1.10\\ 0.2+0.246(Ma-1.15) & Ma\geqslant 1.15\end{cases} \tag{6-91}$$

$$Ma=\frac{V_M}{\sqrt{1.4R_C T_p}},\quad R_C=288\ \text{J}/(\text{K}\cdot\text{kg}) \tag{6-92}$$

$$\rho_{\text{air}}=1.155\ 79-1.058\times10^{-4}y_M+3.725\times10^{-9}y_M^2-6\times10^{-14}y_M^3 \tag{6-93}$$

式(6-92)中，T_P 表示大气温度，随高度变化，即

$$T_p=\begin{cases}288.16-0.006y_M & y_M<11\ 000\\ 216.66 & y_M\geqslant 11\ 000\end{cases} \tag{6-94}$$

导弹质量的变化规律如下

$$m=\begin{cases}135-14.53t & 0\leqslant t\leqslant 1.5\\ 113.205-3.31(t-1.5) & 1.5<t\leqslant 8.5\\ 90.035 & t>8.5\end{cases} \tag{6-95}$$

导弹初始速度取 $V_M=1\ 000$ m/s，初始弹道倾角为 60°，初始位置坐标为(0,0)；目标速度取 $V_T=800$ m/s，初始弹道倾角为 200°，初始位置坐标为(10 000,10 000)；其余仿真条件同(1)，仿真结果如图 6-25～图 6-36 和表 6-4 所示。

case1：圆弧机动 $a_T=5g$

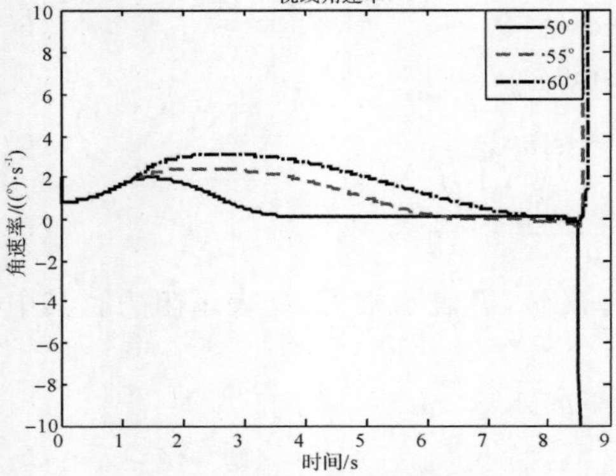

图 6-25　视线角速率曲线

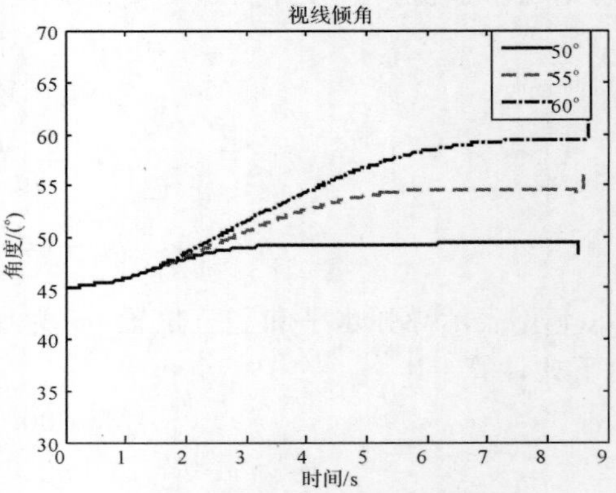

图 6-26　视线倾角曲线

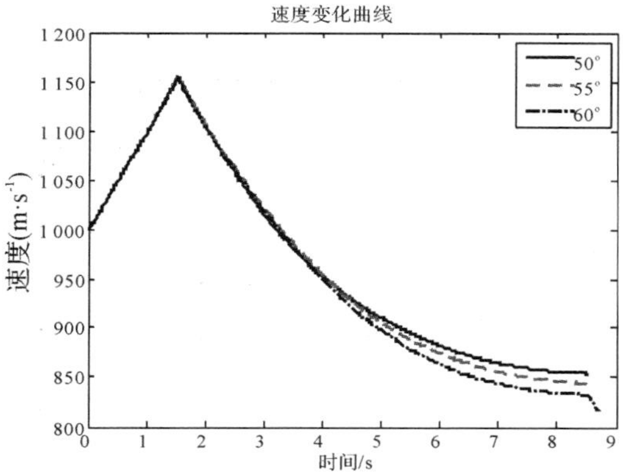

图 6－27　速度变化曲线

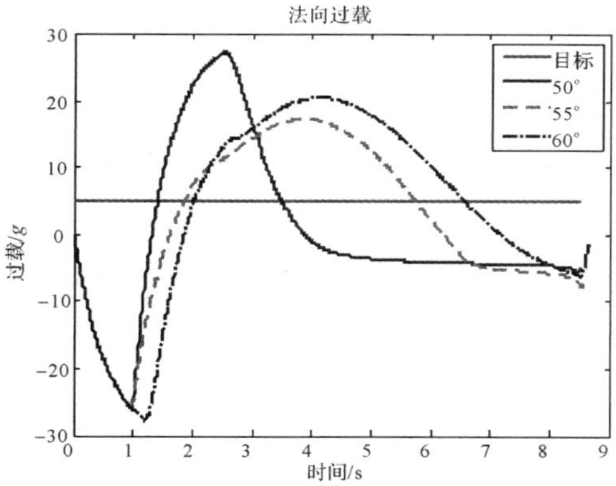

图 6－28　法向过载曲线

case2：正弦机动 $a_T = 5g\sin(\pi t/3)$

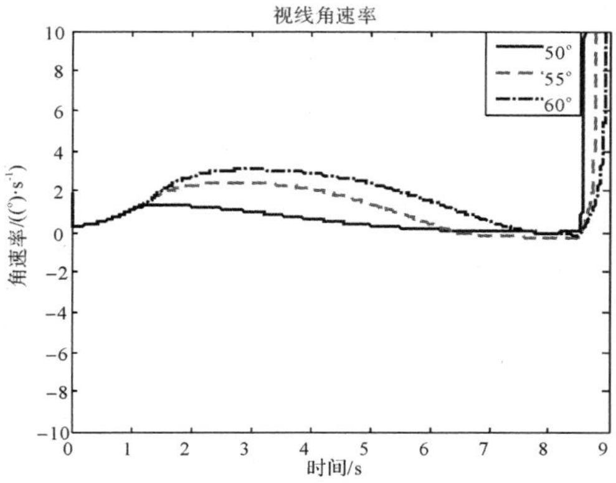

图 6－29　视线角速率曲线

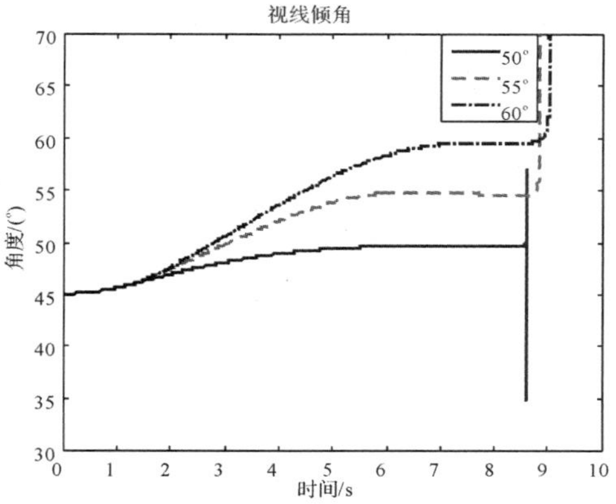

图 6－30　视线倾角曲线

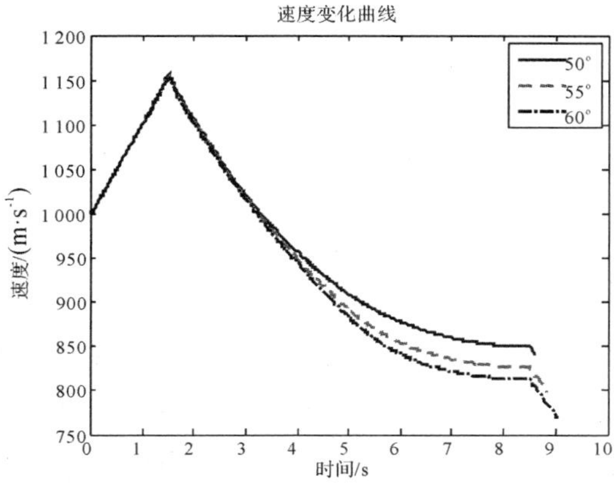

图 6－31　速度变化曲线

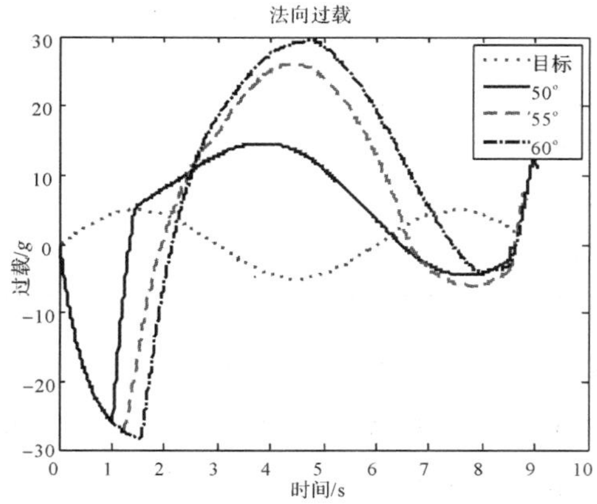

图 6－32　法向过载曲线

case3:方波机动 $a_T = 5g\text{sgn}[\sin(\pi t/3)]$

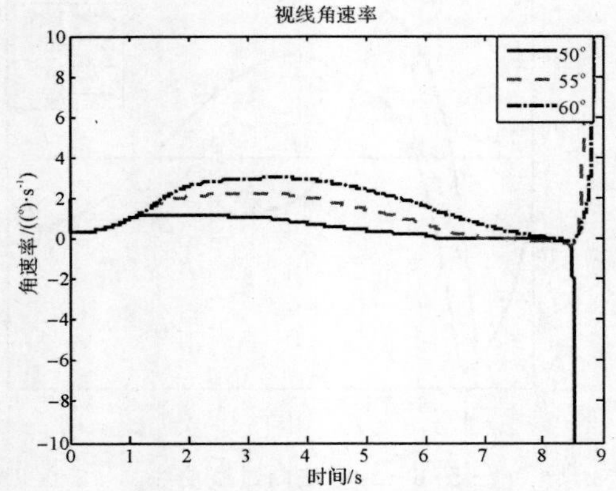

图 6-33　**视线角速率曲线**

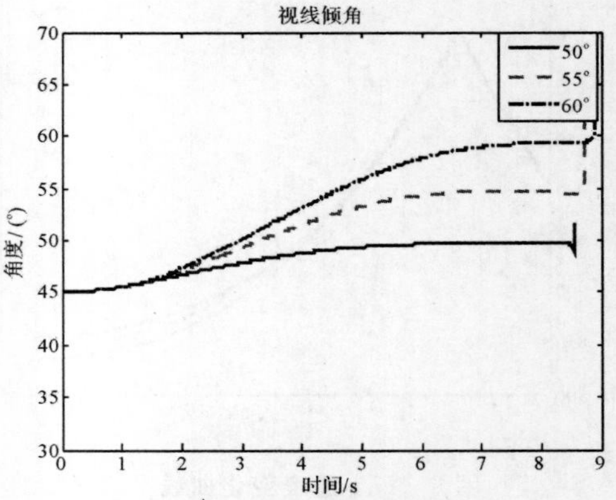

图 6-34　**视线倾角曲线**

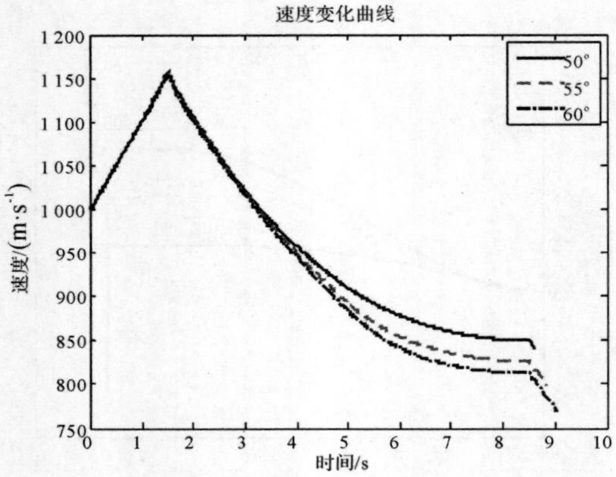

图 6-35　**速度变化曲线**

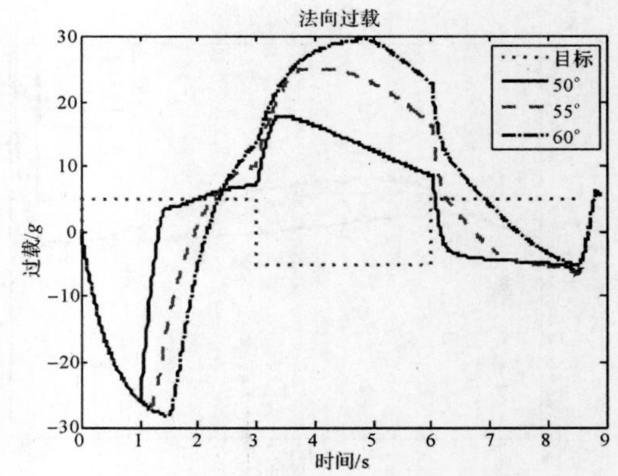

图 6-36　**法向过载曲线**

表 6-4　三种机动方式下的拦截效果

机动方式	圆弧机动			正弦机动			方波机动		
期望视线角/(°)	50	55	60	50	55	60	50	55	60
脱靶量/m	0.487	0.596	0.400	0.524	0.775	1.405	0.475	0.536	0.548
实际视线角/(°)	50.073	54.552	59.301	49.715	54.491	59.509	49.625	54.518	59.375

由图 6-25～图 6-36 可知,针对变速飞行导弹,制导律式(6-75)同样能使视线角和视线角速率有限时间收敛,满足制导精度和攻击角度约束要求,证明了制导律良好的鲁棒性。导弹速度变化是推力和阻力的相对变化所致,当推力大于阻力时,导弹速度增大;当推力逐渐减小以致小于阻力时,导弹速度减小。其余仿真分析同(1)。

6.4　三维自适应STA有限时间收敛滑模制导律

6.4.1　考虑自动驾驶仪延迟的三维攻击角度约束制导模型

上节研究了二维平面内带攻击角度约束的自适应滑模制导律的设计问题，而实际的制导问题都是在三维空间中进行的，因此开展三维制导律的设计研究更具有意义。应该指出的是，以往三维制导律的设计都是忽略纵向和侧向通道的耦合来进行的，而本节旨在考虑耦合项存在时，设计具有自动驾驶仪动态特性和攻击角约束的三维自适应滑模制导律，采用如下所示三维弹目相对运动模型：

$$\ddot{R}-R\dot{\theta}_1^2-R\dot{\psi}_1^2\cos^2\theta_1=a_{\mathrm{Tl}x}-a_{\mathrm{Ml}x} \tag{6-96}$$

$$2\dot{R}\dot{\theta}_1+R\ddot{\theta}_1+R\dot{\psi}_1^2\sin\theta_1\cos\theta_1=a_{\mathrm{Tl}y}-a_{\mathrm{Ml}y} \tag{6-97}$$

$$-2\dot{R}\dot{\psi}_1\cos\theta_1-R\ddot{\psi}_1\cos\theta_1+2R\dot{\psi}_1\dot{\theta}_1\sin\theta_1=a_{\mathrm{Tl}z}-a_{\mathrm{Ml}z} \tag{6-98}$$

由式(6－97)和式(6－98)可得

$$\ddot{\theta}_1=-\frac{2\dot{R}}{R}\dot{\theta}_1-\dot{\psi}_1^2\sin\theta_1\cos\theta_1+\frac{a_{\mathrm{Tl}y}}{R}-\frac{a_{\mathrm{Ml}y}}{R} \tag{6-99}$$

$$\ddot{\psi}_1=-\frac{2\dot{R}}{R}\dot{\psi}_1+2\dot{\theta}_1\dot{\psi}_1\tan\theta_1-\frac{a_{\mathrm{TL}z}}{R\cos\theta_1}+\frac{a_{\mathrm{Ml}z}}{R\cos\theta_1} \tag{6-100}$$

整理式(6－99)和式(6－100)可得

$$\frac{a_{\mathrm{Tl}y}}{R}=\ddot{\theta}_1+\frac{2\dot{R}}{R}\dot{\theta}_1+\dot{\psi}_1^2\sin\theta_1\cos\theta_1+\frac{a_{\mathrm{Ml}y}}{R} \tag{6-101}$$

$$\frac{a_{\mathrm{Tl}z}}{R\cos\theta_1}=-\ddot{\psi}_1-\frac{2\dot{R}}{R}\dot{\psi}_1+2\dot{\theta}_1\dot{\psi}_1\tan\theta_1+\frac{a_{\mathrm{Ml}z}}{R\cos\theta_1} \tag{6-102}$$

对式(6－99)和式(6－100)两端分别求导，可得

$$\begin{aligned}\dddot{\theta}_1=&\left(-\frac{2\ddot{R}}{R}+\frac{2\dot{R}^2}{R^2}\right)\dot{\theta}_1-\frac{2\dot{R}}{R}\ddot{\theta}_1-\frac{\dot{a}_{\mathrm{Ml}y}}{R}+\frac{\dot{R}a_{\mathrm{Ml}y}}{R^2}-\dot{\theta}_1\dot{\psi}_1^2\cos2\theta_1-\\&\dot{\psi}_1\ddot{\psi}_1\sin2\theta+\frac{\dot{a}_{\mathrm{Tl}y}}{R}-\frac{\dot{R}a_{\mathrm{Tl}y}}{R^2}\end{aligned} \tag{6-103}$$

$$\begin{aligned}\dddot{\psi}_1=&\left(-\frac{2\ddot{R}}{R}+\frac{2\dot{R}^2}{R^2}\right)\dot{\psi}_1-\frac{2\dot{R}}{R}\ddot{\psi}_1+\frac{2\dot{\theta}_1^2\dot{\psi}_1}{\cos^2\theta_1}+2\ddot{\theta}_1\dot{\psi}_1\tan\theta_1+2\dot{\theta}_1\ddot{\psi}_1\tan\theta_1+\\&\frac{\dot{a}_{\mathrm{Ml}z}}{R\cos\theta_1}-\frac{\dot{R}a_{\mathrm{Ml}z}}{R^2\cos\theta_1}+\frac{a_{\mathrm{Ml}z}\dot{\theta}_1\sin\theta_1}{R\cos^2\theta_1}-\frac{\dot{a}_{\mathrm{Tl}z}}{R\cos\theta_1}+\frac{\dot{R}a_{\mathrm{Tl}z}}{R^2\cos\theta_1}-\frac{a_{\mathrm{Tl}z}\dot{\theta}_1\sin\theta_1}{R\cos^2\theta_1}\end{aligned} \tag{6-104}$$

考虑自动驾驶仪一阶动态特性：

$$\dot{a}_{\mathrm{Ml}y}=-\frac{1}{\tau}a_{\mathrm{Ml}y}+\frac{1}{\tau}u_1 \tag{6-105}$$

$$\dot{a}_{\mathrm{Ml}z}=-\frac{1}{\tau}a_{\mathrm{Ml}z}+\frac{1}{\tau}u_2 \tag{6-106}$$

式中，τ 为自动驾驶仪时间常数，$a_{\mathrm{Ml}y}$、$a_{\mathrm{Ml}z}$ 分别为视线坐标系下导弹纵向和侧向加速度，u_1、u_2 分别为提供给自动驾驶仪的纵向和侧向加速度指令。

设 θ_{ld}、ψ_{ld} 分别为纵向和侧向平面内期望视线倾角和期望视线偏角，定义状态变量 $x_1=\theta_l-\theta_{ld}$，$x_2=\dot{x}_1=\dot{\theta}_l$，$x_3=\dot{x}_2=\ddot{\theta}_l$，$x_4=\psi_l-\psi_{ld}$，$x_5=\dot{x}_4=\dot{\psi}_l$，$x_6=\dot{x}_5=\ddot{\psi}_l$，同时认为末制导过程中 $\dot{R}\approx$ const，即 $\ddot{R}\approx 0$，将式(6-101)、式(6-102)、式(6-105)、式(6-106)代入式(6-103)、式(6-104)可得三维空间内考虑自动驾驶仪动态特性和攻击角约束的耦合制导模型为

$$\left.\begin{aligned}
&\dot{x}_1=x_2\\
&\dot{x}_2=x_3\\
&\dot{x}_3=-\frac{3\dot{R}}{R}x_3-\frac{\dot{R}}{2R}x_5^2\sin2\theta_l-x_2x_5^2\cos2\theta_l-x_5x_6\sin2\theta_l+\frac{a_{Mly}}{R\tau}-\frac{1}{R\tau}u_1+\frac{\dot{a}_{Tly}}{R}\\
&\dot{x}_4=x_5\\
&\dot{x}_5=x_6\\
&\dot{x}_6=-\frac{3\dot{R}}{R}x_6+3x_2x_6\tan\theta_l+2x_2^2x_5+2x_3x_5\tan\theta_l+\frac{4\dot{R}}{R}x_2x_5\tan\theta_l-\frac{a_{Mlz}}{R\tau\cos\theta_l}+\frac{u_2}{R\tau\cos\theta_l}-\frac{\dot{a}_{Tlz}}{R\cos\theta_l}
\end{aligned}\right\}\tag{6-107}$$

6.4.2 带攻击角度约束的三维自适应 STA 制导律设计

选取如下线性滑模面

$$s_1=k_1x_1+k_2x_2+x_3,\quad s_2=k_3x_4+k_4x_5+x_6\tag{6-108}$$

式中，s_1、s_2 分别表示纵向和侧向平面滑模面，k_1、k_2、k_3、k_4 分别为大于零的常数且满足 Hurwitz 稳定。

对式(6-108)求导可得

$$\begin{aligned}
\dot{s}_1=&k_1\dot{x}_1+k_2\dot{x}_2+\dot{x}_3=\\
&k_1x_2+k_2x_3-\frac{3\dot{R}}{R}x_3-\frac{\dot{R}}{2R}x_5^2\sin2\theta_1-x_2x_5^2\cos2\theta_1-x_5x_6\sin2\theta_1+\\
&\frac{a_{Mly}}{R\tau}-\frac{1}{R\tau}u_1+\frac{\dot{a}_{Tly}}{R}
\end{aligned}\tag{6-109}$$

$$\begin{aligned}
\dot{s}_2=&k_3\dot{x}_4+k_4\dot{x}_5+\dot{x}_6=\\
&k_3x_5+k_4x_6-\frac{3\dot{R}}{R}x_6+3x_2x_6\tan\theta_1+2x_2^2x_5+2x_3x_5\tan\theta_1+\frac{4\dot{R}}{R}x_2x_5\tan\theta_1-\\
&\frac{a_{Mlz}}{R\tau\cos\theta_1}+\frac{u_2}{R\tau\cos\theta_1}-\frac{\dot{a}_{Tlz}}{R\cos\theta_1}
\end{aligned}\tag{6-110}$$

考虑如下一阶系统：

$$\dot{s}=u+E\tag{6-111}$$

式中，$s\in\mathbf{R}$，$u\in\mathbf{R}$，$E\in\mathbf{R}$ 分别表示滑模变量，控制输入和不确定项。二阶滑模控制律可表示为

$$\left.\begin{aligned}
&u=-\lambda|s|^{(m-1)/m}\mathrm{sgn}(s)+\nu\\
&\dot{\nu}=-\alpha|s|^{(m-2)/m}\mathrm{sgn}(s)
\end{aligned}\right\}\tag{6-112}$$

式中，$\lambda>0$，$\alpha>0$，$m\geqslant 2$ 为正整数，当 $m=2$ 时，式(6-112)变为

$$\left.\begin{aligned}
&u=-\lambda|s|^{1/2}\mathrm{sgn}(s)+\nu\\
&\dot{\nu}=-\alpha\mathrm{sgn}(s)
\end{aligned}\right\}\tag{6-113}$$

式(6-113)就是二阶超螺旋(Super-Twisting)滑模控制算法，该算法的优点是当不确定性不

存在，即 $E=0$ 时，系统状态能够实现有限时间收敛，且符号函数隐藏在一个积分环节之后，能够有效抑制系统抖振[63]。而由式(6-109)和式(6-110)可知，系统滑模面中存在具有不确定上界的目标加速度一阶导数干扰项，因此，为了使系统在存在未知上界不确定性时，也能实现状态有限时间收敛，本节在式(6-113)的基础上，提出增加了补偿控制器的 STA，同时也设计了自适应参数控制器，避免了参数难以选择的问题。改进后的 STA 控制算法如下：

$$\left.\begin{aligned}&u=-\hat{\lambda}|s|^{1/2}\operatorname{sgn}(s)+\nu-\hat{\mu}\operatorname{sgn}(s)\\&\dot{\nu}=-\hat{\alpha}\operatorname{sgn}(s)\end{aligned}\right\}\tag{6-114}$$

式中，$-\hat{\mu}\operatorname{sgn}(s)$为补偿控制器，$\hat{\lambda}$，$\hat{\alpha}$ 分别为参数 λ 和 α 的估计值，$\hat{\mu}$ 为 μ 的估计值，其中 $\mu\geqslant|E|$。

自适应参数控制器设计如下：

$$\left.\begin{aligned}&\dot{\hat{\lambda}}=\chi_1[\omega_1(2\chi_1)^{-1/2}+a|s|^{1/2}+c\operatorname{sgn}(s)\nu]\\&\dot{\hat{\alpha}}=\chi_2[\omega_2(2\chi_2)^{-1/2}+c|s|^{1/2}+2b\operatorname{sgn}(s)\nu]\\&\dot{\hat{\mu}}=\chi_3[\omega_3(2\chi_3)^{-1/2}+2|c\nu||s|^{1/2}+2a]\end{aligned}\right\}\tag{6-115}$$

式中，$\chi_1,\chi_2,\chi_3,\omega_1,\omega_2,\omega_3,a,b,c$ 均为大于零的常数。

针对含有未知上界不确定性项的一阶系统式(6-111)，设计式(6-114)所示的二阶 STA 控制器和式(6-115)所示的自适应参数控制器，能够保证系统状态有限时间稳定。其有限时间稳定性分析与证明将在 6.4.3 节给出，这里先根据式(6-114)～式(6-115)，给出针对制导系统式(6-107)的二阶自适应 STA 有限时间收敛制导律。

1. 纵向平面 STA 制导律 u_1

结合式(6-109)和式(6-114)可得

$$\begin{aligned}&k_1x_2+k_2x_3-\frac{3\dot{R}}{R}x_3-\frac{\dot{R}}{2R}x_5^2\sin2\theta_1-x_2x_5^2\cos2\theta_1-x_5x_6\sin2\theta_1+\\&\frac{a_{\mathrm{Mly}}}{R\tau}-\frac{1}{R\tau}u_1=-\hat{\lambda}_1|s_1|^{1/2}\operatorname{sgn}(s_1)+\nu_1-\hat{\mu}_1\operatorname{sgn}(s_1)\end{aligned}\tag{6-116}$$

整理式(6-116)可得

$$\begin{aligned}u_1=(&k_1x_2+k_2x_3-\frac{3\dot{R}}{R}x_3-\frac{\dot{R}}{2R}x_5^2\sin2\theta_1-x_2x_5^2\cos2\theta_1-x_5x_6\sin2\theta_1+\\&\frac{a_{\mathrm{Mly}}}{R\tau}+\hat{\lambda}_1|s_1|^{1/2}\operatorname{sgn}(s_1)-\nu_1+\hat{\mu}_1\operatorname{sgn}(s_1))R\tau\end{aligned}\tag{6-117}$$

$$\dot{\nu}_1=-\hat{\alpha}_1\operatorname{sgn}(s_1)\tag{6-118}$$

纵向平面自适应律设计为

$$\left.\begin{aligned}&\dot{\hat{\lambda}}_1=\chi_1[\omega_1(2\chi_1)^{-1/2}+a|s_1|^{1/2}+c\operatorname{sgn}(s_1)\nu_1]\\&\dot{\hat{\alpha}}_1=\chi_2[\omega_2(2\chi_2)^{-1/2}+c|s_1|^{1/2}+2b\operatorname{sgn}(s_1)\nu_1]\\&\dot{\hat{\mu}}_1=\chi_3[\omega_3(2\chi_3)^{-1/2}+2|c\nu_1||s_1|^{1/2}+2a]\end{aligned}\right\}\tag{6-119}$$

2. 侧向平面 STA 制导律 u_2

结合式(6-110)和式(6-114)可得

$$\begin{aligned}&k_3x_5+k_4x_6-\frac{3\dot{R}}{R}x_6+3x_2x_6\tan\theta_1+2x_2^2x_5+2x_3x_5\tan\theta_1+\frac{4\dot{R}}{R}x_2x_5\tan\theta_1-\\&\frac{a_{\mathrm{Mlz}}}{R\tau\cos\theta_1}+\frac{1}{R\tau\cos\theta_1}u_2=-\hat{\lambda}_2|s_2|^{1/2}\operatorname{sgn}(s_2)+\nu_2-\hat{\mu}_2\operatorname{sgn}(s_2)\end{aligned}\tag{6-120}$$

整理式(6-120)可得

$$u_2=-\left(k_3x_5+k_4x_6-\frac{3\dot{R}}{R}x_6+3x_2x_6\tan\theta_1+2x_2^2x_5+2x_3x_5\tan\theta_1+\frac{4\dot{R}}{R}x_2x_5\tan\theta_1-\frac{a_{\mathrm{M1z}}}{R\tau\cos\theta_1}+\hat{\lambda}_2|s_2|^{1/2}\mathrm{sgn}(s_2)-\nu_2+\hat{\mu}_2\mathrm{sgn}(s_2)\right)R\tau\cos\theta_1 \tag{6-121}$$

$$\dot{\nu}_2=-\hat{\alpha}_2\mathrm{sgn}(s_2) \tag{6-122}$$

侧向平面参数自适应律与纵向平面相同,设计为

$$\left.\begin{aligned}\dot{\hat{\lambda}}_2&=\chi_1[\omega_1(2\chi_1)^{-1/2}+a|s_2|^{1/2}+c\mathrm{sgn}(s_2)\nu_2]\\\dot{\hat{\alpha}}_2&=\chi_2[\omega_2(2\chi_2)^{-1/2}+c|s_2|^{1/2}+2b\mathrm{sgn}(s_2)\nu_2]\\\dot{\hat{\mu}}_2&=\chi_3[\omega_3(2\chi_3)^{-1/2}+2|c\nu_2||s_2|^{-1/2}+2a]\end{aligned}\right\} \tag{6-123}$$

设计式(6-117)~式(6-119)所示的纵向平面自适应STA制导律和式(6-121)~式(6-123)所示的侧向平面自适应STA制导律能使制导系统状态有限时间收敛,即能使纵向平面和侧向平面内的视线角速率在有限时间内收敛到零,视线倾角和视线偏角在有限时间内收敛到期望值。

6.4.3 基于类二次型Lyapunov函数的有限时间收敛稳定性分析

为证明在二阶自适应STA控制律式(6-114)~式(6-115)的作用下式(6-116)所示的系统的有限时间稳定特性,定义 $\sigma_1=s,\sigma_2=\nu$,将式(6-114)代入式(6-111)可得

$$\left.\begin{aligned}\dot{\sigma}_1&=-\hat{\lambda}|\sigma_1|^{1/2}\mathrm{sgn}(\sigma_1)+\sigma_2-\hat{\mu}\mathrm{sgn}(\sigma_1)+E\\\dot{\sigma}_2&=-\hat{\alpha}\mathrm{sgn}(\sigma_1)\end{aligned}\right\} \tag{6-124}$$

自适应律式(6-115)改写为

$$\left.\begin{aligned}\dot{\hat{\lambda}}&=\chi_1[\omega_1(2\chi_1)^{-1/2}+a|\sigma_1|^{1/2}+c\mathrm{sgn}(\sigma_1)\sigma_2]\\\dot{\hat{\alpha}}&=\chi_2[\omega_2(2\chi_2)^{-1/2}+c|\sigma_1|^{1/2}+2b\mathrm{sgn}(\sigma_1)\sigma_2]\\\dot{\hat{\mu}}&=\chi_3[\omega_3(2\chi_3)^{-1/2}+2|c\sigma_2||\sigma_1|^{-1/2}+2a]\end{aligned}\right\} \tag{6-125}$$

假设 $\hat{\lambda},\hat{\alpha}$ 的上界分别为 λ,α,定义误差 $\tilde{\lambda}=\lambda-\hat{\lambda},\tilde{\alpha}=\alpha-\hat{\alpha}$,定义矩阵 $\hat{\boldsymbol{A}}=\begin{bmatrix}-\frac{\hat{\lambda}}{2}&\frac{1}{2}\\-\hat{\alpha}&0\end{bmatrix}$,$\boldsymbol{A}=\begin{bmatrix}-\frac{\lambda}{2}&\frac{1}{2}\\-\alpha&0\end{bmatrix}$,则误差 $\tilde{\boldsymbol{A}}=\boldsymbol{A}-\hat{\boldsymbol{A}}=\begin{bmatrix}-\frac{\tilde{\lambda}}{2}&0\\-\tilde{\alpha}&0\end{bmatrix}$。取向量 $\boldsymbol{\zeta}=[|\sigma_1|^{1/2}\mathrm{sgn}(\sigma_1)\quad\sigma_2]^{\mathrm{T}}$,$\boldsymbol{\zeta}^{\mathrm{T}}=[|\sigma_1|^{1/2}\mathrm{sgn}(\sigma_1)\quad\sigma_2]^{\mathrm{T}}$,$\boldsymbol{B}=[1\quad 0]^{\mathrm{T}}$,则

$$\dot{\boldsymbol{\zeta}}=\begin{bmatrix}\frac{1}{2}|\sigma_1|^{-1/2}[-\hat{\lambda}|\sigma_1|]^{1/2}\mathrm{sgn}(\sigma_1)+\sigma_2-\hat{\mu}\mathrm{sgn}(\sigma_1)+E\\-\hat{\alpha}\mathrm{sgn}(\sigma_1)\end{bmatrix}=|\sigma_1|^{-1/2}[\hat{\boldsymbol{A}}\boldsymbol{\zeta}+\boldsymbol{B}[E-\hat{\mu}\mathrm{sgn}(\sigma_1)]] \tag{6-126}$$

$$\dot{\boldsymbol{\zeta}}^{\mathrm{T}}=\left[\frac{1}{2}|\sigma_1|^{-1/2}[-\hat{\lambda}|\sigma_1|^{1/2}\mathrm{sgn}(\sigma_1)+\sigma_2-\hat{\mu}\mathrm{sgn}(\sigma_1)+E]-\hat{\alpha}\mathrm{sgn}(\sigma_1)\right]=|\sigma_1|^{-1/2}[\boldsymbol{\zeta}^{\mathrm{T}}\hat{\boldsymbol{A}}^{\mathrm{T}}+[E-\hat{\mu}\mathrm{sgn}(\sigma_1)]\boldsymbol{B}^{\mathrm{T}}] \tag{6-127}$$

当 $\boldsymbol{A}$ 为 Hurwitz 矩阵时，存在正定矩阵 $\boldsymbol{M}=\begin{bmatrix} a\lambda+2\alpha c & \alpha b-\dfrac{a}{2}+\dfrac{\lambda c}{2} \\ \alpha b-\dfrac{a}{2}+\dfrac{\lambda c}{2} & -c \end{bmatrix}$（可通过选择合理的参数使 $\boldsymbol{M}$ 为正定矩阵），总存在对称正定矩阵 $\boldsymbol{\Gamma}=\begin{bmatrix} a & c \\ c & b \end{bmatrix}$，使得 $\boldsymbol{A}^{\mathrm{T}}\boldsymbol{\Gamma}+\boldsymbol{\Gamma}\boldsymbol{A}=-\boldsymbol{M}$ 成立。

选择 Lyapunov 函数：

$$V_1(\zeta)=\boldsymbol{\zeta}^{\mathrm{T}}\boldsymbol{\Gamma}\boldsymbol{\zeta} \tag{6-128}$$

对式(6-128)求导可得

$$\begin{aligned}
\dot{V}_1(\boldsymbol{\zeta})=&\dot{\boldsymbol{\zeta}}^{\mathrm{T}}\boldsymbol{\Gamma}\boldsymbol{\zeta}+\boldsymbol{\zeta}^{\mathrm{T}}\boldsymbol{\Gamma}\dot{\boldsymbol{\zeta}}=\\
&|\sigma_1|^{-1/2}[\boldsymbol{\zeta}^{\mathrm{T}}\hat{\boldsymbol{A}}^{\mathrm{T}}+[E-\hat{\mu}\mathrm{sgn}(\sigma_1)]\boldsymbol{B}^{\mathrm{T}}]\boldsymbol{\Gamma}\boldsymbol{\zeta}+\boldsymbol{\zeta}^{\mathrm{T}}\boldsymbol{\Gamma}|\sigma_1|^{-1/2}[\hat{\boldsymbol{A}}\boldsymbol{\zeta}+\boldsymbol{B}[E-\hat{\mu}\mathrm{sgn}(\sigma_1)]]=\\
&|\sigma_1|^{-1/2}\{\boldsymbol{\zeta}^{\mathrm{T}}\boldsymbol{A}^{\mathrm{T}}\boldsymbol{\Gamma}\boldsymbol{\zeta}+\boldsymbol{\zeta}^{\mathrm{T}}\boldsymbol{\Gamma}\boldsymbol{A}^{\mathrm{T}}\boldsymbol{\zeta}\}+|\sigma_1|^{-1/2}\{[E-\hat{\mu}\mathrm{sgn}(\sigma_1)]\boldsymbol{B}^{\mathrm{T}}\boldsymbol{\Gamma}\boldsymbol{\zeta}+\boldsymbol{\zeta}^{\mathrm{T}}\boldsymbol{\Gamma}\boldsymbol{B}[E-\hat{\mu}\mathrm{sgn}(\sigma_1)]\}=\\
&|\sigma_1|^{-1/2}\{\boldsymbol{\zeta}^{\mathrm{T}}\boldsymbol{A}^{\mathrm{T}}\boldsymbol{\Gamma}\boldsymbol{\zeta}+\boldsymbol{\zeta}^{\mathrm{T}}\boldsymbol{\Gamma}\boldsymbol{A}\boldsymbol{\zeta}\}-|\sigma_1|^{-1/2}\{\boldsymbol{\zeta}^{\mathrm{T}}\tilde{\boldsymbol{A}}^{\mathrm{T}}\boldsymbol{\Gamma}\boldsymbol{\zeta}+\boldsymbol{\zeta}^{\mathrm{T}}\tilde{\boldsymbol{A}}\boldsymbol{\zeta}\}+\\
&|\sigma_1|^{-1/2}\{[E-\hat{\mu}\mathrm{sgn}(\sigma_1)]\boldsymbol{B}^{\mathrm{T}}\boldsymbol{\Gamma}\boldsymbol{\zeta}+\boldsymbol{\zeta}^{\mathrm{T}}\boldsymbol{\Gamma}\boldsymbol{B}[E-\hat{\mu}\mathrm{sgn}(\sigma_1)]\}
\end{aligned} \tag{6-129}$$

式中，

$$\begin{aligned}
&|\sigma_1|^{-1/2}\{\boldsymbol{\zeta}^{\mathrm{T}}\tilde{\boldsymbol{A}}^{\mathrm{T}}\boldsymbol{\Gamma}\boldsymbol{\zeta}+\boldsymbol{\zeta}^{\mathrm{T}}\boldsymbol{\Gamma}\tilde{\boldsymbol{A}}\boldsymbol{\zeta}\}=\\
&\quad|\sigma_1|^{-1/2}\boldsymbol{\zeta}^{\mathrm{T}}\{\tilde{\boldsymbol{A}}^{\mathrm{T}}\boldsymbol{\Gamma}+\boldsymbol{\Gamma}\tilde{\boldsymbol{A}}\}\boldsymbol{\zeta}=\\
&\quad|\sigma_1|^{-1/2}[|\sigma_1|^{1/2}\mathrm{sgn}(\sigma_1)\ \ \sigma_2]\left(\begin{bmatrix}-\dfrac{\tilde{\lambda}}{2} & -\tilde{\alpha}\\ 0 & 0\end{bmatrix}\begin{bmatrix}a & c\\ c & b\end{bmatrix}+\begin{bmatrix}a & c\\ c & b\end{bmatrix}\begin{bmatrix}-\dfrac{\tilde{\lambda}}{2} & 0\\ -\tilde{\alpha} & 0\end{bmatrix}\right)\begin{bmatrix}|\sigma_1|^{1/2}\mathrm{sgn}(\sigma_1)\\ \sigma_2\end{bmatrix}=\\
&\quad|\sigma_1|^{-1/2}[|\sigma_1|^{1/2}\mathrm{sgn}(\sigma_1)\ \ \sigma_2]\begin{bmatrix}-\tilde{\lambda}a-2\tilde{\alpha}c & -\dfrac{\tilde{\lambda}}{2}c-\tilde{\alpha}b\\ -\dfrac{\tilde{\lambda}}{2}c-\tilde{\alpha}b & 0\end{bmatrix}\begin{bmatrix}|\sigma_1|^{1/2}\mathrm{sgn}(\sigma_1)\\ \sigma_2\end{bmatrix}=\\
&\quad|\sigma_1|^{-1/2}\begin{bmatrix}-\tilde{\lambda}a|\sigma_1|^{1/2}\mathrm{sgn}(\sigma_1)-2\tilde{\alpha}c|\sigma_1|^{1/2}\mathrm{sgn}(\sigma_1)-\dfrac{\tilde{\lambda}}{2}c\sigma_2-\tilde{\alpha}b\sigma_2\\ -|\sigma_1|^{1/2}\mathrm{sgn}(\sigma_1)\left(\dfrac{\tilde{\lambda}}{2}c+\tilde{\alpha}b\right)\end{bmatrix}\begin{bmatrix}|\sigma_1|^{1/2}\mathrm{sgn}(\sigma_1)\\ \sigma_2\end{bmatrix}=\\
&\quad|\sigma_1|^{-1/2}[-\tilde{\lambda}a|\sigma_1|-2\tilde{\alpha}c|\sigma_1|-(\tilde{\lambda}c+2\tilde{\alpha}b)|\sigma_1|^{1/2}\mathrm{sgn}(\sigma_1)\sigma_2]=\\
&\quad-\tilde{\lambda}a|\sigma_1|^{1/2}-2\tilde{\alpha}c|\sigma_1|^{1/2}-(\tilde{\lambda}c+2\tilde{\alpha}b)\mathrm{sgn}(\sigma_1)\sigma_2=\\
&\quad-\tilde{\lambda}[a|\sigma_1|^{1/2}+c\mathrm{sgn}(\sigma_1)\sigma_2]-2\tilde{\alpha}[c|\sigma_1|^{1/2}+b\mathrm{sgn}(\sigma_1)\sigma_2]
\end{aligned} \tag{6-130}$$

$$\begin{aligned}
&|\sigma_1|^{-1/2}\{[E-\hat{\mu}\mathrm{sgn}(\sigma_1)]\boldsymbol{B}^{\mathrm{T}}\boldsymbol{\Gamma}\boldsymbol{\zeta}+\boldsymbol{\zeta}^{\mathrm{T}}\boldsymbol{\Gamma}\boldsymbol{B}[E-\hat{\mu}\mathrm{sgn}(\sigma_1)]\}=\\
&\quad|\sigma_1|^{-1/2}\left\{[E-\hat{\mu}\mathrm{sgn}(\sigma_1)][1\ \ 0]\begin{bmatrix}a & c\\ c & b\end{bmatrix}\begin{bmatrix}|\sigma_1|^{1/2}\mathrm{sgn}(\sigma_1)\\ \sigma_2\end{bmatrix}\right\}+\\
&\quad|\sigma_1|^{-1/2}\left\{[|\sigma_1|^{1/2}\mathrm{sgn}(\sigma_1)\ \ \sigma_2]\begin{bmatrix}a & c\\ c & b\end{bmatrix}\begin{bmatrix}1\\ 0\end{bmatrix}[E-\hat{\mu}\mathrm{sgn}(\sigma_1)]\right\}=\\
&\quad2|\sigma_1|^{-1/2}\{[E-\hat{\mu}\mathrm{sgn}(\sigma_1)]a|\sigma_1|^{1/2}\mathrm{sgn}(\sigma_1)+[E-\hat{\mu}\mathrm{sgn}(\sigma_1)c\sigma_2]\}=\\
&\quad2a[E-\hat{\mu}\mathrm{sgn}(\sigma_1)]+2c\sigma_2|\sigma_1|^{-1/2}[E-\hat{\mu}\mathrm{sgn}(\sigma_1)]\\
&\quad2a[E\mathrm{sgn}(\sigma_1)-\hat{\mu}]+2c|\sigma_2||\sigma_1|^{-1/2}\mathrm{sgn}(\sigma_1\sigma_2)[E\mathrm{sgn}(\sigma_1)-\hat{\mu}]\leqslant\\
&\quad2a\tilde{\mu}+2|c\sigma_2||\sigma_1|^{-1/2}\tilde{\mu}
\end{aligned} \tag{6-131}$$

取 Lyapunov 函数

$$V_2(\boldsymbol{\zeta})=V_1(\boldsymbol{\zeta})+\frac{1}{2\chi_1}\tilde{\lambda}^2+\frac{1}{2\chi_2}\tilde{\alpha}^2+\frac{1}{2\chi_3}\tilde{\mu}^2 \tag{6-132}$$

对式(6-132)求导得

$$\begin{aligned}
\dot{V}_2(\boldsymbol{\zeta})=&\dot{V}_1(\boldsymbol{\zeta})+\frac{1}{\chi_1}\tilde{\lambda}\dot{\tilde{\lambda}}+\frac{1}{\chi_2}\tilde{\alpha}\dot{\tilde{\alpha}}+\frac{1}{\chi_3}\tilde{\mu}\dot{\tilde{\mu}}=\\
&\dot{V}_1(\boldsymbol{\zeta})-\frac{1}{\chi_1}\tilde{\lambda}\dot{\hat{\lambda}}-\frac{1}{\chi_2}\tilde{\alpha}\dot{\hat{\alpha}}-\frac{1}{\chi_3}\tilde{\mu}\dot{\hat{\mu}}\leqslant\\
&|\sigma_1|^{-1/2}\{\boldsymbol{\zeta}^{\mathrm{T}}\boldsymbol{A}^{\mathrm{T}}\boldsymbol{\Gamma}\boldsymbol{\zeta}+\boldsymbol{\zeta}^{\mathrm{T}}\boldsymbol{\Gamma}\boldsymbol{A}\boldsymbol{\zeta}\}+\tilde{\lambda}[a|\sigma_1|^{1/2}+c\mathrm{sgn}(\sigma_1)\sigma_2]+\\
&2\tilde{\alpha}[c|\sigma_1|^{1/2}+b\mathrm{sgn}(\sigma_1)\sigma_2]+2a\tilde{\mu}+2|c\sigma_2||\sigma_1|^{-1/2}\tilde{\mu}-\frac{1}{\chi_1}\tilde{\lambda}\dot{\hat{\lambda}}-\frac{1}{\chi_2}\tilde{\alpha}\dot{\hat{\alpha}}-\frac{1}{\chi_3}\tilde{\mu}\dot{\hat{\mu}}=\\
&-RV_2^{1/2}(\boldsymbol{\zeta})-\omega_1(2\chi_1)^{-1/2}|\tilde{\lambda}|-\omega_2(2\chi_2)^{-1/2}|\tilde{\alpha}|-\omega_3(2\chi_3)^{-1/2}|\tilde{\mu}|+\omega_1(2\chi_1)^{-1/2}|\tilde{\lambda}|+\\
&\omega_2(2\chi_2)^{-1/2}|\tilde{\alpha}|+\omega_3(2\chi_3)^{-1/2}|\tilde{\mu}|+\tilde{\lambda}[a|\sigma_1|^{1/2}+c\mathrm{sgn}(\sigma_1)\sigma_2]+2\tilde{\alpha}[c|\sigma_1|^{1/2}+b\mathrm{sgn}(\sigma_1)\sigma_2]+\\
&2a\tilde{\mu}+2|c\sigma_2||\sigma_1|^{-1/2}\tilde{\mu}-\frac{1}{\chi_1}\tilde{\lambda}\dot{\hat{\lambda}}-\frac{1}{\chi_2}\tilde{\alpha}\dot{\hat{\alpha}}-\frac{1}{\chi_3}\tilde{\mu}\dot{\hat{\mu}}=\\
&-RV_1^{1/2}(\boldsymbol{\zeta})-\omega_1(2\chi_1)^{-1/2}|\tilde{\lambda}|-\omega_2(2\chi_2)^{-1/2}|\tilde{\alpha}|-\omega_3(2\chi_3)^{-1/2}|\tilde{\mu}|+\omega_1(2\chi_1)^{-1/2}|\tilde{\lambda}|+\\
&\omega_2(2\chi_2)^{-1/2}|\tilde{\alpha}|+\omega_3(2\chi_3)^{-1/2}|\tilde{\mu}|+|\tilde{\lambda}|[a|\sigma_1|^{1/2}+c\mathrm{sgn}(\sigma_1)\sigma_2]\\
&+2|\tilde{\alpha}|[c|\sigma_1|^{1/2}+b\mathrm{sgn}(\sigma_1)\sigma_2]+\\
&2a|\tilde{\mu}|+2|c\sigma_2||\sigma_1|^{-1/2}|\tilde{\mu}|-\frac{1}{\chi_1}\tilde{\lambda}\dot{\hat{\lambda}}-\frac{1}{\chi_2}\tilde{\alpha}\dot{\hat{\alpha}}-\frac{1}{\chi_3}\tilde{\mu}\dot{\hat{\mu}}=\\
&-RV_1^{1/2}(\boldsymbol{\zeta})-\omega_1(2\chi_1)^{-1/2}|\tilde{\lambda}|-\omega_2(2\chi_2)^{-1/2}|\tilde{\alpha}|-\omega_3(2\chi_3)^{-1/2}|\tilde{\mu}|+\\
&|\tilde{\lambda}|\left[\omega_1(2\chi_1)^{-1/2}+a|\sigma_1|^{1/2}+c\mathrm{sgn}(\sigma_1)\sigma_2-\frac{1}{\chi_1}\dot{\hat{\lambda}}\right]+\\
&|\tilde{\alpha}|\left[\omega_2(2\chi_2)^{-1/2}+c|\sigma_1|^{1/2}+2b\mathrm{sgn}(\sigma_1)\sigma_2-\frac{1}{\chi_2}\dot{\hat{\alpha}}\right]+\\
&|\tilde{\mu}|[\omega_3(2\chi_3)^{-1/2}+2|c\sigma_2||\sigma_1|^{-1/2}+2a-\frac{\dot{\hat{\mu}}}{\chi_3}]
\end{aligned} \tag{6-133}$$

令

$$\omega_1(2\chi_1)^{-1/2}+a|\sigma_1|^{1/2}+c\mathrm{sgn}(\sigma_1)\sigma_2-\frac{1}{\chi_1}\dot{\hat{\lambda}}=0 \tag{6-134}$$

$$\omega_2(2\chi_2)^{-1/2}+c|\sigma_1|^{1/2}+2b\mathrm{sgn}(\sigma_1)\sigma_2-\frac{1}{\chi_2}\dot{\hat{\alpha}}=0 \tag{6-135}$$

$$\omega_3(2\chi_3)^{-1/2}+2|c\sigma_2||\sigma_1|^{-1/2}+2a-\frac{1}{\chi_3}\dot{\hat{\mu}}=0 \tag{6-136}$$

从而有

$$\dot{V}_2(\zeta)\leqslant-RV_1^{1/2}(\zeta)-\omega_1(2\chi_1)^{-1/2}|\tilde{\lambda}|-\omega_2(2\chi_2)^{-1/2}|\tilde{\alpha}|-\omega_3(2\chi_3)^{-1/2}|\tilde{\mu}| \tag{6-137}$$

整理式(6-134)～式(6-136),便可得到自适应律为

$$\left.\begin{aligned}
\dot{\hat{\lambda}}&=\chi_1[\omega_1(2\chi_1)^{-1/2}+a|s|^{1/2}+c\mathrm{sgn}(s)\nu]\\
\dot{\hat{\alpha}}&=\chi_2[\omega_2(2\chi_2)^{-1/2}+c|s|^{1/2}+2b\mathrm{sgn}(s)\nu]\\
\dot{\hat{\mu}}&=\chi_3[\omega_3(2\chi_3)^{-1/2}+2|c\nu||s|^{1/2}+2a]
\end{aligned}\right\} \tag{6-138}$$

式(6－138)也即式(6－115)。结合引理6－1可知，在改进二阶STA控制律式(6－114)和自适应律式(6－115)的作用下，系统是有限时间稳定的。因此，由二阶STA控制律式(6－114)和自适应律式(6－115)得到的三维角度约束制导律式(6－117)～式(6－119)和式(6－121)～式(6－123)能够保证制导系统状态有限时间稳定，即能够使导弹纵向平面和侧向平面内的视线角速率在有限时间内收敛到零，视线倾角和视线偏角在有限时间内收敛到期望值。

6.4.4　数值仿真验证

导弹速度取 V_M＝1 000 m/s，初始弹道倾角为60°，初始弹道偏角为－20°，初始位置坐标为(0,0,0)；目标速度取 V_T＝700 m/s，初始弹道倾角为0°，初始弹道偏角为20°，初始位置坐标为(2 000,10 000,5 000)；制导律参数取 $k_1=2,k_2=4,k_3=2,k_4=4$；自适应律参数取 $\omega_1=\omega_2=\omega_3=1,\chi_1=\chi_2=\chi_3=1,a=c=0.01,b=500$；期望视线倾角 θ_{ld} 为70°，期望视线偏角 ψ_{ld} 为－60°，自动驾驶仪时间常数取 $\tau=0.5$ s，仿真步长取0.001 s，拦截弹过载限制为±30g。仿真结果如图6－37～图6－48所示。

1) case1. 目标在纵向和侧向平面分别做 $a_{Tly}=2g,a_{Tlz}=2g$ 的圆弧机动。

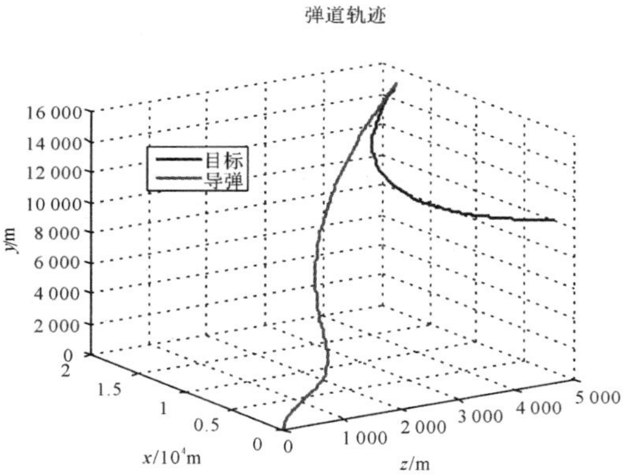

图6－37　弹道轨迹曲线

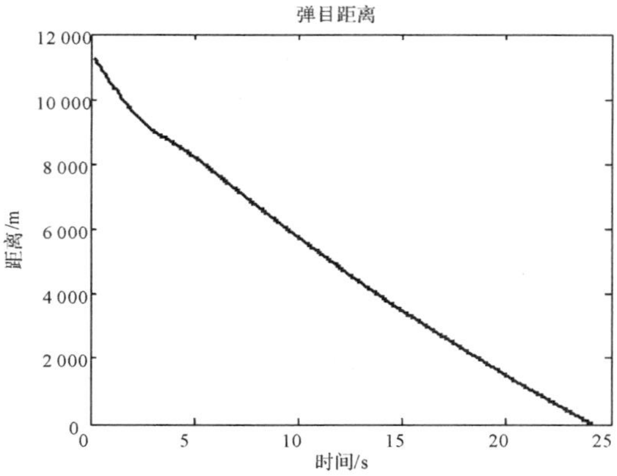

图6－38　弹目距离曲线

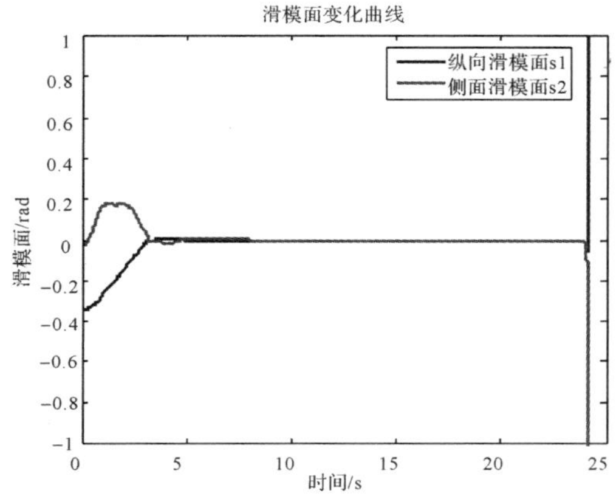

图6－39　滑模面变化曲线

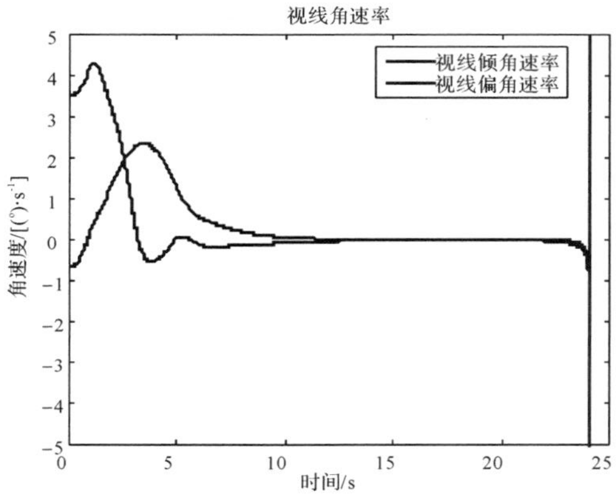

图6－40　视线角速率曲线

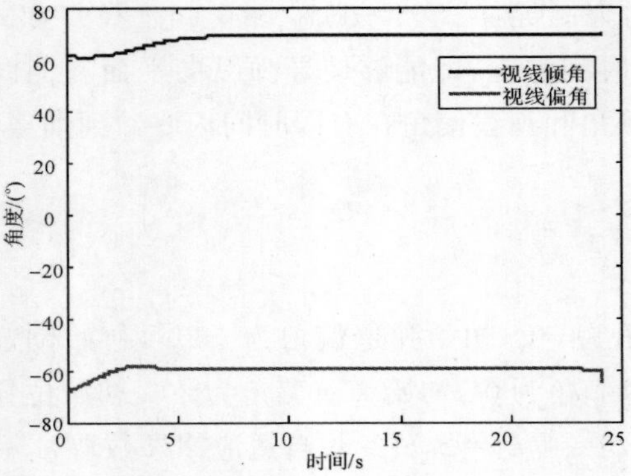

图 6-41　视线角曲线

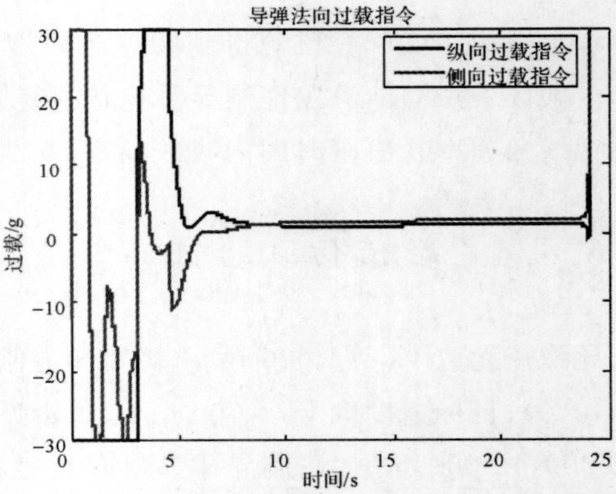

图 6-42　导弹过载曲线

图 6-37 给出了在三维空间中拦截圆弧机动目标的弹目相对运动轨迹，图 6-38 为弹目相对距离变化曲线，可见制导拦截时间为 24.127 s，脱靶量为 0.016 m，说明本节所设计的考虑自动驾驶仪动态延迟特性的三维耦合自适应 STA 制导律能够满足精确制导的需求。图 6-39 表示纵向平面和侧向平面的滑模面变化曲线，可以看出在自适应 STA 制导律的作用下滑模面可以实现光滑无抖振有限时间收敛。图 6-40 给出了导弹在纵向平面和侧向平面内的视线角速率变化曲线，可以看出无论是视线倾角速率还是视线偏角速率，曲线都能光滑、快速地收敛到零，这为导弹能够精确拦截到目标提供了必要条件。图 6-41 给出了纵向平面和侧向平面内的视线角变化曲线，可以看出无论是视线倾角还是视线偏角都在有限时间内收敛到期望值。图 6-42 给出了导弹纵向平面和侧向平面的过载曲线，尽管在制导初始阶段过载饱和，变化较大，但随着滑模面的收敛，两个平面内的过载曲线都快速跟踪上了各自平面内的目标机动，反映了自适应 STA 制导律在拦截机动目标时的有效性。

2）Case2. 目标在纵向和侧向平面分别做 $a_{Tly}=5g\sin(\pi t/4)$，$a_{Tlz}=5g\cos(\pi t/4)$ 的螺旋机动。

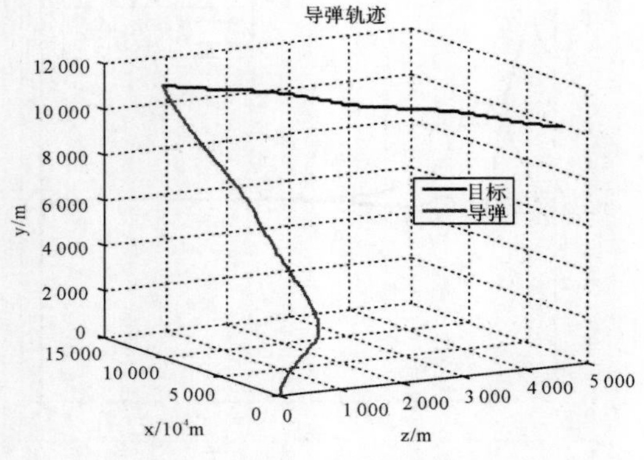

图 6-43　弹道轨迹曲线

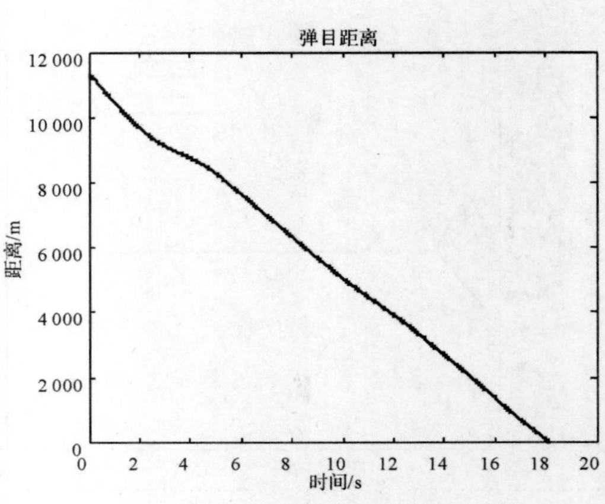

图 6-44　弹目距离曲线

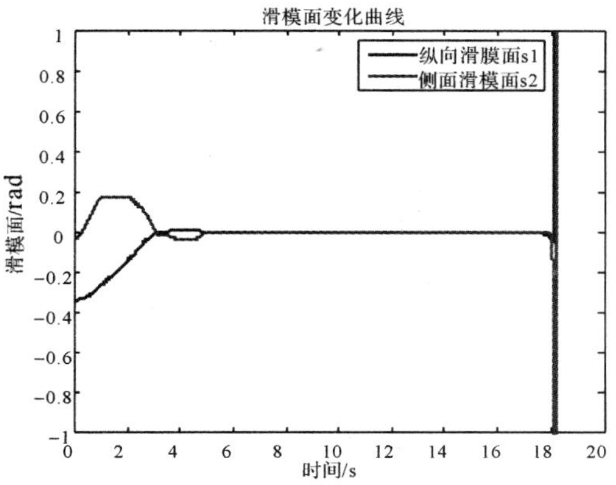

图 6-45　滑模面变化曲线

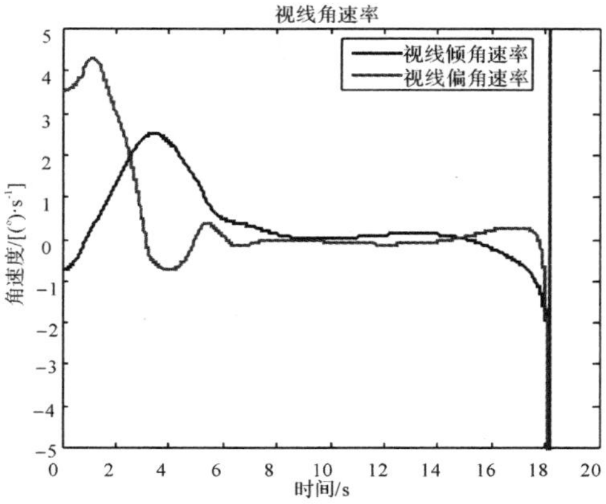

图 6-46　视线角速率曲线

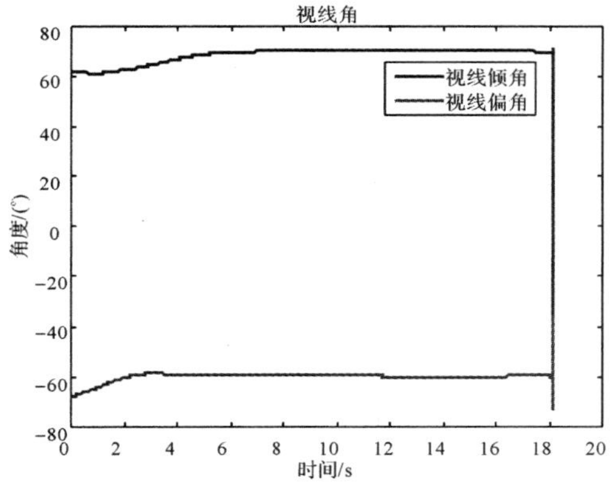

图 6-47　视线角曲线

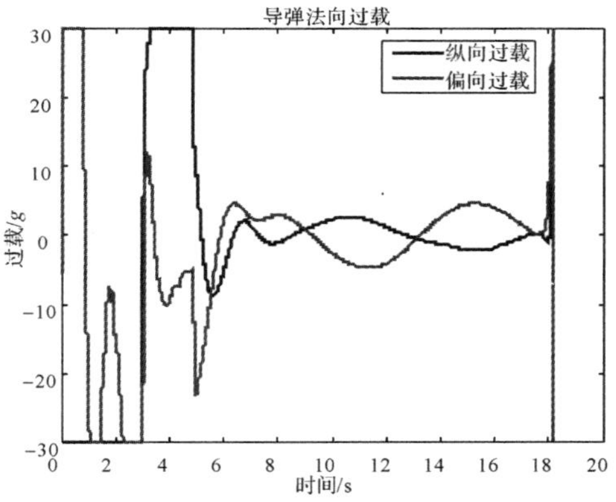

图 6-48　导弹过载曲线

图 6-43～图 6-48 给出了三维空间中拦截螺旋机动目标的仿真曲线，拦截时间为 18.163 s，脱靶量为 0.150 m，不难看出，在自适应 STA 制导律的作用下，即使拦截螺旋机动目标，导弹也能克服自动驾驶仪动态延迟的影响，保证视线角速率收敛，同时也能使视线角收敛到期望值，纵向平面和侧向平面的过载曲线也能快速跟踪上各自平面内的目标机动，体现了制导律良好的制导稳定性。

6.5　本章小结

本章结合线性滑模面和快速终端滑模控制理论设计了一种考虑自动驾驶仪动态特性的全局快速有限时间收敛攻击角度约束制导律。为了滤除视线角速率噪声，设计了一种跟踪微分滤波器，建立了包含滤波的导引方程；针对目标机动带来的不确定性扰动，设计了非齐次干扰观测器对其进行精确估计，并在制导律中加以补偿，仿真结果表明所设计的跟踪微分滤波器具有良好的滤波特性，能够有效克服视线角速率噪声对制导精度的不利影响；采用非齐次干扰观测器能够在有限时间内对目标机动扰动快速跟踪估计;所设计的全局快速滑模有限时间收敛制导律能够克服导弹动态延迟的影响,满足攻击角度和制导精度的双重要求,且制导律形式简单,易于工程实践。针对机动目标拦截攻击角度约束制导问题,本章基于高阶滑模控制理论,分别设计了二维和三维鲁棒高阶有限时间收敛制导律。首先在二维平面内设计制导律,提出一种能够缩短暂态过程的有限时间稳定状态反馈控制律,确保当系统状态远离平衡点时,也能实现系统状态快速收敛。为了确保控制增益不会被过高估计,提出一种切换增益有界的自适应控制律,在实现视线角速率快速收敛,满足高精度制导要求的同时,也满足了攻击角度约束。其次,考虑三维空间内的耦合制导模型,提出了一种改进的二阶超螺旋(STA)三维滑模制导律,并基于类二次型 Lyapunov 函数推导了参数自适应律,给出了有限时间稳定性证明。最后通过仿真验证了制导律的有效性。

参考文献

[1] 曲萍萍,周荻.考虑导弹自动驾驶仪二阶动态特性的导引律[J].系统工程与电子技术,2011,33(10):2263-2267.

[2] 张尧,郭杰,唐胜景,等.机动目标拦截含攻击角约束的新型滑模制导律[J].兵工学报,2015,36(8):1143-1157.

[3] ZHANG Z,LI S,LUO S. Terminal guidance laws of missile based on ISMC and NDOB with impact angle constraint[J]. Aerospace Science and Technology,2013,31(1):30-41.

[4] ZHANG Z X, LI S H, LUO S. Composite Guidance Laws Based on Sliding Mode Control with Impact Angle Constraint and Autopilot Lag[J]. Transactions of the Institute of Measurement and Control, 2013,35(6):764-776.

[5] XIONG S, WANG W, LIU X, et al. Guidance law against maneuvering targets with intercept angle constraint[J]. ISA Transactions,2014,53(4):1332-1342.

[6] 李鹏.传统和高阶滑模控制及其应用[D].长沙:国防科技大学,2011.

[7] LEVANT A. Non-Homogeneous Finite-Time-Convergent Differentiator[C]//Preceedings of Decision and Control, 2009 held jointly with the 2009 28th Chinese Control Conference. CDC/CCC 2009. Proceedings of the 48th IEEE Conference on. IEEE,2009:8399-8404.

[8] 孙胜,张华明,周荻.考虑自动驾驶仪动态特性的终端角度约束滑模制导律[J].宇航学报,2013,34(1):69-78.

[9] 刘全琨.滑模变结构控制 MATLAB 仿真基本理论与设计方法[M].北京:清华大学出版社,2015.

[10] 高计委.有限时间稳定方法及其在飞行器姿态控制与制导中的应用研究[D].西安:西安交通大学,2016.

[11] BHAT S P, BERSTEIN D S. Geometric Homogeneity with Applications to Finite Time Stability[J]. Mathematics Control Signals Systems,2005,17(2):101-127.

[12] HUANG Y J, KUO T C, CHANG S H. Adaptive sliding-mode control for nonlinear

systems with uncertain parameters[J]. IEEE Transactions on Systems, Man, and Cybernetics-Part B:Cybernetics,2008,38(2):534－539.

[13] SONG J H, SONG S M. Three-dimensional guidance law based on adaptive integral sliding mode control[J]. Chinese Journal of Aeronautics, 2016, 29(1):202－214.

第七章 攻击时间/角度约束的多弹协同制导律

7.1 引　　言

现代复杂空战任务对作战方式和理念提出了更高的要求，即希望通过多枚导弹之间的不同分工合作，完成共同的攻击或防御任务，这种协同作战模式不仅能提高打击目标的精度，同时也能扩大导弹自身的防御面积。协同作战模式对制导领域研究的挑战是协同制导律的设计，而在协同制导律的设计中，空间和时间上的协同主要体现在弹道攻击时间和末端攻击角度两个典型制导约束条件的满足。前两章研究了带攻击角度约束的制导律设计问题，在攻击时间约束制导律的设计问题上，目前的研究可大致分为两类：一类是不需要估计剩余时间的ITCG，主要是基于跟踪的思想来实现，但被跟踪的理想曲线通常不易获得；一类是需要估计剩余时间的ITCG，但剩余时间的获取往往是通过基于小前置角假设的线性化导引方程来估算[1-2]，以致制导律对大前置角拦截并不适用，一旦中制导未能将导弹成功引入末制导所需的初始弹目几何关系，制导律将会失效，攻击时间约束无法满足。另外应该指出，上述文献的研究都需要人为地指定攻击时间，并不是导弹之间的自主协同。

针对以上问题，本章首先研究一种可用于大前置角拦截的ITCG，使其可以打击非机动运动目标。制导律的推导利用非线性导引方程，采取基于预测命中点(PIP)的剩余时间估计方法，结合等效滑模控制理论得到，通过选择合适的滑模面和控制律，使其满足大初始前置角下的拦截要求，大大放宽了对末制导初始弹目几何关系的约束条件。其次，基于多智能体一致性控制理论，设计了一种带攻击角度约束的分布式多弹协同制导律，无论是针对固定拓扑还是切换拓扑，导弹都能实现对目标的协同拦截任务，从而实现了真正意义上的闭环协同。

7.2 带攻击时间约束的多弹协同制导律

7.2.1 攻击时间约束制导问题描述

采用6.2.1节所示的平面弹目相对运动模型进行研究，如图7-1所示。

弹目相对运动方程描述如下：

$$\dot{R}=V_{\mathrm{T}}\cos\eta_{\mathrm{T}}-V_{\mathrm{M}}\cos\eta_{\mathrm{M}} \tag{7-1}$$

$$R\dot{q}=V_{\mathrm{T}}\sin\eta_{\mathrm{T}}-V_{\mathrm{M}}\sin\eta_{\mathrm{M}} \tag{7-2}$$

$$\dot{\theta}_M = a_M / V_M \tag{7-3}$$

$$\dot{\theta}_T = a_T / V_T \tag{7-4}$$

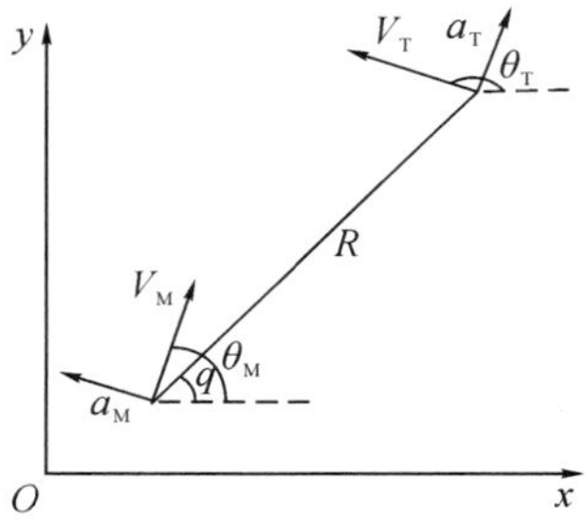

图 7-1 弹目相对运动关系

对式(7-2)求导可得

$$\dot{R}\dot{q} + R\ddot{q} = \dot{V}_T \sin\eta_T + V_T(\dot{\theta}_T - \dot{q})\cos\eta_T - \dot{V}_M \sin\eta_M - V_M(\dot{\theta}_M - \dot{q})\cos\eta_M \tag{7-5}$$

整理可得

$$\ddot{q} = -\frac{2\dot{R}}{R}\dot{q} + \frac{a_T\cos\eta_T - a_M\cos\eta_M}{R} + \frac{\dot{V}_T\sin\eta_T - \dot{V}_M\sin\eta_M}{R} \tag{7-6}$$

在导弹飞行过程当中,不考虑其他气动力特性,认为导弹和目标均作常速运动,即 $\dot{V}_T = 0$,$\dot{V}_M = 0$。对于非机动运动目标,另有 $a_T = 0$,则式(7-6)可以改写为

$$\ddot{q} = -\frac{2\dot{R}}{R}\dot{q} - \frac{a_M\cos\eta_M}{R} \tag{7-7}$$

如果把攻击时间 t 定义为导弹发射时刻到弹目遭遇所用的总时间,则有

$$t = t_e + t_{go} \tag{7-8}$$

式中,t_e 表示导弹制导时刻起已经飞行的时间,t_{go}表示剩余飞行时间,其准确值难以获取,只能通过近似估计来获取。

综上所述,带攻击时间约束的制导问题可以描述为设计一种合适的法向加速度指令 a_M,使导弹的攻击时间 t 与指定的期望攻击时间 T_d 一致。又因弹目视线角速率收敛于零是导弹命中目标的必要条件,所以在进行带攻击时间约束的制导律设计时应对 t 和 $\dot{q}$ 综合考虑。

7.2.2 滑模面选择与分析

定义攻击时间误差为

$$e = t - T_d = t_e + t_{go} - T_d = t_{go} - t_{go}^d \tag{7-9}$$

式中,t_{go}^d为期望剩余飞行时间。考虑到制导律设计时要同时满足最小的脱靶量和最小的攻击时间误差要求,因此这里采用滑模控制的方法进行设计,滑模面的选择如下

$$s = \dot{q} + ce\,\mathrm{sgn}(\dot{q}) = \dot{q} + c(t_e + t_{go} - T_d)\,\mathrm{sgn}(\dot{q}) \tag{7-10}$$

式中,$c = \mathrm{const} > 0$ 为调节参数。选择上述滑模面的意义在于:当 $\dot{q} = 0$ 时,导弹能以准平行接近状态高精度击中目标;当 $e = 0$ 时,导弹能以指定的攻击时间实现弹目交会。而且一旦导弹进入滑模运动状态,则有

$$\dot{q} + ce\,\mathrm{sgn}(\dot{q}) = 0 \tag{7-11}$$

即

$$\dot{q}=-ce\text{sgn}(\dot{q}) \tag{7-12}$$

如果在滑模运动的初始阶段,有:

(1) $e=0$

$e=0$,则必有 $\dot{q}=0$ 成立,如果接近速度 $V_c=-\dot{R}>0$,导弹就能以指定的攻击时间和较小的脱靶量命中目标,此时制导律只需要对攻击时间进行控制即可,即完成时间控制的同时也保证了制导精度。

(2)$e\neq 0$

此时需要对 $\dot{q}$ 是否为零进行讨论。

1)$\dot{q}=0$,按照符号函数的基本定义,此时式(7-12)恒成立,如果接近速度为正,则导弹能以较高的精度击中目标,但攻击时间的控制无法实现($e\neq 0$)。而为了实现控制攻击时间,应打破 $\dot{q}=0$ 时 $\dot{q}=-ce\text{sgn}(\dot{q})$的恒成立问题,即设法让 $\dot{q}=0$ 时,$\text{sgn}(\dot{q})$不再取 0,因此可以对符号函数作如下新的定义:

$$\text{sgn}(\dot{q})=\begin{cases}1 & \dot{q}>0\\ \pm 1 & \dot{q}=0\\ -1 & \dot{q}<0\end{cases} \tag{7-13}$$

根据重新定义的符号函数式(7-13),再结合式(7-12)可知当 $\dot{q}=0$ 时,$\dot{q}=\pm ce$,又因为 $\dot{q}=0$,故此时必有 $e=0$ 成立,即导弹能从 $e\neq 0$ 的初始状态调整至按指定时间完成攻击任务的 $e=0$ 的状态,此时制导律在保证制导精度的同时也完成了对攻击时间的控制。

2)$\dot{q}\neq 0$,此时需要对 e 的正负情况进行讨论[$e=0$ 的情况已在(1)中讨论完毕]。

a. 如果 $e>0$,由式(7-12)可知,当 $\dot{q}>0$ 时,$\dot{q}=-ce<0$,这与 $\dot{q}>0$ 的前提相矛盾;当 $\dot{q}<0$ 时,$\dot{q}=ce>0$,这与 $\dot{q}<0$ 的前提也矛盾,因此 $e>0$ 时,式(7-12)恒不成立,即无论制导律如何设计,都无法保证滑模面可达,亦无法实现攻击时间控制。

b. 如果 $e<0$,此时无论 $\dot{q}>0$ 或 $\dot{q}<0$ 易知式(7-12)都成立,即滑模面可达,此时制导律对视线角速率和攻击时间同时控制。

综上所述,选择式(7-10)所示的滑模面能够完成任意 $e\leqslant 0$,即估计攻击时间小于指定攻击时间情况下的导引控制,这也是下文 t_{go} 近似算法的选择依据。

7.2.3 大前置角拦截攻击时间约束制导律设计

剩余时间 t_{go} 的经典计算方法是 R/V_c,但这种计算方法只适用于导弹前置角较小的情形,对大前置角拦截并不适用。文献[3]给出了一种基于预测 PIP 的逆轨拦截剩余时间估计方法,无论打击固定目标还是非机动运动目标,都能获得良好的估计精度。其计算方法如下:

$$t_{go}=\frac{R}{V_M(1+k)}\left[1+\frac{(\eta_M-kq)^2}{2(2N-1)}\right] \tag{7-14}$$

式中,$k=V_T/V_M$ 为目标与导弹的速度比,N 是导航比。

由式(7-14)可以看出,当拦截固定目标($k=0$)且导弹前置角 η_M 为零或很小时,$t_{go}=R/V_M=R/V_c$,与经典法相同;当导弹前置角不为零时,则通过修正项 $1+(\eta_M-kq)^2/(4N-2)$来修正估计误差,η_M 越大,t_{go} 越长,且式(7-14)所示的 t_{go} 计算方法依赖于 V_M 且与 V_c 无关,因

此即使 $V_c<0$，即在前置角很大的情况下，也能取得较好的估计精度。同时由文献[3]可知，逆轨拦截模式下 t_{go} 的估计值要小于实际值，符合 7.2.2 节的结论。因此，本节将利用式(7-14)给出的 t_{go} 计算方法设计大前置角拦截攻击时间控制制导律，以保证滑模面 $s=0$ 可达。

另外，采用式(7-14)所示的剩余时间估计算法能够保证时间控制和制导精度同时满足，这是因为一旦所设计的制导律使系统到达滑模面 $s=0$，则有 $e=t_{go}-t_{go}^{d}=0$ 成立，即 $t_{go}=t_{go}^{d}=T_d-t_e$，当时间控制满足要求时，有 $t_e=T_d$，即 $t_{go}=0$ 成立，结合式(7-14)可知此时必有 $R=0$ 成立；同理，$R=0$ 也必有 $t_e=T_d$ 成立。

等效滑模控制算法的一般形式为：

$$a_M=a_M^{eq}+a_M^{disc} \tag{7-15}$$

式中，a_M^{eq} 表示等效控制指令，保证系统状态到达滑模面；a_M^{disc} 表示不连续补偿控制指令，用来保证系统状态不离开滑模面。

观察式(7-10)可知，滑模面 s 包含符号函数 $\mathrm{sgn}(\dot{q})$，而符号函数在原点处不可导，因此在求解制导指令时，应对 s 在原点以外求导，得

$$\dot{s}=\ddot{q}+c(1+\dot{t}_{go})\mathrm{sgn}(\dot{q}) \tag{7-16}$$

对式(7-14)求导，结合式(7-3)可得

$$\dot{t}_{go}=\frac{\dot{R}}{V_M(1+k)}\left[1+\frac{(\eta_M-kq)^2}{2(2N-1)}\right]-\frac{R\dot{q}(\eta_M-kq)}{V_M(2N-1)}+\frac{R(\eta_M-kq)a_M}{V_M^2(2N-1)(1+k)} \tag{7-17}$$

将式(7-7)和式(7-17)代入式(7-16)，得

$$\dot{s}=-\frac{2\dot{R}}{R}\dot{q}+c\,\mathrm{sgn}(\dot{q})\left\{1-\frac{R\dot{q}(\eta_M-kq)}{V_M(2N-1)}+\frac{\dot{R}}{V_M(1+k)}\left[1+\frac{(\eta_M-kq)^2}{2(2N-1)}\right]\right\}-\left[\frac{\cos\eta_M}{R}-\frac{cR(\eta_M-kq)\mathrm{sgn}(\dot{q})}{V_M^2(2N-1)(1+k)}\right]a_M \tag{7-18}$$

令 $\dot{s}=0$，解得等效控制律

$$a_M^{eq}=\frac{-\frac{2\dot{R}}{R}\dot{q}+c\,\mathrm{sgn}(\dot{q})\left\{1-\frac{R\dot{q}(\eta_M-kq)}{V_M(2N-1)}+\frac{\dot{R}}{V_M(1+k)}\left[1+\frac{(\eta_M-kq)^2}{2(2N-1)}\right]\right\}}{\frac{\cos\eta_M}{R}-\frac{cR(\eta_M-kq)\mathrm{sgn}(\dot{q})}{V_M^2(2N-1)(1+k)}} \tag{7-19}$$

a_M^{disc} 一般采取如下形式为：

$$a_M^{disc}=l\,\mathrm{sgn}(s) \tag{7-20}$$

式中，l 表示不连续控制器的增益。此时制导指令的计算式如下：

$$a_M=a_M^{eq}+a_M^{disc}=\frac{-\frac{2\dot{R}}{R}\dot{q}+c\,\mathrm{sgn}(\dot{q})\left\{1-\frac{R\dot{q}(\eta_M-kq)}{V_M(2N-1)}+\frac{\dot{R}}{V_M(1+k)}\left[1+\frac{(\eta_M-kq)^2}{2(2N-1)}\right]\right\}}{\frac{\cos\eta_M}{R}-\frac{cR(\eta_M-kq)\mathrm{sgn}(\dot{q})}{V_M^2(2N-1)(1+k)}}+l\,\mathrm{sgn}(s) \tag{7-21}$$

为了得到不连续控制器的增益 l，定义如下 Lyapunov 函数：

$$V=\frac{1}{2}s^2 \tag{7-22}$$

对式(7-22)求导并将式(7-18)和式(7-21)代入可得

$$\dot{V}=-ls\left[\frac{\cos\eta_{\mathrm{M}}}{R}-\frac{cR(\eta_{\mathrm{M}}-kq)\operatorname{sgn}(\dot{q})}{V_{\mathrm{M}}^{2}(2N-1)(1+k)}\right]\operatorname{sgn}(s) \tag{7-23}$$

取

$$l=\frac{m}{\operatorname{sgn}\left[\frac{\cos\eta_{\mathrm{M}}}{R}-\frac{cR(\eta_{\mathrm{M}}-kq)\operatorname{sgn}(\dot{q})}{V_{\mathrm{M}}^{2}(2N-1)(1+k)}\right]} \tag{7-24}$$

式中，$m=\mathrm{const}>0$。

将式(7-24)代入式(7-23)，得

$$\dot{V}=-m|s|\left|\frac{\cos\eta_{\mathrm{M}}}{R}-\frac{cR(\eta_{\mathrm{M}}-kq)\operatorname{sgn}(\dot{q})}{V_{\mathrm{M}}^{2}(2N-1)(1+k)}\right| \tag{7-25}$$

注意到在式(7-25)中，如果下式成立

$$\frac{\cos\eta_{\mathrm{M}}}{R}-\frac{cR(\eta_{\mathrm{M}}-kq)\operatorname{sgn}(\dot{q})}{V_{\mathrm{M}}^{2}(2N-1)(1+k)}\neq 0 \tag{7-26}$$

则在滑模到达阶段有 $\dot{V}<0$ 成立，即设计形如式(7-21)所示的制导律，能够严格满足Lyapunov稳定条件，保证滑模状态可达，攻击时间可控。

制导律的具体表达式为

$$a_{\mathrm{M}}=a_{\mathrm{M}}^{\mathrm{eq}}+a_{\mathrm{M}}^{\mathrm{disc}}=$$
$$\frac{-\frac{2\dot{R}}{R}\dot{q}+c\operatorname{sgn}(\dot{q})\left\{1-\frac{R\dot{q}(\eta_{\mathrm{M}}-kq)}{V_{\mathrm{M}}(2N-1)}+\frac{\dot{R}}{V_{\mathrm{M}}(1+k)}\left[1+\frac{(\eta_{\mathrm{M}}-kq)^{2}}{2(2N-1)}\right]\right\}}{\frac{\cos\eta_{\mathrm{M}}}{R}-\frac{cR(\eta_{\mathrm{M}}-kq)\operatorname{sgn}(\dot{q})}{V_{\mathrm{M}}^{2}(2N-1)(1+k)}}+$$
$$\frac{m\operatorname{sgn}(s)}{\operatorname{sgn}\left[\frac{\cos\eta_{\mathrm{M}}}{R}-\frac{cR(\eta_{\mathrm{M}}-kq)\operatorname{sgn}(\dot{q})}{V_{\mathrm{M}}^{2}(2N-1)(1+k)}\right]} \tag{7-27}$$

记 $\xi=\cos\eta_{\mathrm{M}}/R-cR(\eta_{\mathrm{M}}-kq)\operatorname{sgn}(\dot{q})/[V_{\mathrm{M}}^{2}(2N-1)(1+k)]$，易知当 $\xi\to 0$ 时，会有 $a_{\mathrm{M}}\to\infty$，为了避免指令发散，令 $\xi\to 0$ 时，$\xi=k=\mathrm{const}$，k 在零的邻域内取值。另外，采用双曲正切函数 $\tanh(s)$ 替符号函数克服不连续控制项的影响，在保证弹道光滑的同时，也能解决滑模面 s 在原点处的不可导问题。

当式(7-26)不成立时，有

$$\frac{\cos\eta_{\mathrm{M}}}{R}=\frac{cR(\eta_{\mathrm{M}}-kq)\operatorname{sgn}(\dot{q})}{V_{\mathrm{M}}^{2}(2N-1)(1+k)} \tag{7-28}$$

对式(7-28)重新整理，可得

$$\frac{(\eta_{\mathrm{M}}-kq)\operatorname{sgn}(\dot{q})}{\cos\eta_{\mathrm{M}}}=\frac{V_{\mathrm{M}}^{2}(2N-1)(1+k)}{cR^{2}} \tag{7-29}$$

因为 $k>0$，$c>0$，N 是导航比，一般取 3～6，所以等式(7-29)的右端恒大于零。另外由式(7-2)可得

$$\dot{q}=\frac{V_{\mathrm{T}}\sin\eta_{\mathrm{T}}-V_{\mathrm{M}}\sin\eta_{\mathrm{M}}}{R}=\frac{V_{\mathrm{M}}(k\sin\eta_{\mathrm{T}}-\sin\eta_{\mathrm{M}})}{R} \tag{7-30}$$

对式(7-30)近似处理得到 $\dot{q}\approx V_{\mathrm{M}}(kq-\eta_{\mathrm{M}})/R$，因为 $\operatorname{sgn}(\dot{q})$ 与 $\dot{q}$ 同号，故其必然与 $kq-\eta_{\mathrm{M}}$ 同号，亦与 $\eta_{\mathrm{M}}-kq$ 异号，所以式(7-29)左端分子项 $(\eta_{\mathrm{M}}-kq)\operatorname{sgn}(\dot{q})$ 必然小于零。下面对 η_{M} 实际可能的情况进行讨论，证明任意前置角拦截的有效性：

1）$0<|\eta_M|<\pi/2$，则 $\cos\eta_M>0$，此时式(7-29)等号左端小于零，而等号右端恒大于零，显然式(7-29)不成立，即所设计的制导律能够严格满足 $\dot{V}<0$，系统稳定，攻击时间可控；

2）$|\eta_M|>\pi/2$，此时 $\cos\eta_M<0$，式(7-29)等号左端大于零，等式可能成立，这时 Lyapunov 稳定条件不能严格满足，需要对制导律(7-27)作如下相应改进。

取

$$l=\frac{m}{\mathrm{sgn}\left[\dfrac{\cos\eta_M}{R}-\dfrac{cR(\eta_M-kq)\mathrm{sgn}(\dot{q})}{V_M^2(2N-1)(1+k)}\right]}+\frac{\varepsilon}{\dfrac{\cos\eta_M}{R}-\dfrac{cR(\eta_M-kq)\mathrm{sgn}(\dot{q})}{V_M^2(2N-1)(1+k)}} \tag{7-31}$$

式中，$m=\mathrm{const}>0$，$\varepsilon=\mathrm{const}>0$。

将式(7-31)代入式(7-23)，得

$$\dot{V}=-|s|\left(m\left|\frac{\cos\eta_M}{R}-\frac{cR(\eta_M-kq)\mathrm{sgn}(\dot{q})}{V_M^2(2N-1)(1+k)}\right|+\varepsilon\right) \tag{7-32}$$

因为 $\varepsilon>0$，故在滑模到达阶段有 $\dot{V}<0$ 恒成立，满足 Lyapunov 稳定条件，系统稳定，攻击时间可控。此时修正后的制导律表达式为

$$\begin{aligned}a_M&=a_M^{\mathrm{eq}}+a_M^{\mathrm{disc}}=\\&\frac{-\dfrac{2\dot{R}}{R}\dot{q}+c\,\mathrm{sgn}(\dot{q})\left\{1-\dfrac{R\dot{q}(\eta_M-kq)}{V_M(2N-1)}+\dfrac{\dot{R}}{V_M(1+k)}\left[1+\dfrac{(\eta_M-kq)^2}{2(2N-1)}\right]\right\}}{\dfrac{\cos\eta_M}{R}-\dfrac{cR(\eta_M-kq)\mathrm{sgn}(\dot{q})}{V_M^2(2N-1)(1+k)}}+\\&\frac{m\,\mathrm{sgn}(s)}{\mathrm{sgn}\left[\dfrac{\cos\eta_M}{R}-\dfrac{cR(\eta_M-kq)\mathrm{sgn}(\dot{q})}{V_M^2(2N-1)(1+k)}\right]}+\frac{\varepsilon\,\mathrm{sgn}(s)}{\dfrac{\cos\eta_M}{R}-\dfrac{cR(\eta_M-kq)\mathrm{sgn}(\dot{q})}{V_M^2(2N-1)(1+k)}}\end{aligned} \tag{7-33}$$

这里采取与式(7-27)同样的方法，为避免指令出现奇异，记 $\xi=\cos\eta_M/R-cR(\eta_M-kq)\mathrm{sgn}(\dot{q})/[V_M^2(2N-1)(1+k)]$，当 $\xi\to0$ 时，取 $\xi=k=\mathrm{const}$，k 在零的邻域内取值。

7.2.4　数值仿真验证

为了验证本节所设计的大前置角拦截 ITCG 的有效性，对拦截非机动运动目标在不同攻击时间、不同初始前置角、协同攻击三种情况下进行仿真验证。

(1)不同攻击时间

导弹速度取 $V_M=900$ m/s，初始弹道倾角为 60°，初始位置坐标为(0,0)，目标速度取 $V_T=300$ m/s，初始弹道倾角为 160°，初始位置坐标为(40 000, 0)，制导律参数 $N=3$，$m=250$，$\varepsilon=0.005$，$k=0.000\,1$，$c=0.03$，仿真步长取 0.01 s，攻击时间分别取 40 s、50 s、60 s、70 s 进行仿真，仿真结果如图 7-2～图 7-5 所示。

从图 7-4 可以看出，四种情况下，导弹都能以指定的攻击时间命中目标，时间分别是 39.59s，49.78 s，60.25 s，70.61 s，且脱靶量均不超过 1 m，证明了本节所设计的攻击时间控制制导律的有效性。而由图 7-2 可知，指定飞行时间越长，弹道弯曲程度越大，且随着指定飞行时间的增加，导弹前置角呈现出增大的趋势，即导弹出现远离目标飞行的情况，此时剩余飞行时间也逐渐增大(见图 7-4)，这主要是导弹要调整弹道以实现指定时间攻击所致。而由图 7-5可以看出，为了调整弹道以达到指定攻击时间，导弹需要以较大的法向过载消除时间误差，随着时间误差修正完成，导弹就能以较小的过载，较平滑的弹道精确命中目标。

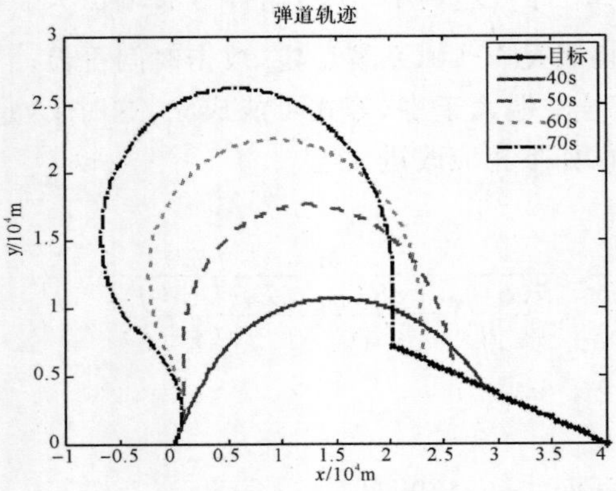

图 7-2 弹道轨迹曲线

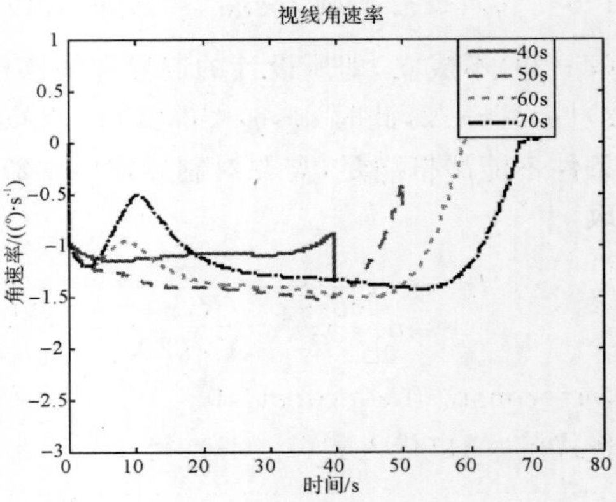

图 7-3 视线角速率曲线

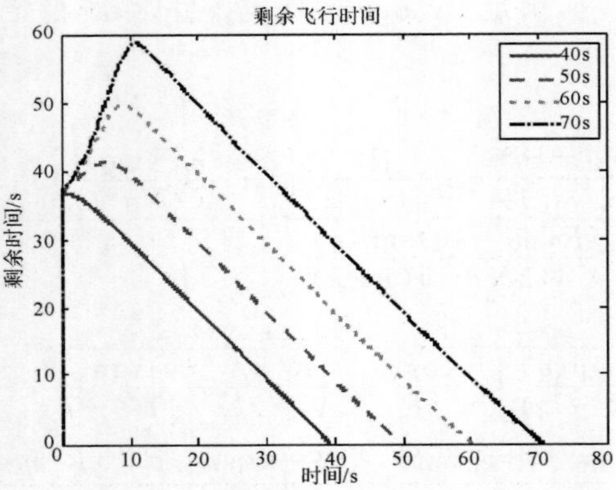

图 7-4 剩余飞行时间

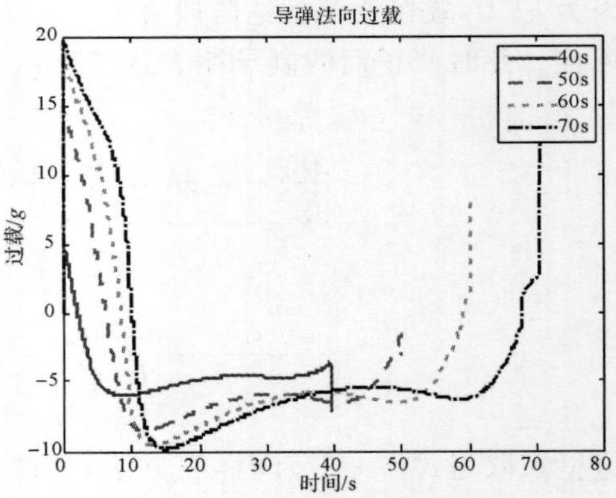

图 7-5 法向过载曲线

(2)不同初始前置角

导弹速度取 $V_M=900$ m/s,初始位置坐标为(0,0),目标速度取 $V_T=300$ m/s,初始弹道倾角为180°,初始位置坐标为(40 000, 0),制导律参数 $N=3$,$m=250$,$\varepsilon=0.005$,$k=0.000\,1$,$c=0.006\,6$,仿真步长为0.01 s,在攻击时间取60 s的情况下,分别对45°、90°、135°、180°前置角进行仿真,仿真结果如图7-6~图7-9所示。

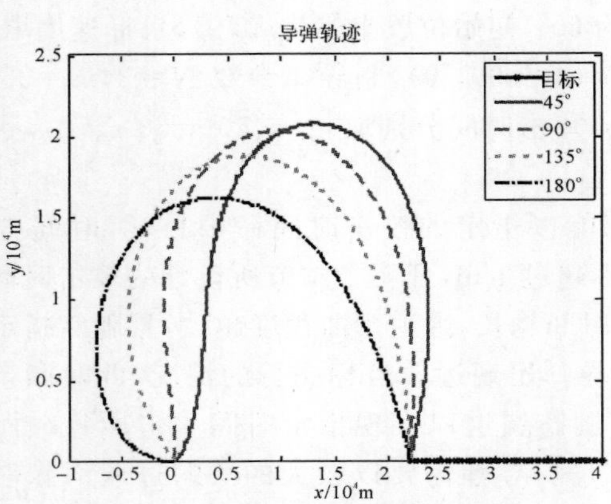

图 7-6 弹道轨迹曲线

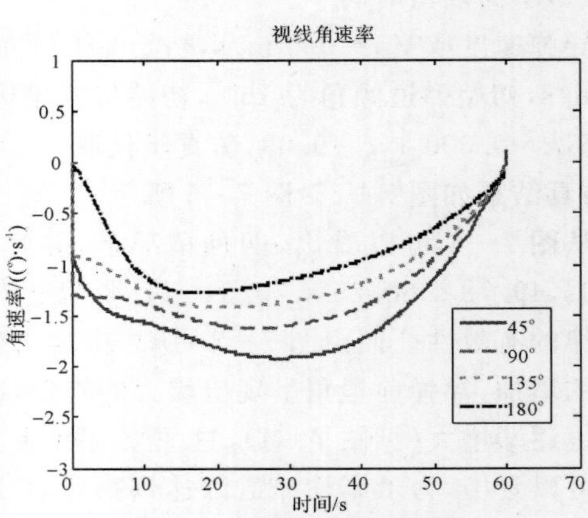

图 7-7 视线角速率曲线

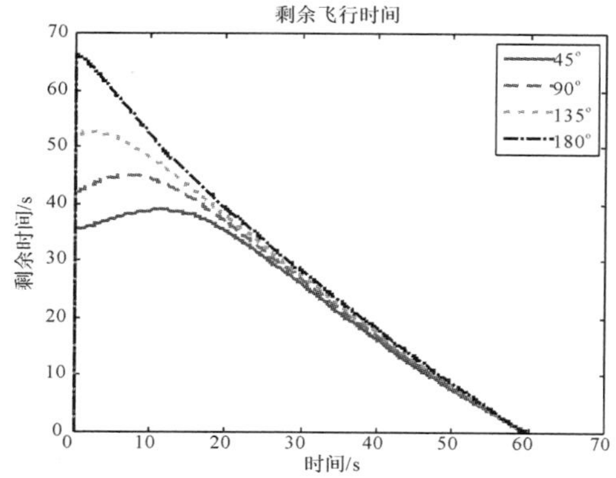

图 7-8 剩余飞行时间

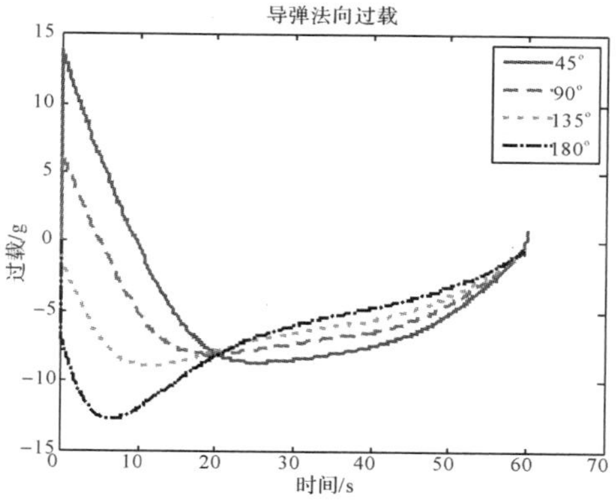

图 7-9 法向过载曲线

由图 7-6 和图 7-8 可以看出，前置角的不同取值并不影响导弹的攻击时间，即使导弹在制导初始时刻速度方向背离目标，即前置角取 180°时，导弹仍能以指定的时间精确命中目标，虽然初始攻击时间误差较大，但随着弹目距离接近，时间误差很快消除至零，四种情况下的拦截时间分别为 60.08 s、59.96 s、59.72 s、59.73 s，且脱靶量均不超过 1 m，说明了所设计的制导律在大前置角拦截时的有效性。图 7-9 表示，在制导初段，导弹需要以较大的法向过载调整攻击时间，而随着弹目距离接近，法向过载也越来越小，并在弹目交会时刻收敛到零，从而保证了末端弹道平滑和制导精度。

(3)协同攻击

目标位置取于坐标原点，速度取 $V_T=300$ m/s，初始弹道倾角为 160°。假设有三枚导弹从不同位置对目标进行协同拦截，四枚导弹的初始位置坐标分别取(0，40 000)(40 000, 0)(0，−40 000)，初始速度分别取 $V_{M1}=900$ m/s，$V_{M2}=1\ 200$ m/s，$V_{M3}=900$ m/s，初始弹道倾角分别取−60°、−180°、120°，指定导弹的攻击时间为 60 s，制导律参数取 $c_1=0.002\ 6$，$c_2=0.004\ 4$，$c_3=0.003$，其余仿真参数同(1)(2)，仿真结果如图 7-10～图 7-13 所示。

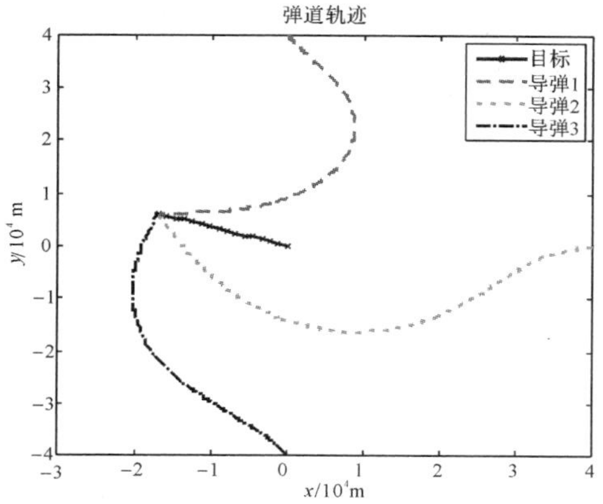

图 7-10 弹道轨迹曲线

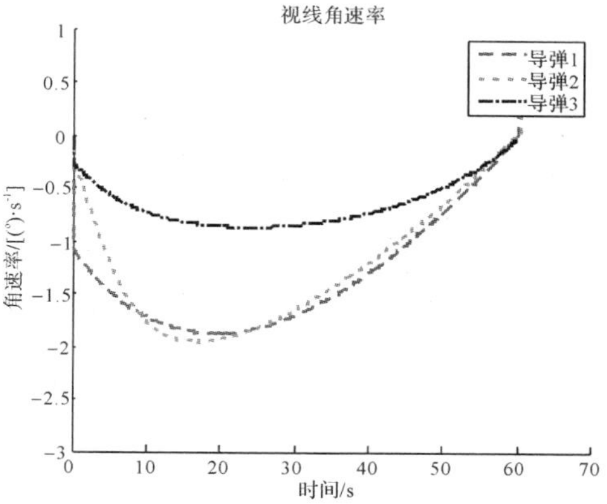

图 7-11 视线角速率曲线

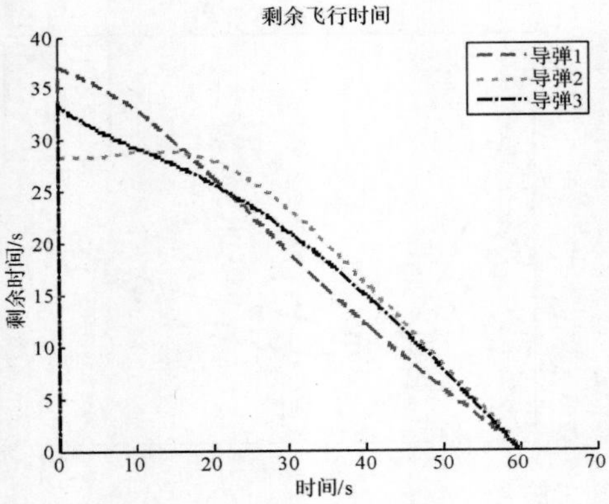

图 7-12　剩余飞行时间

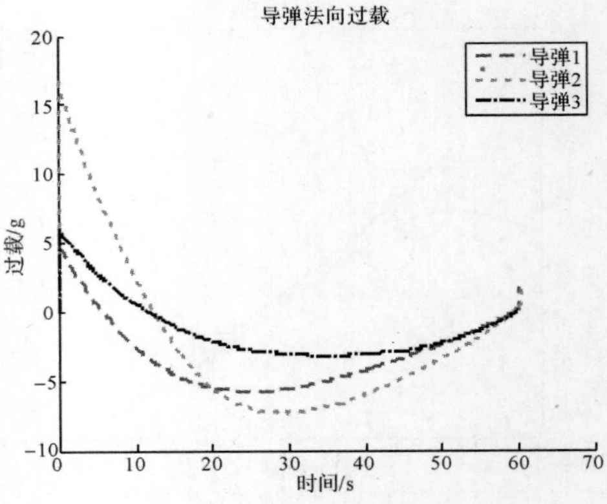

图 7-13　法向过载曲线

由图 7-10 和图 7-12 可知，从不同位置发射的各枚导弹能在同一时间完成对目标的协同攻击，时间分别为 60.22 s、60.38 s、59.85 s，脱靶量均不超过 1 m，进一步证明了本书所设计的 ITCG 运用到多弹协同攻击上的有效性。需要说明的是，上述协同拦截需要预先为导弹设定相同的攻击时间，并按照指定的攻击时间为每枚导弹设计自身的制导律，制导律对参数 c 的变化比较敏感，且各枚导弹在制导过程中没有信息交互而是相互独立，因此并不是真正意义上的协同。而结合拓扑理论，研究各枚导弹之间能够进行相互通信的网络化协同制导律是下一节的重点内容研究。

7.3　带攻击角度约束的网络化分布式协同制导律

7.2 节研究了带攻击时间约束的制导律设计方法，其本质是指定攻击时间的开环或间接时间协同制导律，且只能拦截非机动运动目标，而要实现真正意义上的闭环协同，信息共享是其必要条件，而且也是未来体系作战中决定战争胜负的关键因素，能够实现导弹协同所需要的共享信息称为协调变量。目前，国内外采用网络协同控制理论对导弹之间存在信息交互的协同问题研究主要集中在以剩余飞行时间为协调变量的时间上的协同，这种协调策略的实现需要精准的剩余时间信息，而剩余时间的估计，尤其是拦截机动目标时的剩余时间估计一直是制导领域研究的难点问题。因此，如何选择合适的协调变量设计制导律，关系到协同作战任务的成败，是协同制导领域研究中必须考虑的一个重点和难点问题。由于可供选择的协调变量具有多样性，同时考虑到时间一致是多弹协同拦截的一个显著特点，而时间一致即意味着各枚导弹与目标的相对距离要在拦截时刻同时为零，所以可以将导弹与目标的相对距离作为弹间协调变量，避开对弹道剩余时间估计的难题，并以此为突破口来进行协同制导律的设计。此外，协同拦截任务的实现还要求多枚拦截弹以不同的攻击角击中目标，这在拦截以高超声速飞行器为代表的高速机动目标时显得更为必要。因此，开展带有攻击角度约束的分布式协同制导律研究具有更加重大且深远的意义。为实现上述目标，本节采用非齐次干扰观测器对目标机动进行估计，将制导指令沿视线方向和视线切向两个方向独立设计，视线法向指令保证制导精度和角度约束，视线方向指令基于二阶多智能体一致性算法设计，保证多枚导弹与目标的相对距离在有限时间内到达一致，以此实现对高超声速目标的协同拦截任务。

7.3.1　基于协调变量的协同制导策略

基于协调变量的协同制导为解决多弹协同拦截问题提供了一种有效的方法策略。该方法把“协调变量”作为导弹之间的共享信息，具有通信量小、分布性好的特点[4]。基于协调变量的协同制导具体可以分为集中式和分布式两种协调策略。

集中式协调策略是指存在一个能够与所有拦截器进行信息交互的集中协调单元，所有拦截器将协调变量信息传送给该集中协调单元，该单元计算出统一的协调变量值并传送给各拦截器，然后各个拦截器根据这一协调变量值产生指令响应，完成导弹的协同拦截任务。如果所有的拦截器个体都能得到系统的全局信息，那么集中式协调策略是可行的，但这在实际应用中往往是不易实现的，而且集中式协调策略需要一个集中式协调单元，如果这个集中式协调单元失效，将会导致整个系统的协调控制失败，因此系统的可靠性和鲁棒性较差。如果个体无法得到全局信息，而只能得到相邻拦截器的信息，这时就有必要设计分布式协调策略。分布式协调策略没有集中式的协调单元，取而代之的是分散在各个拦截器中的分布式协调单元，分布式协调单元根据其所获得的相邻拦截器信息计算出协调变量值，各个拦截器根据这一协调变量值产生相应的制导指令，使协调变量逐渐收敛并趋于一致，从而实现协同拦截任务。考虑到导弹实际拦截作战中全局信息无法准确获取，因此本节将基于分布式协调策略设计多弹协同制导律。

7.3.2　多智能体一致性控制及图论基础

分布式协同制导控制问题以多智能体一致性理论为基础，多智能体一致是指网络中的多个主体在局部或全局信息交互下通过合适的控制协议就某些协调变量达成一致[5]。多智能体一致控制的数学基础是图论，其作用拓扑可以用一个拓扑结构图来表示。

假设 $\boldsymbol{G}=\boldsymbol{G}(\boldsymbol{v},\boldsymbol{\varepsilon},\boldsymbol{w})$ 表示一个多智能体系统的拓扑图，其中 $\boldsymbol{v}=\{\nu_1,\nu_2,\nu_3,\cdots,\nu_n\}$ 表示节点集合，$\varepsilon\subseteq\{(\nu_i,\nu_j),i\neq j,\nu_i,\nu_j\in\boldsymbol{v}\}$ 表示边集合，$\boldsymbol{w}=[w_{ij}]_{n\times n}\in\mathbf{R}^{n\times n}$ 为邻接矩阵。符号 $\nu_i(i-1,2,\cdots,n)$ 表示图 $\boldsymbol{G}$ 的第 i 个节点，即第 i 枚导弹，符号 (ν_i,ν_j) 表示从父节点 ν_i 到子节点 ν_j 的一条边，表示第 i、j 枚导弹之间的信息交互。邻接矩阵 $\boldsymbol{w}=[w_{ij}]_{n\times n}$ 满足 $w_{ij}\geqslant 0,i\neq j$，且主对角线上的元素 $w_{ii}=0$。如果第 i 枚导弹可以接受到第 j 枚导弹的状态信息，则 $w_{ij>0}$，否则，$w_{ij}=0$。如果 $\boldsymbol{w}$ 的所有元素均满足 $w_{ij}=w_{ji}$，即第 i 枚导弹与第 j 枚导弹之间可以进行信息互换，则称图 $\boldsymbol{G}$ 是无向的，反之，则称图 $\boldsymbol{G}$ 为有向的。如果图 $\boldsymbol{G}$ 任意两个节点之间都有路径相连，即不存在孤立节点，则称图 $\boldsymbol{G}$ 是连通的。现有的研究表明，多智能体系统一致性控制的实现除要求参数和增益满足一定条件之外，还要求作用拓扑无向连通或有向包含生成树。在本节的研究中，用连通无向图 $\boldsymbol{G}$ 描述多枚导弹之间的通信拓扑。

7.3.3　协同拦截运动模型

考虑如图 7-14 所示的平面协同拦截模型，图中 $M_i(i=1,2,\cdots,n)$ 和 T 分别表示第 i 枚导弹和目标的质心，弹目相对运动方程为

$$\dot{r}_i = V_{\mathrm{T}}\cos\eta_{\mathrm{T}} - V_{\mathrm{M}i}\cos\eta_i \tag{7-34}$$

$$r_i\dot{q}_i = V_{\mathrm{M}i}\sin\eta_i - V_{\mathrm{T}}\sin\eta_{\mathrm{T}} \tag{7-35}$$

$$\eta_i = q_i - \theta_i \tag{7-36}$$

$$\eta_{\mathrm{T}} = q_i - \theta_{\mathrm{T}} \tag{7-37}$$

$$\dot{\theta}_i = \frac{a_{\mathrm{M}i}}{V_{\mathrm{M}i}} \tag{7-38}$$

$$\dot{\theta}_{\mathrm{T}} = \frac{a_{\mathrm{T}}}{V_{\mathrm{T}}} \tag{7-39}$$

式中，i 表示导弹编号（$i=1,2,\cdots,n$），r_i 表示第 i 枚导弹与目标的相对距离，q_i 表示第 i 枚导弹的视线倾角，$\dot{q}_i$ 表示第 i 枚导弹的视线角速率，$V_{\mathrm{M}i}$ 和 V_{T} 分别为第 i 枚导弹的速度和目标速度，θ_i 和 θ_{T} 分别为第 i 枚导弹的弹道倾角和目标弹道倾角，$a_{\mathrm{M}i}$ 和 a_{T} 分别表示第 i 枚导弹和目标的法向加速度，η_i 和 η_{T} 分别表示相应导弹和目标的前置角，当速度矢量逆时针转到弹目视线上时，前置角为正，反之为负。

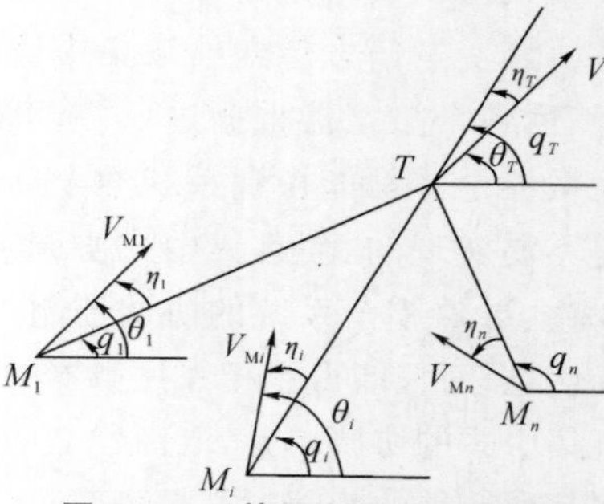

图 7-14　协同制导几何关系图

对式(7-34)和式(7-35)分别求导可得

$$\ddot{r}_i = r_i\dot{q}_i^2 - u_{ri} + w_r \tag{7-40}$$

$$\ddot{q}_i = -\frac{2\dot{r}_i\dot{q}_i}{r_i} - \frac{u_{qi}}{r_i} + \frac{w_q}{r_i} \tag{7-41}$$

式中，$u_{ri}=a_{\mathrm{M}i}\sin\eta_i$ 和 $w_r=a_{\mathrm{T}}\sin\eta_{\mathrm{T}}$ 分别为导弹和目标的法向加速度在视线方向上的分量；$u_{qi}=a_{\mathrm{M}}\cos\eta_i$ 和 $w_q=a_{\mathrm{T}}\cos\eta_{\mathrm{T}}$ 分别为导弹和目标的法向加速度在视线法向上的分量。在末制导过程中，目标主要在视线法向上进行机动，因此，可以假设目标加速度在视线方向的分量为零[78]，即 $w_r=0$。

6.2.1 节指出可以将拦截时刻的攻击角转化为终端视线角 q_{d} 进行约束，而同时视线角约束又是临近空间拦截弹导引头侧窗探测的必要条件，因此令状态变量 $x_{1i}=q_i-q_{i\mathrm{d}}$，$x_{2i}=\dot{x}_{1i}=\dot{q}_i$，$x_{3i}=r_i$，$x_{4i}=\dot{x}_{3i}=\dot{r}_i$ 联立式(7-40)和式(7-41)可得

$$\left.\begin{aligned}
\dot{x}_{1i} &= x_{2i} \\
\dot{x}_{2i} &= -\frac{2x_{4i}x_{2i}}{x_{3i}} - \frac{u_{qi}}{x_{3i}} + \frac{w_q}{x_{3i}} \\
\dot{x}_{3i} &= x_{4i} \\
\dot{x}_{4i} &= x_{3i}x_{2i}^2 - u_{ri}
\end{aligned}\right\} \tag{7-42}$$

式(7-42)即为带攻击角约束的多弹协同制导模型，且每枚导弹均满足此状态方程，协同制导律的设计目的就是要分别产生每枚导弹视线法向的制导指令 u_{qi} 和沿视线方向的制导指令 u_{ri}，使得每枚导弹的视线角收敛到期望的终端视线角和视线角速率收敛到零的同时，多枚导弹与目标的相对距离在有限时间内也达到一致，实现协同拦截。

7.3.4　视线法向指令设计及有限时间稳定性分析

考虑制导子系统：

$$\left.\begin{aligned}&\dot{x}_{1i}=x_{2i}\\&\dot{x}_{2i}=-\frac{2x_{4i}x_{2i}}{x_{3i}}-\frac{u_{qi}}{x_{3i}}+\frac{w_q}{x_{3i}}\end{aligned}\right\}\tag{7-43}$$

取非奇异终端滑模面

$$s_i=x_{1i}+\frac{1}{\beta_i}x_{2i}^{\alpha_i/\gamma_i}\tag{7-44}$$

式中，$\beta_i>0$，α_i、γ_i 为正奇数，且 $\alpha_i>\gamma_i$。

记 $d_i(t)=w_q/x_{3i}$ 为目标机动对第 i 枚导弹引起的外部干扰，$\hat{d}_i(t)\approx d_i(t)$ 为干扰的估计值，估计误差 $\tilde{d}_i(t)=d_i(t)-\hat{d}_i(t)$ 且误差满足 $|\tilde{d}_i(t)|\leqslant\delta_{1i}$。

非奇异终端滑模制导律设计为

$$u_{qi}=x_{3i}\left(-\frac{2x_{4i}x_{2i}}{x_{3i}}+\beta_i\frac{\gamma_i}{\alpha_i}x_{2i}^{2-\alpha_i/r_i}+\hat{d}_i(t)+(\delta_{1i}+\delta_{2i})\operatorname{sgn}(s_i)\right)\tag{7-45}$$

式中，$1<\alpha_i/\gamma_i<2$，$\delta_{1i}>0$，$\delta_{2i}>0$。

针对式(7-43)所示的子系统，采用如下有限时间收敛非齐次干扰观测器获得式(7-45)所需的目标机动干扰估计值 $\hat{d}_i(t)$

$$\left.\begin{aligned}&\dot{z}_{0i}=K_{0i}-\frac{2x_{4i}x_{2i}}{x_{3i}}-\frac{u_{qi}}{x_{3i}}\\&K_{0i}=-\lambda_{2i}L_i^{\frac{1}{3}}|z_{0i}-x_{2i}|^{\frac{2}{3}}\operatorname{sgn}(z_{0i}-x_{2i})-\upsilon_{2i}(z_{0i}-x_{2i})+z_{1i}\\&\dot{z}_{1i}=K_{1i}\\&K_1=-\lambda_{1i}L_i^{\frac{1}{2}}|z_{1i}-K_{0i}|^{\frac{1}{2}}\operatorname{sgn}(z_{1i}-K_{0i})-\upsilon_{1i}(z_{1i}-K_{0i})+z_{2i}\\&\dot{z}_{2i}=-\lambda_{0i}L_i\operatorname{sgn}(z_{2i}-K_{1i})-\upsilon_{0i}(z_{2i}-K_{1i})\\&\hat{d}_i(t)\approx z_{1i}\end{aligned}\right\}\tag{7-46}$$

式中，L_i 为 Lipschitz 常数，$\lambda_{ji}>0$，$\upsilon_{ji}>0$，$j=0,1,2$，$i=1,2,\cdots,n$，由文献[6]可知，系统状态经历有限时间的暂态过程后一定有 $\hat{d}_i(t)\approx z_{1i}$ 成立。

取 Lyapunov 函数 $V_i=s_i^2/2$，对 V_i 求导可得

$$\begin{aligned}\dot{V}_i=s_i\dot{s}_i=&s_i\left(\dot{x}_{1i}+\frac{1}{\beta_i}\frac{\alpha_i}{\gamma_i}x_{2i}^{\alpha_i/\gamma_i-1}\dot{x}_{2i}\right)=\\&s_i\left(x_{2i}+\frac{1}{\beta_i}\frac{\alpha_i}{\gamma_i}x_{2i}^{\alpha_i/\gamma_i-1}\left(-\frac{2x_{4i}x_{2i}}{x_{3i}}-\frac{u_{qi}}{x_{3i}}+d_i(t)\right)\right)=\\&s_i\left(x_{2i}+\frac{1}{\beta_i}\frac{\alpha_i}{\gamma_i}x_{2i}^{\alpha_i/\gamma-1}\left(-\frac{2x_{4i}x_{2i}}{x_{3i}}+\frac{2x_{4i}x_{2i}}{x_{3i}}-\beta_i\frac{\gamma_i}{\alpha_i}x_{2i}^{2-\alpha_i/\gamma_i}-\hat{d}_i(t)-(\delta_{1i}+\delta_{2i})\operatorname{sgn}(s_i)\right)+d_i(t)\right)=\\&s_i\frac{1}{\beta_i}\frac{\alpha_i}{\gamma_i}x_{2i}^{\alpha_i/\gamma_i-1}(d_i(t)-\hat{d}_i(t)-(\delta_{1i}+\delta_{2i})\operatorname{sgn}(s_i))=\\&s_i\frac{1}{\beta_i}\frac{\alpha_i}{\gamma_i}x_{2i}^{\alpha_i/\gamma_i-1}(\tilde{d}_i(t)-(\delta_{1i}+\delta_{2i})\operatorname{sgn}(s_i))=\\&\frac{1}{\beta_i}\frac{\alpha_i}{\gamma_i}x_{2i}^{\alpha_i/\gamma_i-1}(s_i\tilde{d}_i(t)-\delta_{1i}|s_i|-\delta_{2i}|s_i|)\leqslant\\&\frac{1}{\beta_i}\frac{\alpha_i}{\gamma_i}x_{2i}^{\alpha_i/\gamma_i-1}(\tilde{d}_i(t)|s_i|-\delta_{1i}|s_i|-\delta_{2i}|s_i|)\end{aligned}\tag{7-47}$$

由于 $1<\alpha_i/\gamma_i<2$，则 $0<\alpha_i/\gamma_i-1<1$，又由于 $\beta_i>0$，α_i、γ_i 为正奇数，且 $\alpha_i>\gamma_i$，所以当

$x_{2i}\neq0$时，有

$$\frac{1}{\beta_i}\frac{\alpha_i}{\gamma_i}x_{2i}^{\alpha_i/\gamma_i-1}>0 \tag{7-48}$$

因为$|\tilde{d}_i(t)|\leqslant\delta_{1i}$，故$\tilde{d}_i(t)|s_i|-\delta_{1i}|s_i|\leqslant0$，又因为$\delta_{2i}>0$，故有$\tilde{d}_i(t)|s_i|-\delta_{1i}|s_i|-\delta_{2i}|s_i|\leqslant-\delta_{2i}|s_i|$，因此式(7-47)可以写为

$$\dot{V}_i\leqslant-\frac{1}{\beta_i}\frac{\alpha_i}{\gamma_i}x_{2i}^{\alpha_i/\gamma_i-1}\delta_{2i}|s_i|=-\sqrt{2}c_iV_i^{1/2} \tag{7-49}$$

式中，$c_i=\frac{1}{\beta_i}\frac{\alpha_i}{\gamma_i}x_{2i}^{\alpha_i/\gamma_i-1}\delta_{2i}>0$，$x_{2i}\neq0$。由引理3-1可知，制导子系统式(7-43)有限时间收敛。

将制导律(7-45)代入系统(7-43)得

$$\begin{aligned}\dot{x}_{2i}=&-\beta_i\frac{\gamma_i}{\alpha_i}x_{2i}^{2-\alpha_i/\gamma_i}+d_i(t)-\hat{d}_i(t)-(\delta_{1i}+\delta_{2i})\mathrm{sgn}(s_i)=\\&-\beta_i\frac{\gamma_i}{\alpha_i}x_{2i}^{2-\alpha_i/\gamma_i}+\tilde{d}_i(t)-(\delta_{1i}+\delta_{2i})\mathrm{sgn}(s_i)\end{aligned} \tag{7-50}$$

当$x_{2i}=0$时，有

$$\dot{x}_{2i}=\tilde{d}_i(t)-(\delta_{1i}+\delta_{2i})\mathrm{sgn}(s_i) \tag{7-51}$$

当$s_i>0$时，$\dot{x}_{2i}\leqslant-\delta_{2i}$，即$x_{2i}$快速减小；当$s_i<0$时，$\dot{x}_{2i}\geqslant\delta_{2i}$，此时$x_{2i}$快速上升，系统的相轨迹如图7-15所示，由相轨迹可见，当$x_{2i}=0$时，系统将在有限时间内实现$s_i=0$。

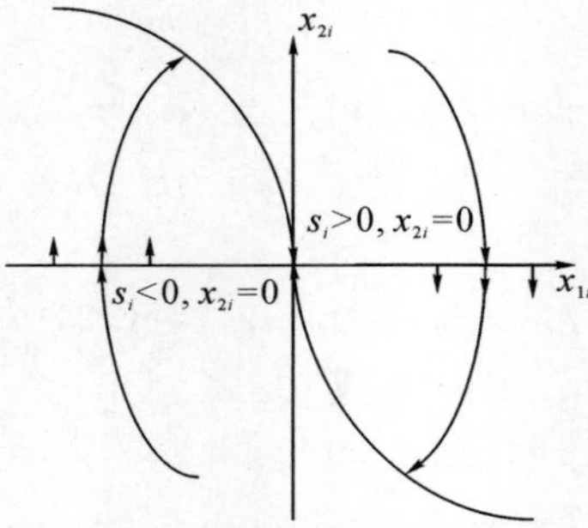

图7-15　系统相轨迹

综合以上证明分析可知，设计式(7-45)所示的终端滑模制导律能够实现制导子系统式(7-43)有限时间稳定，即在有限时间内，视线角速率收敛到零，视线角收敛到期望的终端视线角。

7.3.5　视线切向指令设计及多智能体一致性分析

针对如下制导子系统：

$$\left.\begin{aligned}\dot{x}_{3i}&=x_{4i}\\\dot{x}_{4i}&=x_{3i}x_{2i}^2-u_{ri}\end{aligned}\right\} \tag{7-52}$$

设计如下所示二阶非线性多智能体一致协同制导律，可使多枚拦截弹与目标的相对距离在有限时间内到达一致，即$x_{3i}\to x_{3j}$，$x_{4i}\to x_{4j}$，从而实现对目标的协同拦截任务。

$$u_{ri}=x_{3i}x_{2i}^{2}+\sum_{j=1}^{n}w_{ij}[\psi(x_{3i}-x_{3j})+\psi(x_{4i}-x_{4j})] \tag{7-53}$$

式中，$\psi(\cdot)$是一个在原点有定义的连续递增的奇函数，且 $\psi(x)$与 x 同号；$w_{ij}\geqslant \boldsymbol{w}$ 表示导弹之间的通信权重。

为证明制导律式(7－53)作用下制导子系统式(7－52)的有限时间一致特性，给出以下引理。

引理 7－1[7]　假设 $\boldsymbol{a}=[a_1,a_2,\cdots,a_n]\in\mathbf{R}^n$，$\boldsymbol{b}=[b_1,b_2,\cdots,b_n]\in\mathbf{R}^n$，如果矩阵 $\boldsymbol{C}=[c_{ij}]\in\mathbf{R}^{n\times n}$是对称矩阵，即 $c_{ij}=c_{ji}$，则函数 $\psi(\cdot)$有如下结论：

$$\frac{1}{2}\sum_{i=1}^{n}\sum_{j=1}^{n}c_{ij}(a_i-a_j)\psi(b_i-b_j)=\sum_{i=1}^{n}\sum_{j=1}^{n}c_{ij}a_i\psi(b_i-b_j) \tag{7-54}$$

证明：直接计算：

$$\begin{aligned}&\frac{1}{2}\sum_{i=1}^{n}\sum_{j=1}^{n}c_{ij}(a_i-a_j)\psi(b_i-b_j)=\\&\frac{1}{2}\sum_{i=1}^{n}\sum_{j=1}^{n}c_{ij}a_i\psi(b_i-b_j)-\frac{1}{2}\sum_{i=1}^{n}\sum_{j=1}^{n}c_{ij}a_j\psi(b_i-b_j)=\\&\frac{1}{2}\sum_{i=1}^{n}\sum_{j=1}^{n}c_{ij}a_i\psi(b_i-b_j)+\frac{1}{2}\sum_{j=1}^{n}\sum_{i=1}^{n}c_{ji}a_j\psi(b_j-b_i)=\\&\sum_{i=1}^{n}\sum_{j=1}^{n}c_{ij}a_i\psi(b_i-b_j)\end{aligned} \tag{7-55}$$

将制导律式(7－53)代入系统式(7－52)可得

$$\left.\begin{aligned}&\dot{x}_{3i}=x_{4i}\\&\dot{x}_{4i}=-\sum_{j=1}^{n}w_{ij}[\psi(x_{3i}-x_{3j})+\psi(x_{4i}-x_{4j})]\end{aligned}\right\} \tag{7-56}$$

令 $x_{3ij}=x_{3i}-x_{3j}$，式(7－56)可以写作

$$\left.\begin{aligned}&\dot{x}_{3ij}=\dot{x}_{3i}-\dot{x}_{3j}=x_{4i}-x_{4j}\\&\dot{x}_{4i}=-\sum_{j=1}^{n}w_{ij}[\psi(x_{3ij})+\psi(x_{4i}-x_{4j})]\end{aligned}\right\} \tag{7-57}$$

定义如下 Lyapunov 函数：

$$V_i'=\frac{1}{2}\sum_{i=1}^{n}\sum_{j=1}^{n}w_{ij}\int_0^{x_{3ij}}\psi(\varepsilon)\mathrm{d}\varepsilon+\frac{1}{2}\sum_{i=1}^{n}x_{4i}^{2} \tag{7-58}$$

考虑到通信拓扑网络 $\boldsymbol{G}$ 连通，因此 V_i' 正定，对 V_i' 关于时间 t 求导可得

$$\begin{aligned}\dot{V}_i'=&\frac{1}{2}\sum_{i=1}^{n}\sum_{j=1}^{n}w_{ij}(x_{4i}-x_{4j})\psi(x_{3ij})+\\&\sum_{i=1}^{n}x_{4i}\Big(-\sum_{j=1}^{n}w_{ij}(\psi(x_{3ij})+\psi(x_{4i}-x_{4j}))\Big)=\\&\frac{1}{2}\sum_{i=1}^{n}\sum_{j=1}^{n}w_{ij}(x_{4i}-x_{4j})\psi(x_{3ij})-\\&\sum_{i=1}^{n}\sum_{j=1}^{n}w_{ij}x_{4i}\psi(x_{3ij})-\sum_{i=1}^{n}\sum_{j=1}^{n}w_{ij}x_{4i}\psi(x_{4i}-x_{4j})\end{aligned} \tag{7-59}$$

由引理 7－1 可得

$$\frac{1}{2}\sum_{i=1}^{n}\sum_{j=1}^{n}w_{ij}(x_{4i}-x_{4j})\psi(x_{3ij})=\sum_{i=1}^{n}\sum_{j=1}^{n}w_{ij}x_{4i}\psi(x_{3ij}) \tag{7-60}$$

$$-\sum_{i=1}^{n}\sum_{j=1}^{n}w_{ij}x_{4i}\psi(x_{4i}-x_{4j})=-\frac{1}{2}\sum_{i=1}^{n}\sum_{j=1}^{n}w_{ij}(x_{4i}-x_{4j})\psi(x_{4i}-x_{4j}) \tag{7-61}$$

由式(7-60)、式(7-61)得

$$\dot{V}'_i=-\frac{1}{2}\sum_{i=1}^{n}\sum_{j=1}^{n}w_{ij}(x_{4i}-x_{4j})\psi(x_{4i}-x_{4j}) \tag{7-62}$$

因为通信网络 $\boldsymbol{G}$ 连通，且函数 $\psi(x)$ 与 x 同号，所以

$$\dot{V}'_i=-\frac{1}{2}\sum_{i=1}^{n}\sum_{j=1}^{n}w_{ij}(x_{4i}-x_{4j})\psi(x_{4i}-x_{4j})\leqslant 0 \tag{7-63}$$

令 $S=\{(x_{3ij},x_{4i})\,|\,\dot{V}'_i=0\}$，当 $\dot{V}'_i\equiv 0$ 时，由式(7-63)直接可得，对 $\forall\, i\neq j$，都有 $x_{4i}\equiv x_{4j}$ 成立，进一步可以推出 $\dot{x}_{4i}\equiv\dot{x}_{4j}$。因此 $\dot{\boldsymbol{x}}_4\in\mathrm{Span}(1\times\boldsymbol{\zeta})$，其中，$\boldsymbol{\zeta}=\mathrm{const}>0$，$\boldsymbol{x}_4=[x_{41}\quad x_{42}\quad\cdots\quad x_{4n}]^{\mathrm{T}}$。由 $x_{4i}\equiv x_{4j}$，结合式(7-57)可得

$$\dot{x}_{4i}\equiv-\sum_{j=1}^{n}w_{ij}\psi(x_{3ij}) \tag{7-64}$$

由式(7-64)进一步可得

$$(1\times\boldsymbol{\zeta})^{\mathrm{T}}\dot{\boldsymbol{x}}_4\equiv(1\times\boldsymbol{\zeta})^{\mathrm{T}}\left[-\sum_{j=1}^{n}w_{ij}\psi(x_{3ij})\right]\equiv-\sum_{i=1}^{n}\boldsymbol{\zeta}\sum_{j=1}^{n}w_{ij}\psi(x_{3ij}) \tag{7-65}$$

因为通信网络 $\boldsymbol{G}$ 无向，故 $w_{ij}=w_{ji}$，又因为 $\psi(\cdot)$ 是一个连续奇函数，所以 $\psi(x_{3i}-x_{3j})=-\psi(x_{3j}-x_{3i})$，因此有

$$\sum_{i=1}^{n}\sum_{j=1}^{n}w_{ij}\psi(x_{3ij})\equiv 0 \tag{7-66}$$

再结合式(7-65)可知 $(1\times\boldsymbol{\zeta})^{\mathrm{T}}\dot{\boldsymbol{x}}_4\equiv 0$，即 $\dot{\boldsymbol{x}}_4$ 与 $1\times\boldsymbol{\zeta}$ 正交，因此根据上述结论必然有 $\dot{\boldsymbol{x}}_4\equiv 0$，又因为 $\dot{x}_{4i}\in\dot{\boldsymbol{x}}_4$，故有

$$\dot{x}_{4i}\equiv-\sum_{j=1}^{n}w_{ij}\psi(x_{3ij})\equiv 0 \tag{7-67}$$

由式(7-67)得

$$-\sum_{i=1}^{n}x_{3i}\sum_{j=1}^{n}w_{ij}\psi(x_{3ij})\equiv 0 \tag{7-68}$$

由引理 7-1 可得

$$-\frac{1}{2}\sum_{i=1}^{n}\sum_{j=1}^{n}w_{ij}(x_{3i}-x_{3j})\psi(x_{3i}-x_{3j})\equiv 0 \tag{7-69}$$

因为通信拓扑网络 $\boldsymbol{G}$ 连通，且函数 $\psi(x)$ 与 x 同号，所以由式(7-69)可得

$$w_{ij}(x_{3i}-x_{3j})\psi(x_{3i}-x_{3j})\equiv 0,\quad \forall\, i\neq j \tag{7-70}$$

由式(7-70)进一步可知 $x_{3i}\equiv x_{3j}$，根据 LaSalle 不变集原理可得 $t\to\infty$ 时，$x_{3i}\to x_{3j}$，$x_{4i}\to x_{4j}$ 成立，协同拦截一致性得证。

7.3.6 数值仿真验证

考虑二维平面内 4 枚导弹对高超声速目标的协同拦截问题。根据某高超声速飞行器巡航

段的飞行过程，假设目标初始位置位为(10 000，10 000)，速度大小为 1 500 m/s，初始弹道倾角为 $-2°$，以峰值大小为 $3g$ 的法向过载做两种机动：①持续圆弧机动；②持续正弦机动，机动角频率取 $\pi/3$(rad/s)。4 枚拦截弹的初始条件见表 7-1，各枚导弹在视线法向和视线方向所能承受的最大过载分别为 $30g$ 和 $10g$，$g=9.8\ \mathrm{m/s^2}$，仿真步长取 0.001 s。

表 7-1　导弹初始条件

导弹	初始位置/km	初始速度/(m·s^{-1})	初始弹道倾角/(°)	期望视线角/(°)
导弹 1	(0,2)	1 800	60	30
导弹 2	(0,0)	1 800	60	40
导弹 3	(0,−2)	1 800	60	50
导弹 4	(0,−4)	1 800	60	60

视线法向指令制导参数选取 $\alpha_i=5,\beta_i=1,\gamma_i=3,\delta_{1i}=0.3,\delta_{2i}=0.02$，非齐次干扰观测器的参数设置为 $\lambda_{0i}=1.2,\lambda_{1i}=1.5,\lambda_{2i}=2,\upsilon_{0i}=3,\upsilon_{1i}=6,\upsilon_{2i}=8$，其中，$i=1,2,\cdots,n$。

视线方向指令中奇函数 $\psi(x)=x$，显然，$\psi(x)$在原点有定义，单调递增，且与 x 同号。

1. 固定拓扑仿真

4 枚导弹的通信拓扑网络如图 7-16 所示。

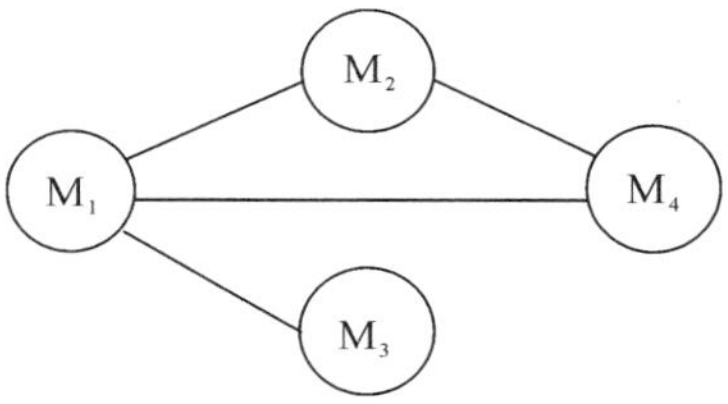

图 7-16　4 枚导弹的通信拓扑网络

显然，该通信网络是无向连通的，与之对应的邻接矩阵可以描述为 $\boldsymbol{w}=\begin{bmatrix}0&1&1&1\\1&0&0&1\\1&0&0&0\\1&1&0&0\end{bmatrix}$。

(1)持续圆弧机动

从图 7-17 和图 7-22 可以看到，4 枚拦截弹同时命中，实现了对高超声速目标的协同拦截。其中，图 7-22 显示，在协同制导律式(7-53)的作用下，大约在 3 s 时各枚导弹与目标的相对距离逐渐趋于并保持一致，仿真结果与 7.3.5 节的理论分析相符。由图 7-18 和图 7-19 可知，在视线法向制导律式(7-45)的作用下，各枚拦截弹的视线角速率能在有限时间内收敛至零，且终端视线角能快速收敛至期望视线角，这样在保证了制导精度的同时，也满足了攻击角度约束要求。从图 7-20 和图 7-21 可以看出，虽然两个方向的制导指令出现了短暂的饱和，但并不影响最终的拦截效果，一旦 4 枚导弹的弹目距离调整一致以及干扰观测器实现了对目标机动的跟踪估计，导弹就能以较小、较平滑的过载实现对高超声速目标的协同拦截任务。

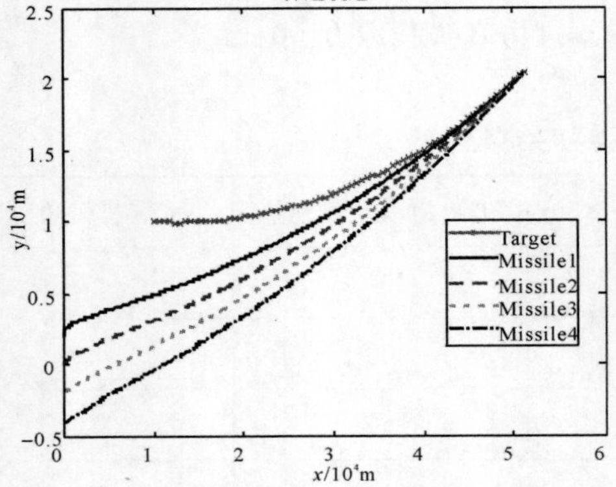

图 7-17　协同拦截弹

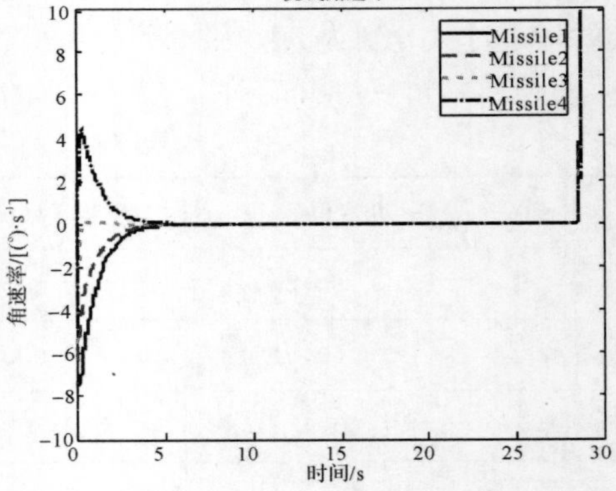

图 7-18　视线角速率

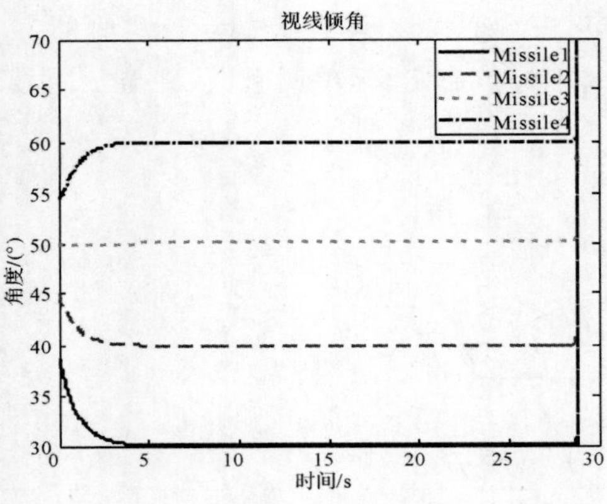

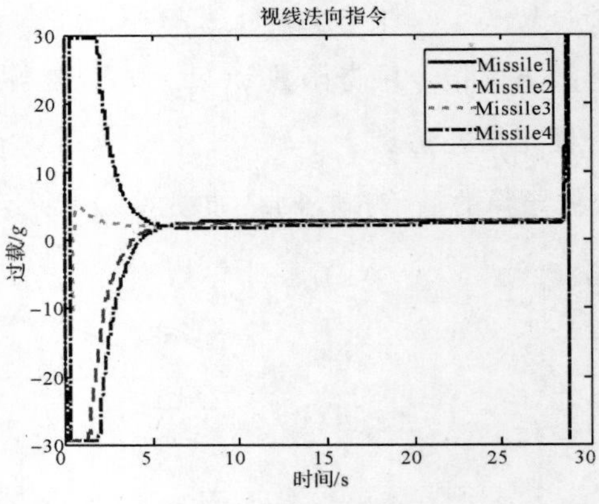

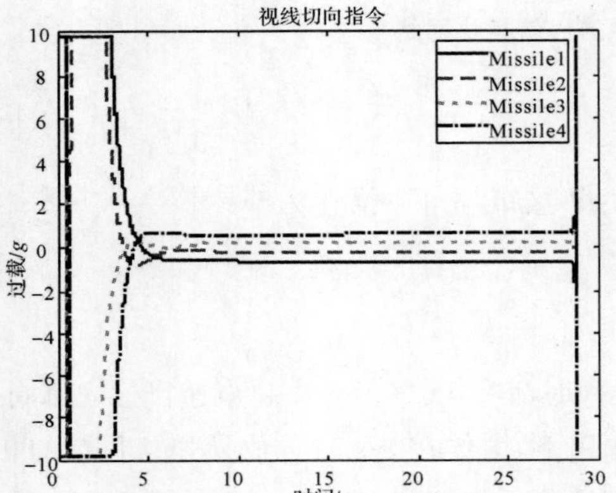

图 7-21　视线切向加速度指令

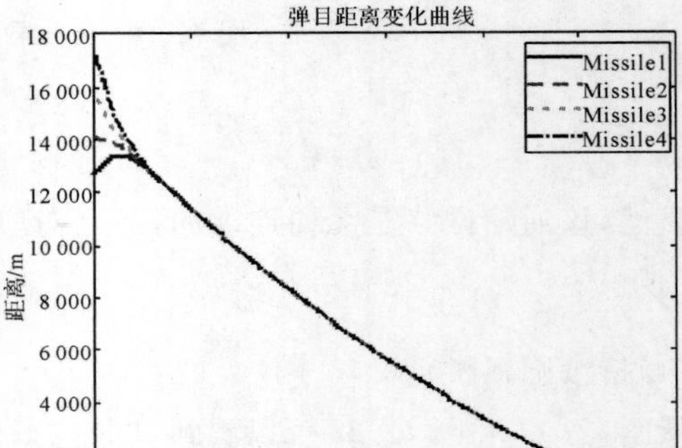

图 7-22　弹目相对距离

(2)持续正弦机动

从图 7-23～图 7-28 可以看出,针对做正弦机动飞行的高超声速目标,本节所设计的协同制导律同样有效,在出现了短暂的指令饱和之后,导弹的视线法向过载便能有效地跟踪目标机动规律,弹目距离能在有限时间内趋于一致,实现带攻击角度约束的协同拦截任务。需要说明的是,设计视线方向上的加速度指令来实现针对高超声速目标的协同拦截是非常必要的。

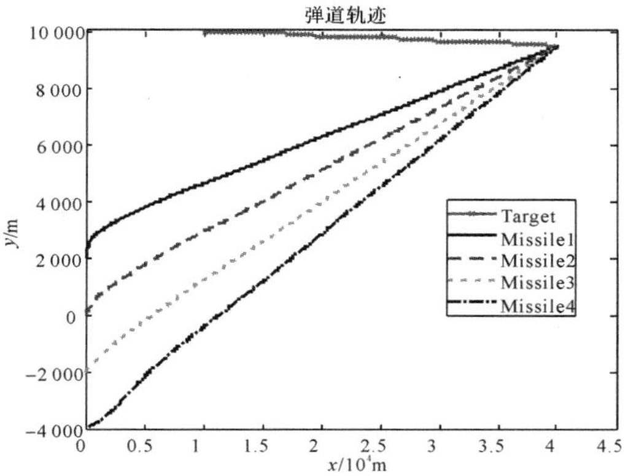

图 7-23　协同拦截弹道

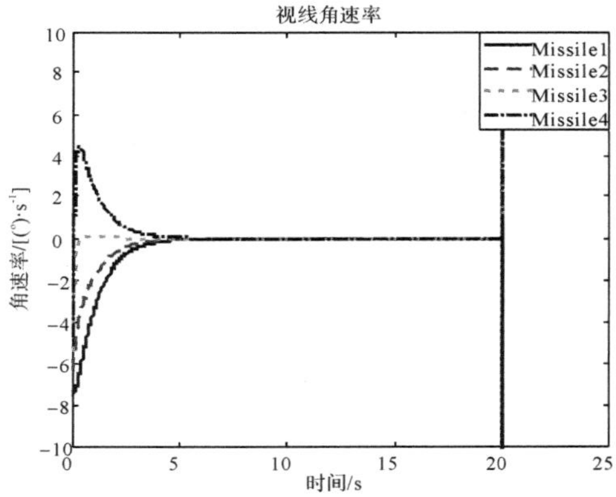

图 7-24　视线角速率

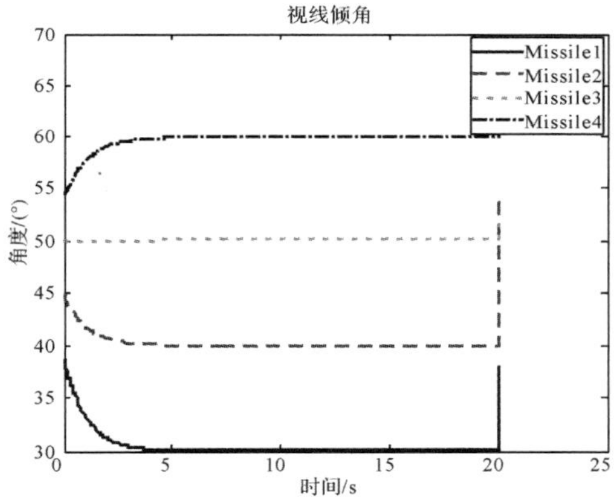

图 7-25　视线倾角

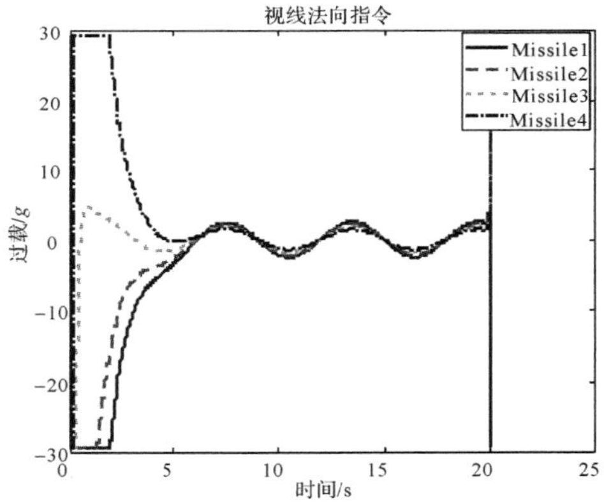

图 7-26　视线法向加速度指令

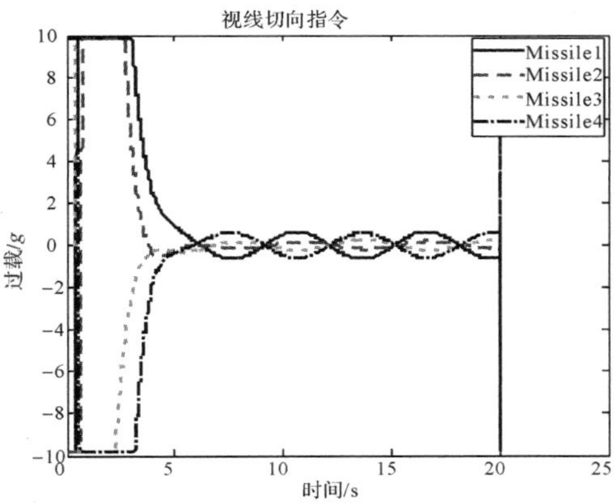

图 7-27　视线切向加速度指令

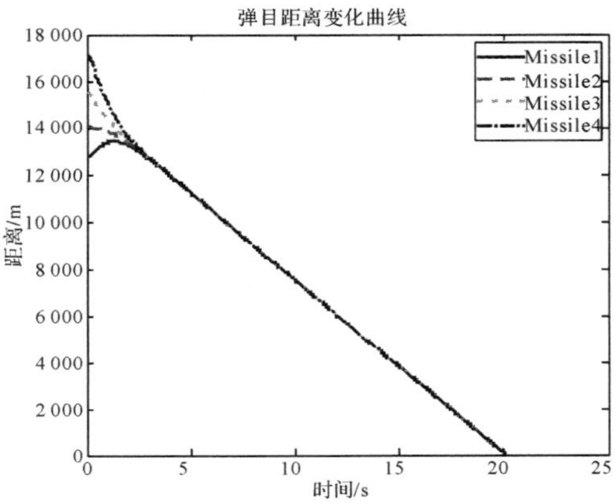

图 7-28　弹目相对距离

2. 切换拓扑仿真

考虑到实际拦截作战中，拦截弹受战场环境的影响以及弹与弹之间通信距离的限制，拦截弹之间的通信拓扑不可能保持固定，因此研究通信拓扑存在切换情况下协同制导律的有效性具有更加现实的意义[5]。以拦截正弦机动目标为例，假设拦截弹之间的通信拓扑切换情况如图 7-29 所示，两次切换分别发生在 $t_1=5$ s 和 $t_2=10$ s，制导律参数保持不变，仿真结果如图 7-30～图 7-33 所示。

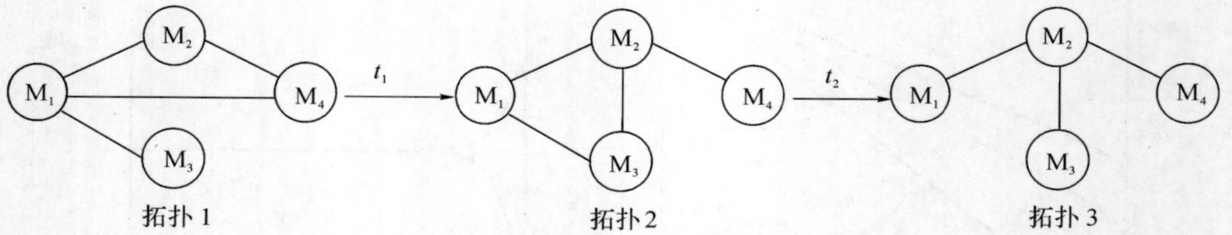

图 7-29 通信拓扑切换示意图

由图 7-29 可知，三种通信拓扑都是无向连通的，与之对应的三个邻接矩阵可以分别描述为

$$w_1=\begin{bmatrix}0&1&1&1\\1&0&0&1\\1&0&0&0\\1&1&0&0\end{bmatrix},\quad w_2=\begin{bmatrix}0&1&1&0\\1&0&1&1\\1&1&0&0\\0&1&0&0\end{bmatrix},\quad w_3=\begin{bmatrix}0&1&0&0\\1&0&1&1\\0&1&0&0\\0&1&0&0\end{bmatrix}$$

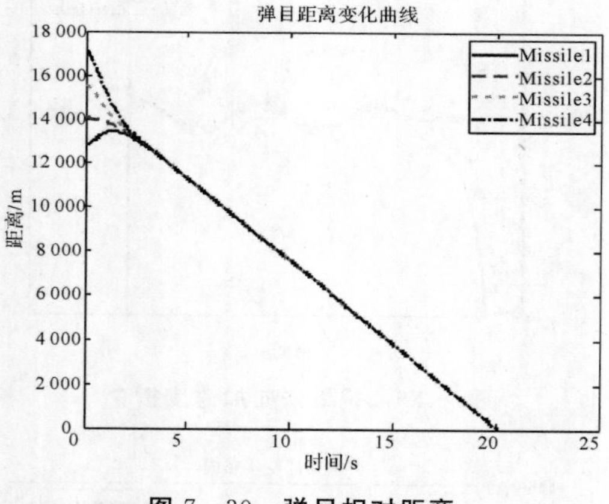

图 7-30 弹目相对距离

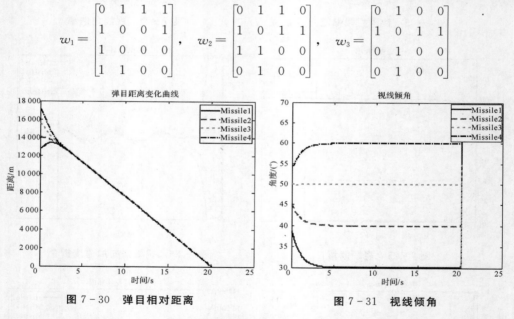

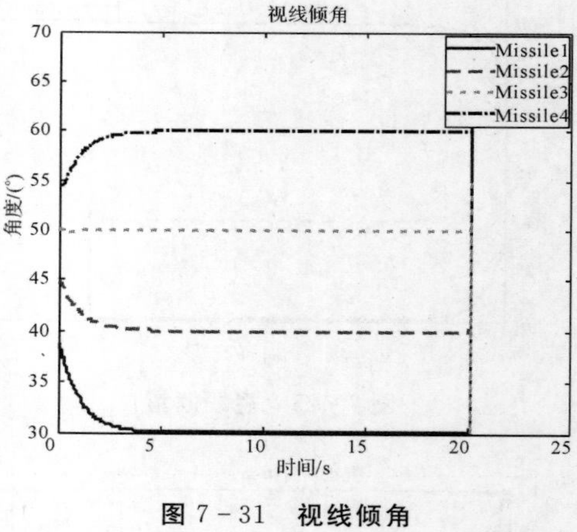

图 7-31 视线倾角

由图 7-33 可以看出，在通信拓扑发生切换的情况下，各枚拦截弹的视线切向指令在切换时刻均发生了跳变，但跳变幅度较小，对指令的总体宏观变化并没有产生影响，视线法向指令没有发生变化是因为二阶非线性一致协同制导律只在视线切向方向起作用，而不管指令如何跳变，由图 7-30 和图 7-31 可以看出，四枚导弹与目标的相对距离仍能在有限时间内达成一致，并且以期望的角度完成对目标的协同拦截任务，由此证明了本节所设计的分布式协同制导律在切换拓扑下的有效性，从而进一步拓宽了协同制导律的工作条件。

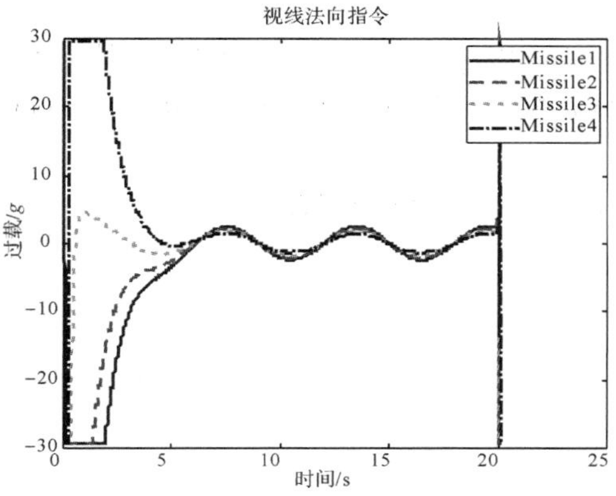

图 7-32　视线法向加速度指令

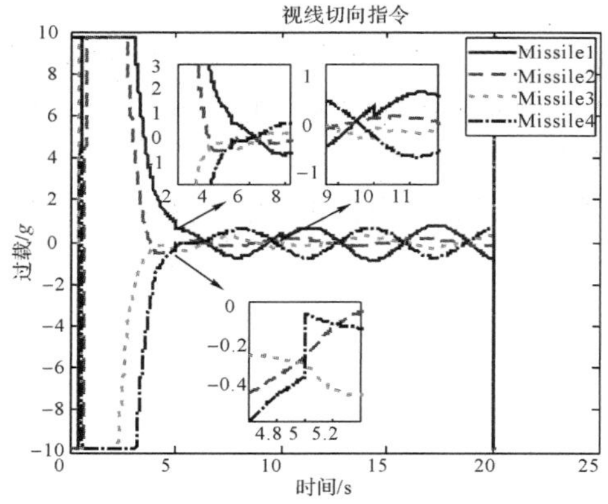

图 7-33　视线切向加速度指令

7.4　本章小结

针对多导弹协同拦截问题，首先利用非线性导引方程，采用一种预测命中点(PIP)的剩余时间估计方法，结合等效滑模控制理论，设计了一种大前置角拦截攻击时间控制制导律，对于非机动运动目标，该制导律确保导弹即使在制导初段弹目接近速度为负的情况下，也能最终修正弹道以指定的时间准确命中目标。其次，为实现真正意义上的闭环协同，设计了一种带有攻击角度约束的分布式协同制导律。协同制导律在垂直弹目视线和沿弹目视线两个方向独立设计：采用非奇异终端滑模控制理论设计垂直视线的加速度指令来保证每枚导弹以期望的攻击角高精度击中目标；采用二阶多智能体一致性理论设计沿视线方向的加速度指令保证导弹之间分布式协调，进而实现多导弹协同拦截任务。该制导律具备较理想的作战效能，为实现闭环意义下的协同拦截提供了一种有效的解决方案。

参考文献

[1]　KANG S, KIM H J. Differential game missile guidance with impact angle and time constraints[C]// Proceedings of the International Federation of Automatic Control World Congress, Milano, Italy, 2011, 9: 3920 - 3925.

[2]　KIM T H, LEE C H, JEON I S, et al. Augmented polynomial guidance with impact time and angle constraints[J]. IEEE Transactions on Aerospace and Electronic Systems, 2013, 49(4): 2806 - 2817.

[3]　李辕，赵继广，白国玉，等. 基于预测碰撞点的剩余飞行时间估计方法[J]. 北京航空航天大学学报，2016，42(8)：1667 - 1674.

[4]　王飞. 多动能拦截器协同作战制导规律研究[D]. 西安：空军工程大学，2010.

[5]　赵启伦，陈建，董希旺，等. 拦截高超声速目标的异类导弹协同制导律[J]. 航空学报，

2016,37(3):936 - 948.

[6] LEVANT A. Non-Homogeneous Finite-Time-Convergent Differentiator[C]// Proceedings of Decision and Control, 2009 held jointly with the 2009 28th Chinese Control conference. IEEE,2009:8399-8404.

[7] 潘欢.二阶多智能体一致性算法研究[D].长沙:中南大学,2012.

第八章　考虑导弹自动驾驶仪延迟的有限时间收敛制导律

8.1 引　　言

第四章提出了视线角速率有限时间收敛制导律，获得了较好的仿真效果；然而，在实际应用中，导弹的自动驾驶仪环节对制导律的影响很大，如果将导弹的自动驾驶仪环节考虑到制导律设计中，将会大大提高其制导精度，尤其在高速机动目标的拦截情形下，这种表现尤为突出。因此，考虑导弹自动驾驶仪动态特性的制导律也得到了广泛地研究。当前，很多视线角速率有限时间收敛制导律在设计时未考虑导弹自动驾驶仪动态特性，也有一部分虽然考虑了自动驾驶仪动态特性，但有的收敛时间过长，有的未考虑终端滑模控制的非奇异特性。此外，关于零控脱靶量的制导律也有不少研究，文献[6]根据平行接近法原理推导了一种动能拦截器零控脱靶量制导律，具有较高的制导精度；文献[7]设计了基于零控脱靶量的超远程攻击制导律。但是这两种制导律只能使零控脱靶量在拦截结束时刻趋向于零，不能使零控脱靶量在有限时间内收敛到零。

综上所述，本章首先提出跟踪微分滤波器和基于跟踪微分滤波器的制导律 ESO，为后续制导律设计奠定基础；其次，在考虑自动驾驶仪动态延迟的基础上，基于非奇异快速 Terminal 滑模，提出能够使视线角速率达到有限时间收敛的制导律；再次，建立考虑自动驾驶仪延迟的零控脱靶量三维制导模型，提出零控脱靶量有限时间收敛制导律；最后，通过仿真对所提出制导律的性能进行检验。

8.2 基于跟踪微分滤波器 ESO 的机动目标加速度估计

8.2.1 跟踪微分器及 ESO 相关知识

1. 跟踪微分器理论

跟踪微分器是我国韩京清教授提出的一种对信号进行跟踪并进行微分的数学方法[8]，特别在信号中包含噪声的情况下，跟踪微分器比传统微分器具有更好的微分效果。

传统信号微分器的原理框图如图 8-1 所示。

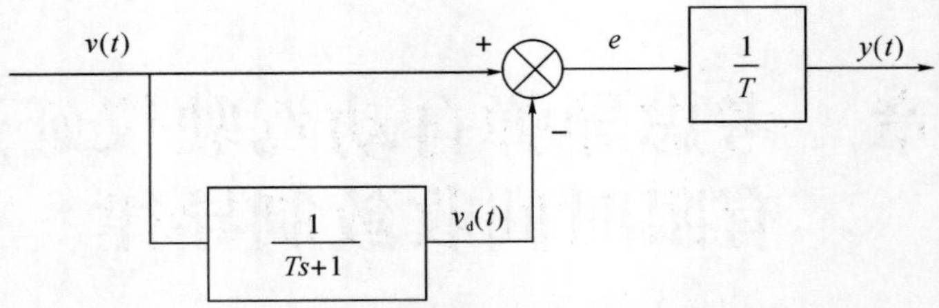

图 8-1　传统信号微分器的原理框图

图 8-1 中，$\nu(t)$为输入信号，$\nu_d(t)$为经过一阶惯性环节延迟之后的信号，e 为两信号之差值，传统信号微分器的输出为

$$y(t)=\frac{\nu(t)-\nu_d(t)}{T}\approx\dot{\nu}(t) \tag{8-1}$$

然而，当输入信号中含有噪声，即 $\nu(t)=\nu_0(t)+w(t)$时，其输出表达式可近似表达为

$$y(t)\approx\frac{\nu_0(t)+w(t)-\nu_{0d}(t)}{T}=\frac{\nu_0(t)-\nu_{0d}(t)}{T}+\frac{w(t)}{T}=\dot{\nu}_0(t)+\frac{w(t)}{T} \tag{8-2}$$

式(8-2)表明，传统信号微分器在输入有噪声的情况下，会使输入噪声在输出信号中放大约 $1/T$ 倍，其滤波和噪声抵制能力很差。

跟踪微分器针对传统信号微分器的弱点，采用将输入噪声延迟近似相互对消的方法，巧妙地设计了新型信号微分器，大大地减小了噪声污染的传递，增强了噪声抑制能力，其原理框图如图 8-2 所示。

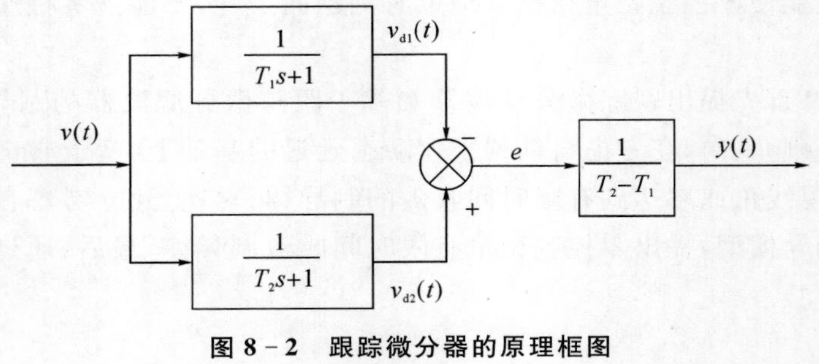

图 8-2　跟踪微分器的原理框图

图 8-2 中，输出微分信号的表达式为

$$y(t)=\frac{\nu_{d1}(t)-\nu_{d2}(t)}{T_2-T_1}\approx\dot{\nu}(t) \tag{8-3}$$

式(8-3)中，当两个惯性环节的时间常数 T_1 和 T_2 取值充分小时，它可以充分逼近于 $\dot{\nu}(t)$。

非线性跟踪微分器连续形式的一般表达式为

$$\left.\begin{aligned}&\dot{x}_1(t)=x_2(t)\\&\dot{x}_2(t)=-\gamma\text{sign}\left(x_1(t)-\nu(t)+\frac{x_2(t)\,|x_2(t)|}{2\gamma}\right)\end{aligned}\right\} \tag{8-4}$$

式中，$\nu(t)$为输入信号，$x_1(t)$为去除噪声后的跟踪信号，$x_2(t)$为去除噪声后的微分信号，γ 为调节参数，其值越大，信号跟踪速度越快。

2. 扩张状态观测器(Extented State Observer, ESO)理论

扩张状态观测器是自抗扰控制器的核心要素，它通过对模型的不确定性进行扩张，构造新的状态，设计新型状态观测器，完成对系统不确定性的高精度估计，具有精度高、收敛速度快、简便、实用、不依赖于系统精确模型等优点。针对如下非线性系统：

$$\left.\begin{aligned}&\dot{x}_1(t)=x_2(t)\\&\dot{x}_2(t)=f(x_1,x_2)+bu\\&y=x_1\end{aligned}\right\}\tag{8-5}$$

为对系统不确定性 $f(x_1,x_2)$ 进行观测，设计新的状态，令 $x_3(t)=f(x_1,x_2)$，则 $\dot{x}_3(t)=w(t)$，这样式(8-5)可扩张为

$$\left.\begin{aligned}&\dot{x}_1(t)=x_2(t)\\&\dot{x}_2(t)=f(x_1,x_2)+bu\\&\dot{x}_3(t)=w(t)\\&y=x_1\end{aligned}\right\}\tag{8-6}$$

因此，根据式(8-6)，扩张状态观测器可设计为

$$\left.\begin{aligned}&e=z_1-y\\&\dot{z}_1=z_2-\beta_{01}e_1\\&\dot{z}_2=z_3-\beta_{02}|e_1|^{\frac{1}{2}}\operatorname{sign}(e_1)+bu\\&\dot{z}_3=-\beta_{03}|e_1|^{\frac{1}{4}}\operatorname{sign}(e_1)\end{aligned}\right\}\tag{8-7}$$

式中，β_{01}、β_{02} 和 β_{03} 为状态调节参数。

在实际应用中，为避免抖振，将第二式和第三式中的 $|e|^a\operatorname{sign}(e)$ 表达式修正为 Fal 函数的形式，即

$$\operatorname{Fal}(e,a,\delta)=\begin{cases}|e|^a\operatorname{sign}(e), & |e|>\delta\\ e/\delta^{1-a}, & |e|\leqslant\delta\end{cases}\tag{8-8}$$

式中，δ 为误差线性范围的宽度。

3. 跟踪微分器和扩张状态观测器的滤波特性

跟踪微分器和扩张状态观测器本身也具有一定的滤波特性，文献[9]对跟踪微分器的滤波特性进行了研究，指出跟踪微分器与扩张状态观测器具有良好的滤波特性，只要选择合适的微分器和观测器参数，便可取得良好的滤波效果。事实上，扩张状态观测器的滤波特性主要体现在 Fal 函数的结构组成上[10]：当 $|e|>\delta$ 时，$\operatorname{Fal}(e,a,\delta)=|e|^a\operatorname{sign}(e)$，可保证误差快速地收敛到 δ；当 $|e|\leqslant\delta$ 时，$\operatorname{Fal}(e,a,\delta)=e/\delta^{1-a}$，令 $k_1=k/\delta^{1-a}$，则

$$\frac{y(s)}{\nu(s)}=\frac{k_1/s}{1+k_1/s}=\frac{k_1}{s+k_1}=\frac{1}{1+s/k_1}$$

此时 Fal 函数相当于时间常数为 $1/k_1$ 的低通滤波器。因此，扩张状态观测器具有算法简捷、精度高、跟踪速度快、不依赖于系统精确数学模型等优点，具有重要的理论意义和工程应用价值。

8.2.2　跟踪微分滤波器的设计与分析

低通滤波器为传统的滤波器之一，在理论和工程中得到了广泛地应用，但其滤波精度有

限。由于跟踪微分器具有很好的噪声抑制能力，能够取得更加精确的微分信号，所以考虑利用其跟踪及微分特性，通过对信号进行预测的方法，设计更加精确的滤波器。

针对如下形式的微分方程：

$$\left.\begin{aligned}&\frac{\mathrm{d}y}{\mathrm{d}x}=f(x,y)\\&y(x_0)=y_0\end{aligned}\right\}\tag{8-9}$$

若式(8-9)有精确解，则 $y=y(x)$；如果 $y(x)$在$[a,b]$上存在 $p+1$ 阶连续导数，则根据泰勒公式可展开为如下形式

$$y(x_{k+1})=y(x_k)+hy'(x_k)+\cdots+\frac{h^p}{p!}y^{(p)}(x_k)+\frac{h^{p+1}}{(p+1)!}y^{(p+1)}(\xi)+\cdots\tag{8-10}$$

式中，$x_k<\xi<x_{k+1}$，h 为仿真步长。

利用近似值 $y_k^{(j)}(j=0,1,2,\cdots,p)$替换真值 $y^{(j)}(x_k)$，且忽略式(8-10)的截断误差项，可得

$$y_{k+1}=y_k+hy'_k+\frac{h^2}{2}y''_k+\cdots+\frac{h^p}{p!}y_k^{(p)}\tag{8-11}$$

式(8-11)为式(8-9)所示的系统的泰勒级数法求解算法，根据式(8-8)所示的非线性跟踪微分器特性，可获得在输入信号含有噪声的情况下的输出，包括去除噪声之后的跟踪值、一阶微分值和二阶微分值，因此考虑令 $p=2$ 可得

$$y_{k+1}=y_k+hy'_k+\frac{h^2}{2}y''_k\tag{8-12}$$

式(8-12)的截断误差表达式为

$$y(x_{k+1})-y_{k+1}=\frac{h^3}{3!}y'''(\zeta)+o(h^3),\quad x_k<\zeta<x_{k+1}$$

根据式(8-12)的描述，可得基于系统式(8-4)的预测表达式为

$$\hat{y}(t+h)=x_1(t)+h\dot{x}_1(t)+\frac{h^2}{2}\dot{x}_2(t)\tag{8-13}$$

综上所述，跟踪微分滤波器的表达式为

$$\left.\begin{aligned}&\dot{x}_1(t)=x_2(t)\\&\dot{x}_2(t)=-\gamma\mathrm{sign}\left(x_1(t)-\nu(t)+\frac{x_2(t)|x_2(t)|}{2\gamma}\right)\\&\hat{y}(t+h)=x_1(t)+h\dot{x}_1(t)+\frac{h^2}{2}\dot{x}_2(t)\end{aligned}\right\}\tag{8-14}$$

在实际应用中，为减小抖振，可采用将式(8-14)第二式的继电特性连续化的方法。由于双曲正切函数 $\tanh(x)$在$[-\pi,\pi]$区间内，其取值范围为$[-0.996\ 3,0.996\ 3]$，并很快趋向于$[-1,1]$，且具有良好的光滑特性，所以本节采用双曲正切函数 $\tanh(s(x,t)/d)$进行连续化，其中 d 为控制边界层大小的参数，其边界层厚度 Δ 的计算方法为：$\Delta=2d\pi$。因此，跟踪微分滤波器的最终表达式为

$$\left.\begin{aligned}&\dot{x}_1(t)=x_2(t)\\&\dot{x}_2(t)=-\gamma\tanh\left[\left(x_1(t)-\nu(t)+\frac{x_2(t)|x_2(t)|}{2\gamma}\right)/d\right]\\&\hat{y}(t+h)=x_1(t)+h\dot{x}_1(t)+\frac{h^2}{2}\dot{x}_2(t)\end{aligned}\right\}\tag{8-15}$$

式(8-15)中，$\hat{y}(t+h)$为滤波器的输出，该滤波器充分利用跟踪微分器的跟踪和微分特性、计算方法简单，且滤波精度高于传统的低通滤波器。下面，通过仿真对比，验证所设计的跟踪微分滤波器(Tracking-Differentiator Filter, TDF)的滤波性能。

设输入信号$\nu(t)=\nu_0(t)+w(t)$，$\nu_0(t)=\sin t$，$y(t)$是输出，$w(t)$为均值0，标准差是0.01的高斯白噪声；低通滤波器(First Order Low-Pass Filter, FPF)的表达式为

$$y(t)=\frac{1}{Ts+1}\nu(t) \tag{8-16}$$

仿真中，各参数取值如下：$\gamma=100$，$T=0.02$，$d=0.05$，$h=0.001$ s。仿真结果如图8-3～图8-5所示。

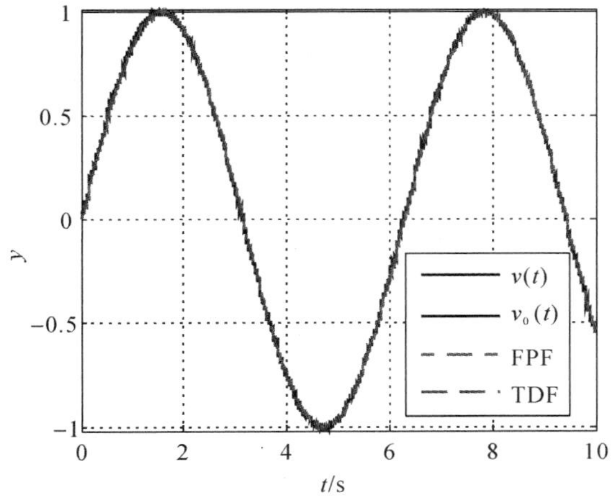

图8-3　FPF与TDF的滤波效果对比曲线

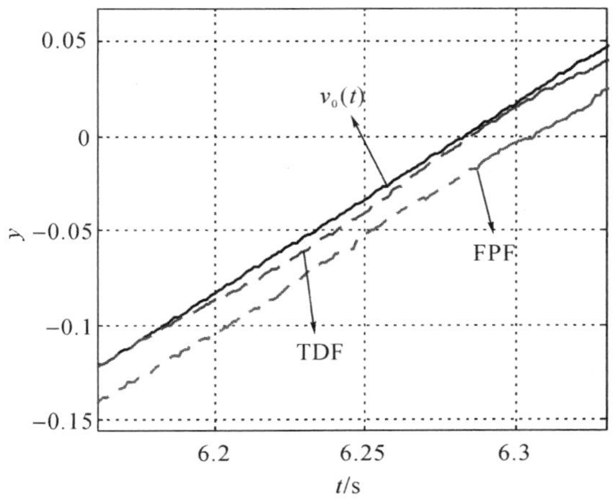

图8-4　FPF与TDF对比局部放大曲线

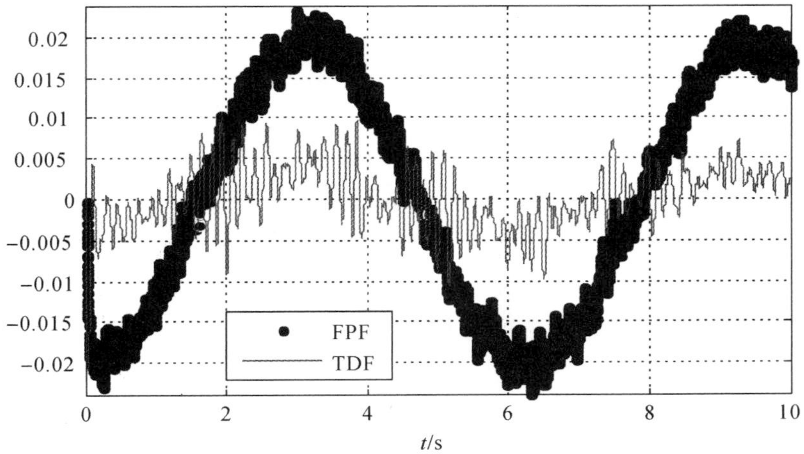

图8-5　FPF和TDF的滤波值与真实值$\nu_0(t)$相减所形成的误差曲线

由图8-3和图8-4可知，TDF的滤波值比FPF更加靠近真实值$\nu_0(t)$；由图8-5所示的TDF和FPF与真实值$\nu_0(t)$相减所形成的误差曲线可知，TDF的滤波误差远小于FPF的滤波误差。

8.2.1节说明了跟踪微分器具有良好的滤波特性，现将其与TDF和FPF放在一起进行比较，通过统计分析，说明三种滤波方法的特点。对三种滤波方法的滤波输出与真实输入值

$\nu_0(t)$相减，所得到的误差求均值和均方差，仿真结果见表 8-1。

表 8-1　三种滤波器性能对比

滤波器类型	低通滤波器	跟踪微分滤波器	跟踪微分器
均　值	0.000 9	0.000 1	0.000 2
均方差	0.120 0	0.063 8	0.067 3

由表 8-1 可知，跟踪微分器和本书所提出的跟踪微分滤波器的滤波精度大大高于传统低通滤波器，而跟踪微分滤波器的精度又优于跟踪微分器。理论上，当仿真步长变大时，跟踪微分滤波器的精度优势会更加明显。

8.2.3　基于跟踪微分滤波器的制导律 ESO 设计

1. 制导律 ESO 设计

根据 4.2.1 节的导弹-目标相对运动学模型可得

$$\dot{x}_3(t)=\ddot{\theta}_l=a(x,t)+b(x,t)u+f(x,t) \tag{8-17}$$

式中，$x_3(t)=\dot{\theta}_l$，$a(x,t)=2\dfrac{\dot{r}}{r}x_3(t)$，$b(x,t)=-\dfrac{1}{r}$，$f(x,t)=\dfrac{1}{r}a_{\mathrm{tr}_\perp}$，$u=a_{\mathrm{mr}_\perp}$。

根据 ESO 的原理，将 $f(x,t)$扩张为新的状态 x_4，则新的状态方程如下：

$$\left.\begin{aligned}&\dot{x}_3(t)=\ddot{\theta}_l=a(x,t)+b(x,t)u+f(x,t)\\&\dot{x}_4(t)=\dot{f}(x,t)=w(t)\end{aligned}\right\} \tag{8-18}$$

为充分降低噪声信号的影响，将式(8-15)所示的跟踪微分滤波器扩张到整个系统状态中，可得

$$\left.\begin{aligned}&\dot{x}_1(t)=x_2(t)\\&\dot{x}_2(t)=-\gamma\tanh\left[\left(x_1(t)-x_3^*(t)+\frac{x_2(t)|x_2(t)|}{2\gamma}\right)/d\right]\\&\dot{x}_3(t)=\ddot{\theta}_l=a(x,t)+b(x,t)u+f(x,t)\\&\dot{x}_4(t)=\dot{f}(x,t)=w(t)\\&y_1(t)=x_1(t)\end{aligned}\right\} \tag{8-19}$$

式中，$x_3^*(t)$为带噪声的状态输入量。

因此，基于跟踪微分滤波器的 ESO 可构造如下：

$$\left.\begin{aligned}&e=z_{y_1}(t)-y_1(t)\\&\dot{z}_1(t)=z_2(t)-\beta_{01}e\\&\dot{z}_2(t)=-\gamma\tanh\left[\left(z_1(t)-z_3(t)+\frac{z_2(t)|z_2(t)|}{2\gamma}\right)/d\right]-\beta_{02}\mathrm{fal}(e,\alpha_1,\delta)\\&\dot{z}_3(t)=a(z,t)+b(z,t)u+z_4(t)-\beta_{03}\mathrm{fal}(e,\alpha_2,\delta)\\&\dot{z}_4(t)=-\beta_{04}\mathrm{fal}(e,\alpha_3,\delta)\\&z_{y1}(t)=z_1(t)+h\dot{z}_1(t)+\frac{h^2}{2}\dot{z}_2(t)\end{aligned}\right\} \tag{8-20}$$

在数值仿真中，可以采用离散形式的快速跟踪微分滤波器，其性能优于连续形式的跟踪微

分滤波器，这样，式(8－19)中的第二式可改进为

$$\dot{x}_2(t)=\mathrm{fhan} \tag{8-21}$$

式中，fhah＝fhan$(x_1(t)-x_3^*(t), x_2(t), \gamma, h_0)$，可表示为

$$\left.\begin{aligned}
&\varepsilon=\gamma h_0^2\\
&a_0=h_0x_2\\
&\xi=x_1+a_0\\
&a_1=\sqrt{\varepsilon(\varepsilon+8|\xi|)}\\
&a_2=a_0+\mathrm{sign}(\xi)(a_1-\varepsilon)/2\\
&a=(a_0+\xi)\mathrm{fsg}(\xi,\varepsilon)+a_2(1-\mathrm{fsg}(\xi,\varepsilon))\\
&\mathrm{fhan}=-\gamma\frac{a}{\varepsilon}\mathrm{fsg}(a,\varepsilon)-\gamma\mathrm{sgn}(a)(1-\mathrm{fsg}(a,\varepsilon))
\end{aligned}\right\} \tag{8-22}$$

其中，fsg 函数的形式为

$$\mathrm{fsg}(p,q)=(\mathrm{sign}(p+q)-\mathrm{sgn}(p-q))/2$$

同理，式(8－20)中的第三式可修改为如下形式：

$$\dot{z}_2(t)=\mathrm{fhan}(z_1(t)-z_3(t), z_2(t), \gamma, h_0)-\beta_{02}\mathrm{fal}(e, \alpha_1, \delta) \tag{8-23}$$

这样，目标加速度的估计值可用 $a_{\mathrm{tr}_\perp}=r\cdot z_4(t)$ 求出，从而达到对制导律进行有效补偿的目的。

2. 仿真分析

在地面坐标系下，选取目标的初始位置坐标 $x_{t0}=50$ km，$y_{t0}=20$ km，导弹的初始位置坐标 $x_{m0}=0$ km，$y_{m0}=14$ km；目标与导弹的加速度在视线法向上的分量分别用 a_{tq} 与 a_{mq} 表示；目标的速度 $\nu_t=1\ 800$ m/s，初始弹道倾角 $\theta_{t0}=-170°$，做正弦型机动，其过载为 $a_{tq}=a_{t\max}\sin(\pi t/3)$；导弹速度 $\nu_m=1\ 500$ m/s，初始弹道倾角 $\theta_{m0}=15°$，其最大过载是 $20g$，制导律表达式为

$$a_{mq}=N\cdot z_{y_1}(t)\cdot|\dot{r}|+k\cdot\frac{a_{\mathrm{t\_estate}}}{2}$$

由于末制导刚开始时，ESO 跟踪上导弹的加速度需要较小的延迟时间，所以，在此延迟时间内，导弹按照真比例制导律进行飞行，$a_{mq}=N\cdot z_{y1}(t)\cdot|\dot{r}|$。

仿真步长为 1 ms，导引头盲区 $r_b=300$ m，$a_{t\max}=4g$；视线角速率噪声的均方差为 1.7e－4 rad/s；ESO 的参数取值为 $\gamma=100.91$、$h_0=0.01$ ms、$\delta=0.01$、$\beta_{01}=100$、$\beta_{02}=150$、$\beta_{03}=300$、$\beta_{04}=2\ 000$、$\alpha_1=0.9$、$\alpha_2=0.8$、$\alpha_3=0.7$。仿真结果如图 8－6～图 8－9 所示。

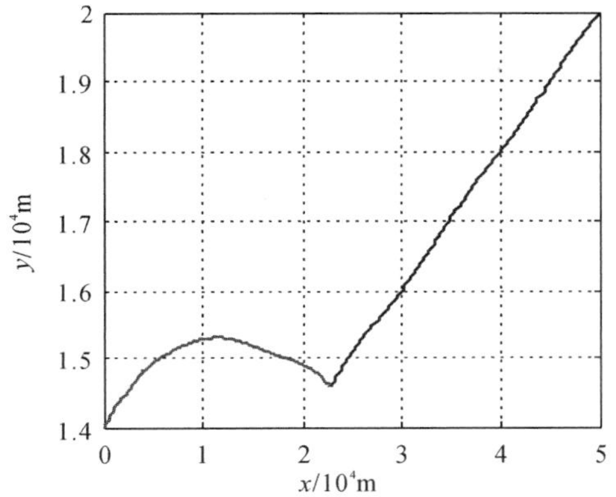

图 8－6 弹道轨迹

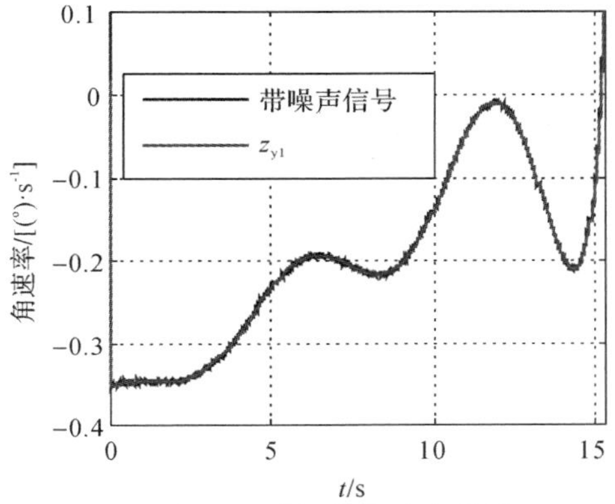

图 8－7 导弹视线角速率曲线

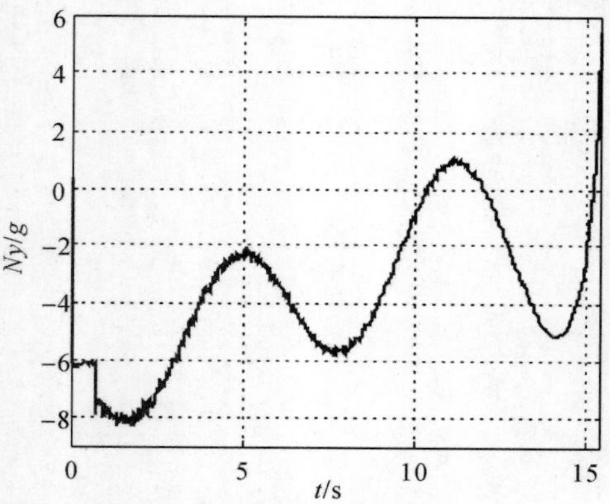

图 8-8　导弹过载曲线

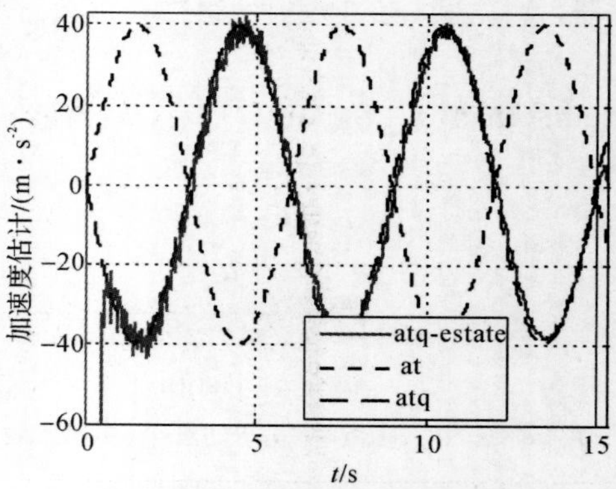

图 8-9　目标加速度估计曲线

由图 8-6～图 8-9 可知，在末制导开始 0.55 s 之后，跟踪微分滤波器 ESO 跟踪上目标的加速度，并一直保持较高的精度，导弹顺利命中目标，其过载和视线角速率保持在较小水平。因此，所设计的跟踪微分滤波器 ESO 具有良好的导弹加速度估计特性。

8.3　考虑自动驾驶仪延迟的视线角速率有限时间收敛制导律设计

8.3.1　考虑自动驾驶仪延迟的弹目相对运动关系的数学描述

导弹-目标的相对运动几何关系与图 4-1 相同，为便于研究，将该关系解耦到 X_iOZ_i 和 X_iOY_i 内两个平面内。假设在充分短的时间 Δt 内，x_i、y_i、z_i、θ_l 的增量分别为 Δx_i、Δy_i、Δz_i、$\Delta\theta_l$，那么

$$\sin\Delta\theta_l(t)=\frac{\Delta y_i(t)}{r(t)} \tag{8-24}$$

由于 Δt 充分小，所以 $\Delta\theta_l(t)$ 亦为一个充分小的量，因此式(8-24)可化简为

$$\Delta\theta_l(t)=\frac{\Delta y_i(t)}{r(t)} \tag{8-25}$$

对式(8-25)两端进行求导，可得

$$\Delta\dot{\theta}_l(t)=\frac{\Delta\dot{y}_l(t)}{r(t)}-\Delta y_l(t)\frac{\dot{r}(t)}{r^2(t)} \tag{8-26}$$

由式(8-25)和式(8-26)可得

$$\Delta\dot{\theta}_l(t)=-\frac{\dot{r}(t)}{r(t)}\Delta\theta_l(t)+\frac{\Delta\dot{y}_i(t)}{r(t)} \tag{8-27}$$

对式(8-27)两端进行求导，可得

$$\Delta\ddot{\theta}_l(t)=-\frac{r(t)}{r(t)}\Delta\dot{\theta}_l(t)-\frac{\ddot{r}(t)r(t)-\dot{r}^2(t)}{r^2(t)}\Delta\theta_l(t)+\frac{\Delta\ddot{y}_i(t)}{r(t)}-\frac{\Delta\dot{y}_i(t)\dot{r}(t)}{r^2(t)} \tag{8-28}$$

根据式(8－27)和式(8－28)化简可得

$$\Delta\ddot{\theta}_l(t)=-\frac{2\dot{r}(t)}{r(t)}\Delta\dot{\theta}_l(t)-\frac{\ddot{r}(t)}{r(t)}\Delta\theta_l(t)+\frac{\Delta\ddot{y}_i(t)}{r(t)} \tag{8-29}$$

式中，$\Delta\ddot{y}_i(t)=-a_{\mathrm{my}}(t)+a_{\mathrm{ty}}(t)$，$a_{\mathrm{my}}(t)$和$a_{\mathrm{ty}}(t)$分别表示导弹与目标加速度在$Oy_i$方向上的分量。

导弹一阶自动驾驶仪动态特性可近似为

$$\dot{a}_{\mathrm{my}}(t)=-\frac{1}{\tau}a_{\mathrm{my}}(t)+\frac{1}{\tau}u(t) \tag{8-30}$$

式中，$u(t)$为导弹的指令加速度，τ为导弹自动驾驶仪延迟时间常数。

取$x_1=\Delta\theta_L$、$x_2=\dot{x}_1=\Delta\dot{\theta}_L$，根据式(8－29)，可得

$$\dot{x}_2=\Delta\ddot{\theta}_L=-\frac{2\dot{r}(t)}{r(t)}x_2-\frac{\ddot{r}(t)}{r(t)}x_1+\frac{a_{\mathrm{ty}}(t)}{r(t)}-\frac{a_{\mathrm{my}}(t)}{r(t)} \tag{8-31}$$

由式(8－31)可得

$$a_{\mathrm{my}}(t)=-2\dot{r}(t)x_2-\ddot{r}(t)x_1+a_{\mathrm{ty}}(t)-r(t)\dot{x}_2 \tag{8-32}$$

又令$x_3=\dot{x}_2$，则

$$\dot{x}_3=\ddot{x}_2=\Delta\dddot{\theta}_{\mathrm{L}} \tag{8-33}$$

对式(8－31)两端进行微分，可得

$$\dot{x}_3=\ddot{x}_2=$$

$$-2\frac{\dot{r}}{r}x_3-\left(\frac{2r\ddot{r}-2\dot{r}^2}{r^2}+\frac{\ddot{r}}{r}\right)x_2-\frac{r\dddot{r}-\dot{r}\ddot{r}}{r^2}x_1+\frac{r\dot{a}_t-\dot{r}a_t}{r^2}-\frac{r\dot{a}_{\mathrm{my}}(t)-\dot{r}a_{\mathrm{my}}}{r^2} \tag{8-34}$$

将式(8－30)和式(8－32)代入式(8－34)，化简可得

$$\begin{aligned}\dot{x}_3=\ddot{x}_2=&-\left(\frac{\dddot{r}(t)}{r(t)}+\frac{\ddot{r}(t)}{r(t)\tau}\right)x_1-\left(\frac{3\ddot{r}(t)}{r(t)}-\frac{4\dot{r}^2(t)}{r^2(t)}-\frac{2\dot{r}(t)}{r(t)\tau}\right)x_2-\\&\left(\frac{3\dot{r}(t)}{r(t)}+\frac{1}{\tau}x_3+\frac{r(t)\dot{a}_{ty}(t)}{r(t)^2}+\frac{1}{r(t)\tau}a_{\mathrm{ty}}(t)-\frac{1}{r(t)\tau}u(t)\right)\end{aligned} \tag{8-35}$$

因此，考虑导弹自动驾驶仪延迟的弹目相对运动学模型可表示为

$$\dot{\boldsymbol{x}}=\boldsymbol{Ax}+\boldsymbol{Bu}+\boldsymbol{C}f \tag{8-36}$$

式中，$\boldsymbol{x}=[x_1,x_2,x_3]^{\mathrm{T}}$，$\boldsymbol{A}=\begin{bmatrix}0&1&0\\0&0&1\\A_1&A_2&A_3\end{bmatrix}$，$\boldsymbol{B}=[0,0,B_1]^{\mathrm{T}}$，$\boldsymbol{C}=[0,0,1/r(t)]^{\mathrm{T}}$，$f=\dot{a}_{ty}(t)+\frac{1}{\tau}a_{\mathrm{ty}}(t)$，$A_1=-\frac{\dddot{r}(t)}{r(t)}-\frac{\ddot{r}(t)}{r(t)\tau}$，$A_2=-\frac{3\ddot{r}(t)}{r(t)}+\frac{4\dot{r}^2(t)}{r^2(t)}+\frac{2\dot{r}(t)}{r(t)\tau}$，$A_3=-\frac{3\dot{r}(t)}{r(t)}-\frac{1}{\tau}$；$B_1=-\frac{1}{r(t)\tau}$；$f$为干扰量，且$|f|\leqslant F$。

8.3.2　非奇异快速Terminal滑模面设计

快速Terminal滑模面具有较高的收敛速度，其一般表达式为[11]

$$s=\dot{x}+\alpha x+\beta x^{q/p} \tag{8-37}$$

式中，$\alpha>0$、$\beta>0$、p 和 q 为正奇数，且 $p>q$。

该滑模面的微分为

$$\dot{s}=\ddot{x}+\alpha\dot{x}+\beta x^{q/p-1}\dot{x} \tag{8-38}$$

在制导律设计中，一般都含有滑模面的微分项 $\dot{s}$，因此亦含有 $x^{q/p-1}$；由于 $q/p-1<0$，故若 $x=0$，则 $x^{q/p-1}$ 会出现奇异问题。尤其在有限时间收敛制导律设计中，由于期望系统的状态——视线角速率或其微分量为零，那么，当视线角速率达到有限时间收敛时，很容易出现奇异。针对该难点，本书针对式(8-36)所示的非线性系统，运用非奇异快速 Terminal 滑模控制理论来设计制导律。

非奇异快速 Terminal 滑模面设计如下。

$$s=x_2+\alpha x_3+\beta x_3^{p/q} \tag{8-39}$$

式中，$\alpha>0$、$\beta>0$、p 和 q 为正的奇数，且 $1<p/q<2$。

8.3.3 考虑延迟的视线角速率有限时间收敛制导律设计

根据 Lyapunov 方法求取制导律，则 Lyapunov 函数选择为

$$V(x)=\frac{1}{2}s^2 \tag{8-40}$$

对式(8-40)进行微分，可得

$$\begin{aligned}\dot{V}(x)=s\dot{s}=&s(\dot{x}_2+\alpha\dot{x}_3+\beta p/qx_3^{p/q-1}\dot{x}_3)=\\&s[\dot{x}_2+(\alpha+\beta p/qx_3^{p/q-1})(A_1x_1+A_2x_2+A_3x_3+B_{1u}+Cf)=\\&s[\dot{x}_2+(\alpha+\beta p/qx_3^{p/q-1})(A_1x_1+A_2x_2+A_3x_3+Cf)+B_1u(\alpha+\beta p/qx_3^{p/q-1})]\end{aligned} \tag{8-41}$$

式中，$C=1/r(t)$。

根据 Lyapunov 稳定性定理，为使 Terminal 滑模面 $s_2=0$ 可达，须使 $\dot{V}(x)<0$，因此制导律可设计为

$$u=-\frac{x_3+(\alpha+\beta p/qx_3^{p/q-1})(A_1x_1+A_2x_2+A_3x_3+Cf)+(\lambda+\mu|s|^{p/q})\mathrm{sgn}(s)}{B_1(\alpha+\beta p/qx_3^{p/q-1})} \tag{8-42}$$

式中，$\lambda>0$、$\mu>0$。

由于在实际应用中，f 可能难以得到，故式(8-42)可表示为

$$u=-\frac{x_3+(\alpha+\beta p/qx_3^{p/q-1})(A_1x_1+A_2x_2+A_3x_3)+(\lambda+\mu|s|^{p/q})\mathrm{sgn}(s)}{B_1(\alpha+\beta p/qx_3^{p/q-1})} \tag{8-43}$$

将式(8-43)代入式(8-41)，可得

$$\begin{aligned}\dot{V}(x)=&Cf(\alpha+\beta p/qx_3^{p/q-1})s-\lambda|s|-\mu|s|^{p/q+1}=\\&\frac{f(\alpha+\beta p/qx_3^{p/q-1})}{r(t)}s-\lambda|s|-\mu|s|^{p/q+1}\end{aligned} \tag{8-44}$$

由于 $1<p/q<2$，可知 $x_3^{p/q-1}<1$，故式(8-44)可化简为

$$\dot{V}(x)\leqslant\frac{F(\alpha+2\beta)}{r_b}s-\lambda|s|-\mu|s|^{p/q+1} \tag{8-45}$$

式中，r_b 为导引头的盲区距离。

显然，若取 $\mu \geqslant \dfrac{F(\alpha+2\beta)}{r_b}$，则 $\dot{V}(x) \leqslant 0$，从而保证 $\dot{V}(x)$ 是负定的。因此，式(8－44)所示的制导律可确保系统稳定性。

式(8－43)所示的制导律中含有符号函数，由于导弹的控制量切换难以在极短时间内实现，所以容易造成抖振，为消除抖振，可以对非奇异快速 Terminal 滑模制导律的符号函数进行光滑处理，这里用饱和函数 sat(s)代替符号函数 sign(s)。$\mathrm{sat}_\Delta(s)$的表达式如下：

$$\mathrm{sat}_\Delta(s)=\begin{cases}1, s>\Delta \\ \gamma s, |s| \leqslant \Delta, \gamma=1/\Delta \\ -1, s<-\Delta\end{cases} \tag{8-46}$$

因此，考虑导弹自动驾驶仪延迟的非奇异 Terminal 滑模有限时间收敛制导律的最终表达式为

$$u=-\frac{x_3+(\alpha+\beta p/q x_3^{p/q-1})(A_1 x_1+A_2 x_2+A_3 x_3)+(\lambda+\mu|s|^{p/q})\mathrm{sat}\Delta(s)}{B_1(\alpha+\beta p/q x_3^{p/q-1})} \tag{8-47}$$

8.3.4　基于跟踪微分滤波器 ESO 的有限时间收敛制导律设计

在导弹获得的视线角速率含有噪声的情况下，往往需要对噪声信号进行滤波，因此，本小节拟设计基于跟踪微分滤波器的 ESO，一方面对视线角速率噪声进行滤波，另一方面，使用扩张状态观测器对式(8－36)中的不确定项进行估计，以提高制导精度。

根据 8.3.1 节给出的考虑自动驾驶仪延迟的制导模型，令 $x_3'(t)=\dot{\theta}_L$、$x_4'(t)=\ddot{\theta}_L$，从而可得

$$\left.\begin{aligned}\dot{x}_3'(t)&=x'(t)_4 \\ \dot{x}_4'(t)&=A_2 x_3'(t)+A_3 x_4'(t)+B_1 u+A_1\Delta\theta_L+Cf\end{aligned}\right\} \tag{8-48}$$

由于 $\ddot{r}(t)$ 和 $\dddot{r}(t)$ 几乎为零，所以可认为 $A_1 \approx 0$；令系统的不确定性 $f'(x,t)=A_1\Delta\theta_L+Cf$，并将其扩张为状态 $x_5'(t)$，那么

$$\dot{x}_5'(t)=\dot{f}'(x,t)=w'(t) \tag{8-49}$$

根据式(8－48)、式(8－43)及式(8－15)，可得状态方程组为

$$\left.\begin{aligned}\dot{x}_1'(t)&=x_2'(t) \\ \dot{x}_2'(t)&=\mathrm{fhan}(x_1'(t)-x_3^{*\prime}(t), x_2'(t), \gamma, h_0) \\ \dot{x}_3'(t)&=x_4'(t) \\ \dot{x}_4'(t)&=A_2 x_3'(t)+A_3 x_4'(t)+B_1 u+x_5'(t) \\ \dot{x}_5'(t)&=w'(t) \\ \dot{y}_1'(t)&=x_1'(t)\end{aligned}\right\} \tag{8-50}$$

根据 8.2.3 节的跟踪微分滤波器 ESO 设计原理，可得考虑自动驾驶仪动态特性的跟踪微分滤波器 ESO，如下式所示：

$$\left.\begin{aligned}
&e'=z'_{y_1}(t)-y'_1(t)\\
&\dot{z}'_1(t)=z'_2(t)-\beta_1 e'\\
&\dot{z}'_2(t)=\mathrm{fhan}((z'_1(t)-z'_3(t),z'_2(t),\gamma,h_0)-\beta_2\,\mathrm{fal}(e',\alpha'_1,\delta')\\
&\dot{z}'_3(t)=z'_4(t)-\beta_3\,\mathrm{fal}(e',\alpha'_2,\delta')\\
&\dot{z}'_4(t)=A_2 z'_3(t)+A_3 z'_4(t)+B_1 u'+z'_5(t)-\beta_4\,\mathrm{fal}(e',\alpha'_3,\delta')\\
&\dot{z}'_5(t)=-\beta_5\,\mathrm{fal}(e',\alpha'_4,\delta')\\
&\dot{z}'_{y1}(t)=z_1(t)+h\dot{z}_1(t)+\frac{h^2}{2}\dot{z}_2(t)
\end{aligned}\right\}\tag{8-51}$$

根据式(8-42)，基于跟踪微分滤波器 ESO 的有限时间收敛制导律表达式为

$$u'=-\frac{\hat{x}'_3+(\alpha+\beta p/q\hat{x}'^{p/q-1}_3)[A_2\hat{x}'_2+A_3\hat{x}'_3+\hat{f}'(x,t)]+(\lambda+\mu|\hat{s}'|^{p/q})\mathrm{sat}_\Delta(\hat{s}')}{B_1(\alpha+\beta p/q\hat{x}'^{p/q-1}_3)}\tag{8-52}$$

式中，$\hat{x}'_2=z'_{y_1}(t)$，$\hat{x}'_3=\dot{\hat{x}}'_2$，$\hat{s}'=\hat{x}'_2+\alpha\hat{x}'_3+\beta\hat{x}'^{p/q}_3$，$\hat{f}(x,t)=z'_5(t)$。

根据式(8-41)和式(8-52)，可知

$$\dot{V}'(x)=\hat{s}'\dot{\hat{s}}'=-(\lambda+\mu|\hat{s}'|^{p/q})|\hat{s}'|\leqslant 0\tag{8-53}$$

因此，式(8-52)所提出的制导律可保证系统的稳定性。

8.3.5 制导律有限时间收敛特性证明

前两小节中制导律设计的目的就是在考虑导弹自动驾驶仪动态特性的前提下，设计导弹视线角速率有限时间收敛制导律，因此需要对其有限时间收敛特性进行分析。根据引理 2-1，基于有限时间收敛 Lyapunov 稳定性控制理论，对所设计制导律的有限时间收敛能力进行证明。

证明：

由式(8-45)及 $\mu\geqslant\dfrac{F(\alpha+2\beta)}{r_b}$，可知

$$\dot{V}(x)=s\dot{s}\leqslant\frac{F(\alpha+2\beta)}{r_b}s-\lambda|s|-\mu|s|^{p/q-1}\leqslant-\lambda|s|=-\sqrt{2}\lambda V^{\frac{1}{2}}(x)\tag{8-54}$$

根据引理 2-1，可知式(8-43)满足有限时间稳定的相关条件，因此，所设计的考虑导弹自动驾驶仪延迟的非奇异 Terminal 滑模制导律是有限时间收敛的。

收敛时间 t_r 与系统状态初始值 $x(0)$ 有关，其上界为

$$t_r\leqslant\frac{V^{1-K}(x_0)}{c(1-K)}\tag{8-55}$$

根据式(8-54)和式(8-55)可知，$c=\sqrt{2}\lambda$、$K=1/2$。结合式(8-40)，可得

$$t_r\leqslant\frac{\sqrt{2}}{\lambda}\sqrt{V(x_0)}=\frac{1}{\lambda}|s(x_0)|=\frac{1}{\lambda}|x_2(t_0)+\alpha x_3(t_0)+\beta x_3^{p/q}(t_0)|\tag{8-56}$$

故 s 可在有限时间 t_r 内收敛到零。下面证明当 $t=t_r$、$s(t_r)=0$、$x_2(t_r)\neq 0$ 时，x_2 可在有限时间 t_s 内收敛到零。

取 Lyapunov 函数为

$$V_2(x)=\frac{1}{2}x_2^2\tag{8-57}$$

对式(8-57)进行微分，可得

$$\dot{V}_2(x)=x_2\dot{x}_2=x_2x_3 \tag{8-58}$$

由于当 $t\geqslant t_r$ 时，$s(t_r)=0$，故 $x_2=\alpha x_3+\beta x_3^{p/q}=0$。

当 $x_3\geqslant 0$ 时，$x_2+\beta x_3^{p/q}\leqslant 0$，继而可得

$$x_3^{p/q}\leqslant -\frac{1}{\beta}x_2$$

再化简，可得

$$x_3\leqslant -\frac{1}{\beta^{q/p}}x_2^{q/p}$$

当 $x_3<0$ 时，$x_2+\beta x_3^{p/q}>0$，继而可得

$$x_3^{p/q}>-\frac{1}{\beta}x_2$$

再化简，可得

$$x_3\leqslant -\frac{1}{\beta^{q/p}}x_2^{q/p}$$

将 x_3 代入式(8-58)，可得

$$\dot{V}_2(x)=x_2x_3\leqslant -\frac{1}{\beta^{q/p}}x_2^{q/p+1}=-2^{\frac{q/p+1}{2}}\beta^{-q/p}V_2^{\frac{q/p+1}{2}}(x) \tag{8-59}$$

由于 $1<p/q<2$，及式(8-59)，可得

$$c=2^{\frac{q/p+1}{2}}\beta^{-q/p}>0,\quad K=\frac{q/p+1}{2}\in(0,1)$$

根据引理 2-1，易知 x_2 可达到有限时间收敛，其收敛时间为

$$t_s\leqslant\frac{V^{1-K}[x_2(t_r)]}{c(1-K)}=2^{K-q/2p-5/2}\frac{x_2^{1-K}(t_r)}{(1-q/p)\beta^{-q/p}} \tag{8-60}$$

同理，当制导律及 Lyapunov 函数的形式为式(8-52)或式(8-53)时，其有限时间收敛特性分析及结果与上述研究相同。

证毕。

由于采用饱和函数法对制导律的继电特性进行连续化，所以会对系统的有限时间收敛特性产生一定的影响。如下式所示：

$$\text{sat}_\Delta(s)=\begin{cases}\text{sign}(s) & |s|>\boldsymbol{\Delta}\\ \gamma s & |s|\leqslant\boldsymbol{\Delta}\end{cases}$$

因此，只要 Δ 取得足够小，即可保证所选定的状态在有限时间内收敛到$[-\Delta,\Delta]$的邻域内，继而保证其有限时间收敛特性及制导精度。

8.3.6　仿真方案设计与性能分析

1. 考虑延迟的视线角速率有限时间收敛制导律仿真分析

在地面坐标系下，选取目标的初始位置坐标 $x_{t0}=50$ km，$y_{t0}=20$ km，导弹的初始坐标 $x_{m0}=0$ km，$y_{m0}=16$ km；目标的速度 $\nu_t=1\ 800$ m/s，初始弹道倾角 $\theta_{t0}=-170°$，其机动过载范围是 $1g\sim4g$；导弹的速度 $\nu_m=1\ 500$ m/s，初始弹道倾角 $\theta_{m0}=15°$，其最大过载是 $20g$；仿真步

长为 10 ms，导引头盲区 $r_b=300$ m，导引头进入盲区后，导弹按照该时刻的前一时刻的制导指令进行制导直至命中目标，仿真步长改为 0.01 ms；仿真中，导弹成功命中目标的最大脱靶量设定为 0.6 m。

仿真中将本书设计的非奇异快速 Terminal 滑模有限时间收敛制导律（Nongular Fast Terminal Sliding Mode Guidance Law，NFTG）与一般滑模制导律（Sliding Mode Guidance Law，SMG）进行对比分析，一般滑模制导律的表达式为 $u=(k+1)\dot{\theta}_L|\dot{r}|+\varepsilon\dot{\theta}_L/(|\dot{\theta}_L|+\delta)$；同时，视线角速率收敛时间的计算方法定义为，在目标不改变其机动方式和大小的情况下，当导弹的视线角速率 $\dot{\theta}_L$ 进入并保持在$[-4\times10^{-4},4\times10^{-4}]$的邻域内时，即认为视线角速率达到有限时间收敛状态。为充分体现考虑导弹自动驾驶仪延迟特性的有限时间收敛制导律的优越性，将该延迟时间常数选取为稍大的 $\tau=0.45$ s，且针对目标做圆弧型机动、正弦型机动和方波型机动三种情况分别进行仿真；圆弧型机动的过载表达式为 $a_t=a_{tmax}$，正弦型机动的过载表达式为 $a_t=a_{tmax}\sin(\pi t/3)$，方波型机动的过载表达式为 $a_t=a_{tmax}\mathrm{sgn}(12-t)$。仿真结果如图 8-10～图 8-18、表 8-2～表 8-5 所示。

（1）目标做圆弧型机动（$a_t=a_{tmax}$）

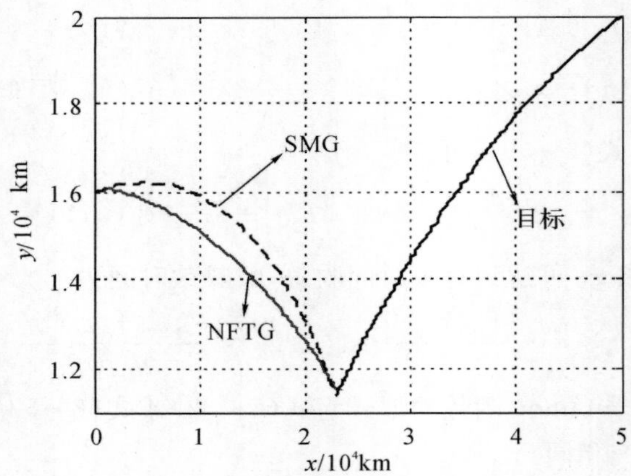

图 8-10 目标做圆弧型机动时的弹道曲线

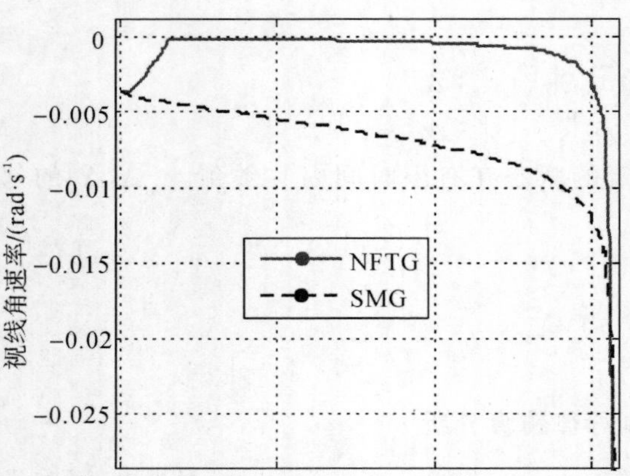

图 8-11 目标做圆弧型机动时的视线角速率曲线

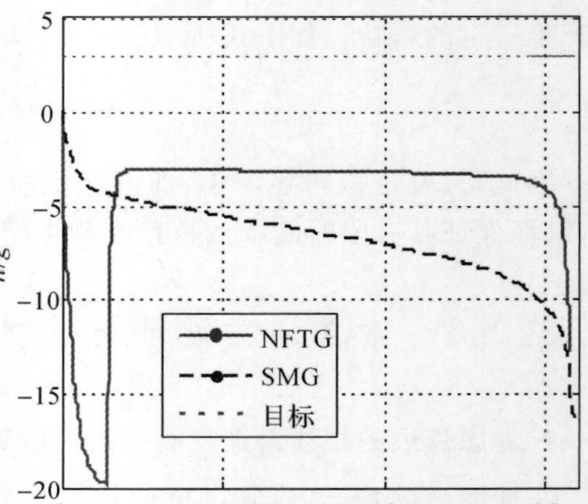

图 8-12 目标做圆弧型机动时的过载曲线

表 8-2　目标做圆弧型机动时的仿真数据

机动过载 a_{tmax}		$1g$	$2g$	$3g$	$4g$
SMG	Miss/m	0.020 9	0.173 2	1.214 0	10.644
	Time/s	15.496	15.711	16.016	16.447
NFTG	Miss/m	0.016 5	0.060 8	0.202 0	0.506 4
	Time/s	15.422	15.589	15.822	16.137

由图 8-10 可知，当目标做圆弧型机动时，NFTG 的弹道低于 SMG 的飞行弹道，且比 SMG 提前命中目标。这主要是由于 NFTG 可保证视线角速率达到有限时间收敛状态(见图 8-11)。图 8-12 表明，在视线角速率未达到有限时间收敛时，NFTG 的过载比 SMG 大，当视线角速率达到有限时间收敛后，NFTG 的过载小于 SMG。由表 8-2 可知，当目标进行不同大小的机动时，NFTG 的脱靶量和拦截时间均小于 SMG，且当 a_{tmax} 为 $3g$ 和 $4g$ 时，SMG 均脱靶，而 NFTG 仍能以较低的脱靶量准确命中目标。

(2)目标做正弦型机动[$(a_t = a_{tmax}\sin(\pi t/3))$]

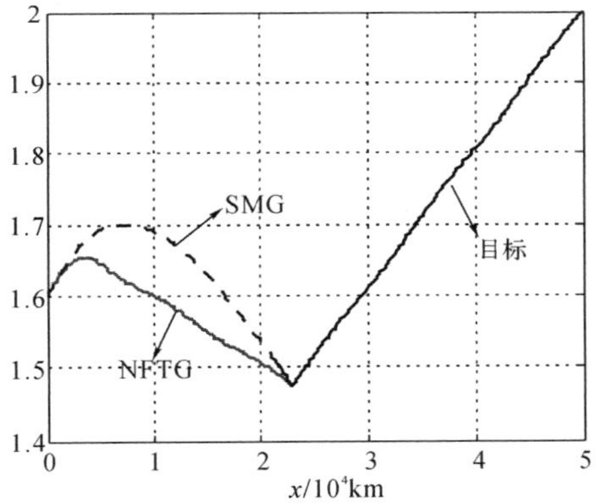

图 8-13　目标做正弦型机动时的弹道曲线

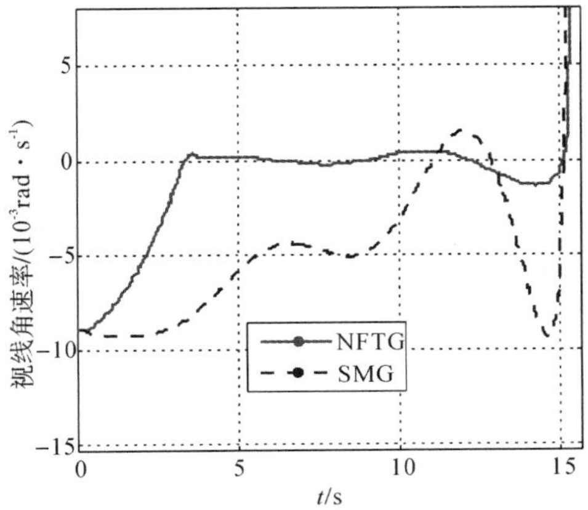

图 8-14　目标做正弦机型动时的视线角速率曲线

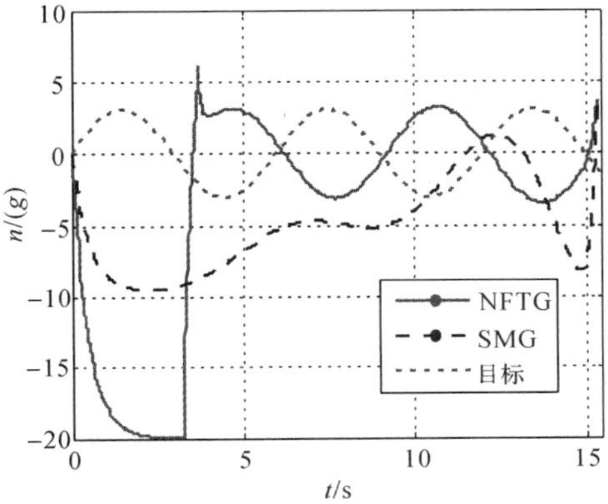

图 8-15　目标做正弦型机动时的过载曲线

表 8-3 目标做正弦型机动时的仿真数据

机动过载 a_{tmax}		1g	2g	3g	4g
SMG	Miss/m	0.556 2	1.225 1	1.947 8	2.714 3
	Time/s	15.363	15.378	15.393	15.409
NFTG	Miss/m	0.008 1	0.012 5	0.020 2	0.023 7
	Time/s	15.320	15.333	15.346	15.361

由图 8-13 可知，当目标做正弦型机动时，NFTG 的弹道仍然低于 SMG 的飞行弹道，且比 SMG 提前命中目标。这主要是由于 NFTG 可保证视线角速率有限时间收敛(见图 8-14)。图 8-15 表明，在视线角速率未达到有限时间收敛时，NFTG 的过载比 SMG 大，当视线角速率达到有限时间收敛后，NFTG 的过载大小几乎与目标机动过载相等。由表 8-3 可知，当目标进行不同大小的机动时，NFTG 的脱靶量和拦截时间均小于 SMG，且当 a_{tmax} 为 $2g\sim4g$ 时，SMG 均脱靶，而 NFTG 仍能以极低的脱靶量准确命中目标。

(3)目标做方波型机动[$a_t=a_{tmax}\text{sign}(12-t)$]

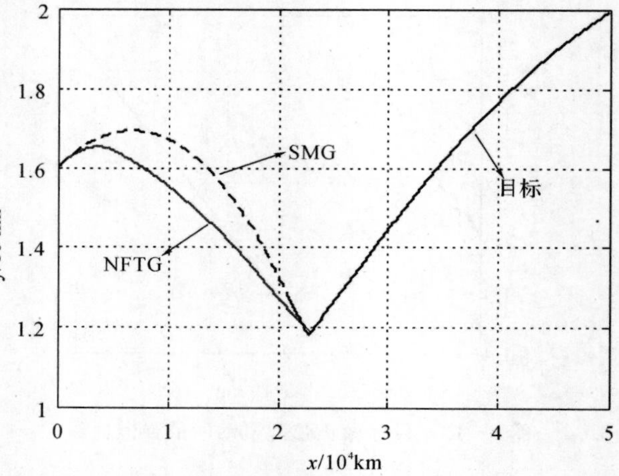

图 8-16 目标做方波型机动时的弹道曲线

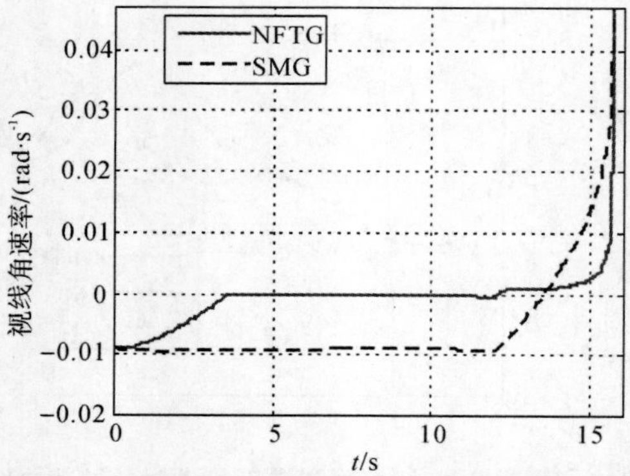

图 8-17 目标做方波型机动时的视线角速率曲线

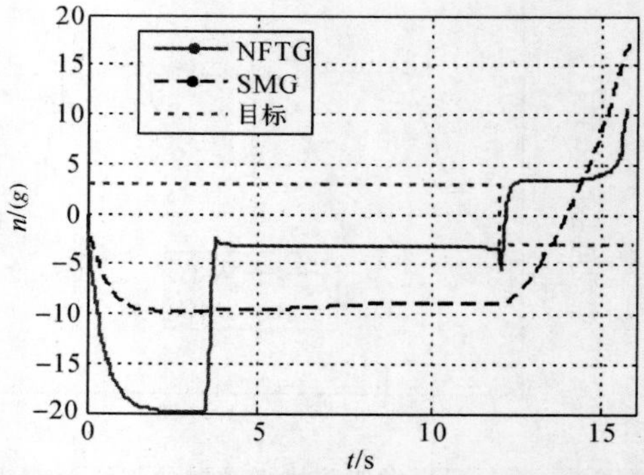

图 8-18 目标做方波型机动时的过载曲线

表 8-4 目标做方波型机动时的仿真数据

机动过载 a_{tmax}		$1g$	$2g$	$3g$	$4g$
SMG	Miss/m	0.062 0	0.448 9	2.504 6	9.301 3
	Time/s	15.475	15.648	15.871	16.152
NFTG	Miss/m	0.019 1	0.037 4	0.103 2	0.211 9
	Time/s	15.407	15.545	15.725	15.951

由图 8-16 可知，当目标做方波型机动时，NFTG 的弹道依然低于 SMG 的飞行弹道，且比 SMG 提前命中目标。这主要是由于 NFTG 可保证视线角速率有限时间收敛(见图 8-17)。图 8-18 表明，在视线角速率未达到有限时间收敛时，NFTG 的过载比 SMG 大，当视线角速率达到有限时间收敛后，NFTG 的过载大小几乎与目标机动过载相等。由表 8-4 可知，当目标进行不同大小的机动时，NFTG 的脱靶量和拦截时间均小于 SMG，且当 a_{tmax} 为 $3g$ 和 $4g$ 时，SMG 均脱靶，而 NFTG 仍能以极低的脱靶量准确命中目标。

根据前面对视线角速率收敛时间的计算方法的定义，通过仿真，可得三种机动情形下的视线角速率收敛时间，见表 8-5。

表 8-5 不同目标机动情形下的收敛时间

机动过载 a_{tmax}		$1g$	$2g$	$3g$	$4g$
有限时间收敛时间/s	圆弧型机动	3.110 0	3.320 0	3.550 0	3.840 0
	正弦型机动	3.040 0	3.150 0	3.260 0	3.360 0
	方波型机动	3.110 0	3.320 0	3.550 0	3.840 0

如表 8-5 所示，目标做圆弧型机动、正弦型机动、方波型机动时的视线角速率收敛时间随着目标最大机动过载 a_{tmax} 的增大而增大。这表明目标的机动过载越大，导弹使视线角速率达到有限时间收敛状态所花费的时间越长。同时，正弦型机动情况下的收敛时间比圆弧型的时间短，这主要是正弦型机动的过载均值小于圆弧型机动的均值所造成的；方波型机动情形由于其目标机动过载波动的时间距离拦截结束较近，所以其视线角速率收敛时间与圆弧型机动相同。此外，与图 8-12、图 8-15 和图 8-18 进行对比分析可知，本书所提出的 NFTG 可以在较短的时间内实现视线角速率有限时间收敛，而 SMG 没有这种能力。

2. 基于跟踪微分滤波器 ESO 的有限时间收敛制导律仿真分析

仿真初始条件与前文相同，仿真步长为 1 ms，导引头盲区 $r_b=300$ m；视线角速率噪声的均方差为 1.745e −4 rad/s；ESO 的参数取值为 $\gamma=300.91$，$h_0=0.01$ ms，$\delta=0.01$，$\beta_1=80$，$\beta_2=100$，$\beta_3=150$，$\beta_4=1\ 000$，$\beta_5=2\ 000$，$\alpha_1=0.9$，$\alpha_2=0.88$，$\alpha_3=0.78$，$\alpha_4=0.68$；$a_{tmax}=2g$。由于仿真结果与前文相似，所以这里仅给出视线角速率及不确定性估计曲线，如图 8-19～图 8-22 所示。

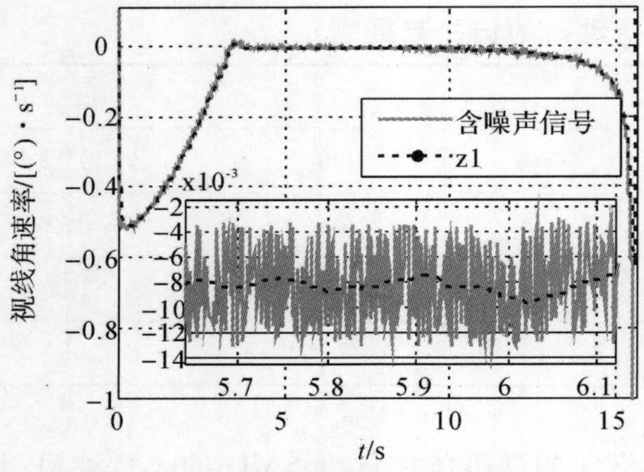

图 8-19 目标做圆弧型机动时的 *LOS* 曲线

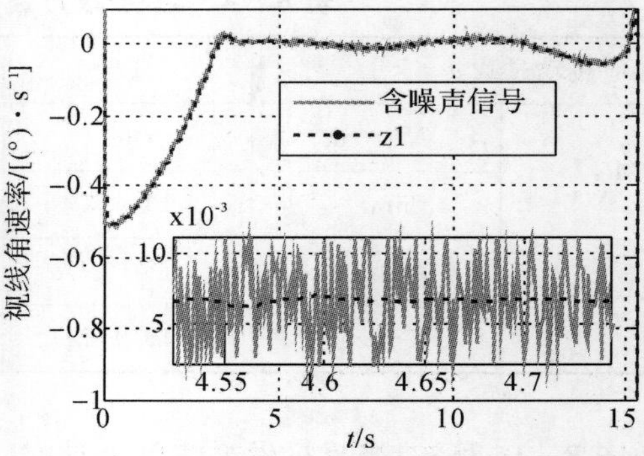

图 8-20 目标做正弦型机动时的 *LOS* 曲线

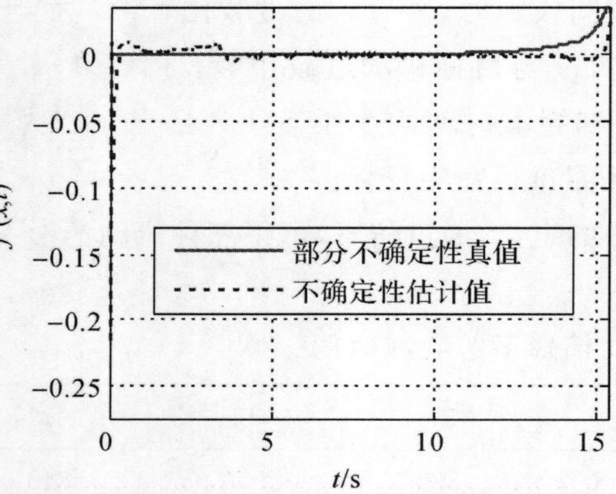

图 8-21 圆弧型机动时的不确定性估计曲线

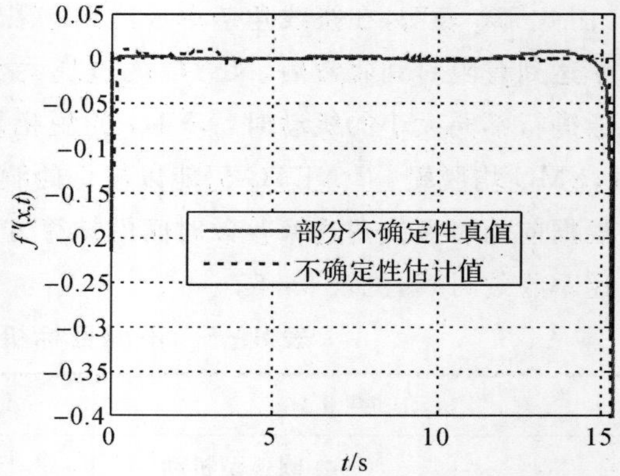

图 8-22 正弦型机动时的不确定性估计曲线

由图 8-19 和图 8-20 可知,基于跟踪微分滤波器 ESO 的有限时间收敛制导律具有良好的视线角速率滤波特性。图 8-21 和图 8-22 中的部分不确定性真值为 Cf,虽然不能代表完全的不确定性,但在一定程度上可以看出不确定估计值与真值的关系,该值虽小,但它是控制量的分子,若与 $1/B_1$ 相乘,将会有很大程度的增大。目标做圆弧型机动时的脱靶量为 0.259 6 m,拦截时间为 15.590 0 s;目标做方波型机动时的脱靶量为 0.058 0 m,拦截时间为 15.333 2 s。因此,基于跟踪微分滤波器 ESO 的有限时间收敛制导律具有良好的视线角速率滤波特性及不确定性补偿能力。

8.4 考虑自动驾驶仪延迟的零控脱靶量有限时间收敛制导律设计

8.4.1 考虑自动驾驶仪延迟的零控脱靶量三维制导模型

国内外参考文献中,零控脱靶量的具体定义形式很多,本书对零控脱靶量的定义如下:从当前时刻起,目标按照当前的机动状态继续飞行,导弹的制导指令为零,最终获得的弹目之间的最小距离。导弹-目标三维相对运动学关系与第四章中的图 4 - 11 相同。根据图 4 - 11 所示的弹目三维相对运动学关系及 4.3.2 节中的描述，可得如下弹目相对运动方程：

$$\ddot{r}=r\dot{\theta}_L^2+r\dot{\psi}_L^2\cos^2\theta_L+a_{Tx|L}-a_{Mx|L} \tag{8-61}$$

$$\ddot{\theta}_L=-2\frac{\dot{r}}{r}\dot{\theta}_L-\dot{\psi}_L^2\sin\theta_L\cos\theta_L+\frac{1}{r}a_{Ty|L}-\frac{1}{r}a_{My|L} \tag{8-62}$$

$$\ddot{\psi}_L=-2\frac{\dot{r}}{r}\dot{\psi}_L+2\dot{\theta}_L\dot{\psi}_L\tan\theta_L+\frac{1}{r\cos\theta_L}a_{Tz|L}-\frac{1}{r\cos\theta_L}a_{Mz|L} \tag{8-63}$$

式中，$a_{Ti|L}$ 与 $a_{Mi|L}(i=x,y,z)$ 分别表示 $\boldsymbol{a}_T$ 和 $\boldsymbol{a}_M$ 在视线坐标系三个坐标轴上的分量。

由于重点对导弹拦截目标的末制导段进行研究，所以可以假设导弹在整个末制导飞行过程中，具有准确的初始对准，且 θ_L 和 ψ_L 具有很小的变化量[12]。因此，可将末制导过程解耦到纵向平面和侧向平面分别进行分析，分别求得纵向平面的零控脱靶量 z_{ZEM} 和侧向平面的零控脱靶量 y_{ZEM}。先对纵向平面内的零控脱靶量计算问题进行研究，其相对运动几何关系如图 8 - 23 所示。

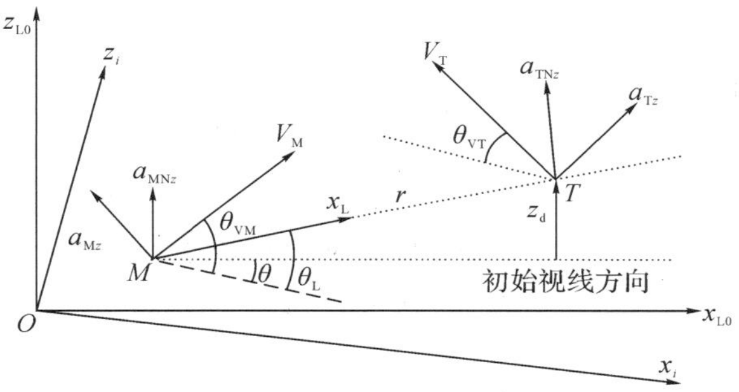

图 8 - 23　纵向平面内的弹目相对几何关系

图 8 - 23 中，$Ox_{L0}z_{L0}$ 为导弹零时刻的视线坐标系；相对距离 r、目标与导弹的加速度 a_T 和 a_M 沿 $Ox_{L0}z_{L0}$ 的 z 方向的分量分别为 z_d、a_{TNz} 和 a_{MNz}；θ_{L0} 为初始弹目视线倾角。

纵向平面内，令 $\psi_L=180°$、$\dot{\psi}_L=0$，将导弹-目标相对速度矢量分解到视线方向和与视线法向，其大小分别用 V_r 和 $V_{y\perp}$ 表示。对式(8 - 61)和(8 - 62)进行化简，可得

$$\dot{r}=V_r \tag{8-64}$$

$$\dot{\theta}_L=V_{y\perp}/r \tag{8-65}$$

根据图 8 - 23 所示的纵向平面内的弹目几何关系，易知

$$\begin{aligned}V_r&=V_T\cos(\pi-\theta_{VT}-\theta_L)-V_M\cos(\theta_{VM}-\theta_L)=\\&-V_T\cos(\theta_{VT}+\theta_L)-V_M\cos(\theta_{VM}-\theta_L)\end{aligned} \tag{8-66}$$

$$V_{y\perp}=V_T\sin(\theta_{VT}+\theta_L)-V_M\sin(\theta_{VM}-\theta_L) \tag{8-67}$$

由于在末制导拦截过程中，拦截时间较短，追逃双方的机动范围有限，V_r 一般变化很小，所以，可用式(8 - 68)来计算导弹的剩余飞行时间 t_{go}。

$$t_{go}=-r/V_r \tag{8-68}$$

根据几何关系，可得 z_d 在 $Ox_{L0}z_{L0}$ 的 z 方向的二阶微分表达式为

$$\ddot{z}_d=a_{TNy}-a_{MNy} \tag{8-69}$$

由于在导弹拦截目标的过程中，弹目视线角变化很小，故

$$a_{\mathrm{TN}y} \approx a_{\mathrm{T}} \cos(\theta_{\mathrm{T}} + \theta_{\mathrm{L0}}) \tag{8-70}$$

$$a_{\mathrm{MN}y} \approx a_{\mathrm{M}} \cos(\theta_{\mathrm{M}} + \theta_{\mathrm{L0}}) \tag{8-71}$$

同时，为进一步符合实际应用情形，应充分考虑导弹与目标的自动驾驶仪延迟，这里将其用惯性环节表示为

$$\dot{a}_{\mathrm{T}y} = \frac{1}{\tau_{\mathrm{T}}}(a_{\mathrm{T}y}^{\mathrm{c}} - a_{\mathrm{T}y}), \quad \dot{a}_{\mathrm{TN}y} = \frac{1}{\tau_{\mathrm{T}}}(a_{\mathrm{TN}y}^{\mathrm{c}} - a_{\mathrm{TN}y}) \tag{8-72}$$

$$\dot{a}_{\mathrm{M}y} = \frac{1}{\tau_{\mathrm{M}}}(a_{\mathrm{M}y}^{\mathrm{c}} - a_{\mathrm{M}y}), \quad \dot{a}_{\mathrm{MN}y} = \frac{1}{\tau_{\mathrm{M}}}(a_{\mathrm{MN}y}^{\mathrm{c}} - a_{\mathrm{MN}y}) \tag{8-73}$$

式中，τ_{T} 和 τ_{M} 为惯性环节的时间常数；$a_{\mathrm{T}y}^{\mathrm{c}}$、$a_{\mathrm{TN}y}^{\mathrm{c}}$ 和 $a_{\mathrm{M}y}^{\mathrm{c}}$、$a_{\mathrm{MN}y}^{\mathrm{c}}$ 分别表示原有加速度意义上的指令加速度。

令 $\boldsymbol{x}_{\mathrm{G}} = [z_{\mathrm{d}} \quad \ddot{z}_{\mathrm{d}} \quad a_{\mathrm{TN}y} \quad a_{\mathrm{MN}y}]^{\mathrm{T}}$ 系统的状态矢量，综合式(8-69)、式(8-72)和式(8-73)，得到系统状态方程的表达式为

$$\dot{\boldsymbol{x}}_{\mathrm{G}} = \boldsymbol{A}_{\mathrm{G}} \boldsymbol{x}_{\mathrm{G}} + \boldsymbol{B}_{\mathrm{G}} a_{\mathrm{MN}y}^{\mathrm{c}} + \boldsymbol{G}_{\mathrm{G}} a_{\mathrm{TN}y}^{\mathrm{c}} \tag{8-74}$$

式中，$\boldsymbol{A}_{\mathrm{G}} = \begin{bmatrix} 0 & 1 & 0 & 0 \\ 0 & 0 & 1 & -1 \\ 0 & 0 & -1/\tau_{\mathrm{T}} & 0 \\ 0 & 0 & 0 & -1/\tau_{\mathrm{M}} \end{bmatrix}$，$\boldsymbol{B}_{\mathrm{G}} = \begin{bmatrix} 0 \\ 0 \\ 0 \\ 1/\tau_{\mathrm{M}} \end{bmatrix}$，$\boldsymbol{G}_{\mathrm{G}} = \begin{bmatrix} 0 \\ 0 \\ 1/\tau_{\mathrm{T}} \\ 0 \end{bmatrix}$。

根据矩阵计算的数学方法，可得零控脱靶量 y_{ZEM} 的表达式为

$$\begin{aligned} z_{\mathrm{ZEM}} &= [1 \quad 0 \quad 0 \quad 0] \boldsymbol{e}^{A_{\mathrm{G}} t_{\mathrm{go}}} \boldsymbol{x}_{\mathrm{G}} = \\ & z_{\mathrm{d}} + \dot{z}_{\mathrm{d}} t_{\mathrm{go}} + a_{\mathrm{TN}y} \tau_{\mathrm{T}}^2 \psi\left(\frac{t_{\mathrm{go}}}{\tau_{\mathrm{T}}}\right) - a_{\mathrm{MN}y} \tau_{\mathrm{M}}^2 \psi\left(\frac{t_{\mathrm{go}}}{\tau_{\mathrm{M}}}\right) \end{aligned} \tag{8-75}$$

式中，$\psi(\xi) = e^{-\xi} + \xi - 1$，$e^{A_{\mathrm{G}} t_{\mathrm{go}}}$ 为式(8-74)对于 t_{go} 的状态转移矩阵，其表达式如下：

$$e^{A_{\mathrm{G}} t_{\mathrm{go}}} = \begin{bmatrix} 1 & t_{\mathrm{go}} & \tau_{\mathrm{T}}^2 e^{-t_{\mathrm{go}}/\tau_{\mathrm{T}}} - \tau_{\mathrm{T}}^2 + t_{\mathrm{go}} \tau_{\mathrm{T}} & \tau_{\mathrm{M}}^2 - {\tau_{\mathrm{M}}}^2 e^{-t_{\mathrm{go}}/\tau_{\mathrm{M}}} - t_{\mathrm{go}} \tau_{\mathrm{M}} \\ 0 & 1 & -\tau_{\mathrm{T}} e^{-t_{\mathrm{go}}/\tau_{\mathrm{T}}} + \tau_{\mathrm{T}} & -\tau_{\mathrm{M}} + \tau_{\mathrm{M}} e^{-t_{\mathrm{go}}/\tau_{\mathrm{M}}} \\ 0 & 0 & e^{-t_{\mathrm{go}}/\tau_{\mathrm{T}}} & 0 \\ 0 & 0 & 0 & e^{-t_{\mathrm{go}}/\tau_{\mathrm{M}}} \end{bmatrix}$$

由于在导弹攻击目标的过程中，视线角变化很小，可得

$$z_{\mathrm{d}} = r\sin(\theta_{\mathrm{L}} - \theta_{\mathrm{L0}}) \approx r(\theta_{\mathrm{L}} - \theta_{\mathrm{L0}}) \tag{8-76}$$

对式(8-76)两边进行微分，可得

$$\dot{z}_{\mathrm{d}} \approx \dot{r}(\theta_{\mathrm{L}} - \theta_{\mathrm{L0}}) + r\dot{\theta}_{\mathrm{L}} = V_{\mathrm{r}}(\theta_{\mathrm{L}} - \theta_{\mathrm{L0}}) - V_{\mathrm{r}} t_{\mathrm{go}} \dot{\theta}_{\mathrm{L}} \tag{8-77}$$

将式(8-77)与剩余飞行时间 t_{go} 相乘，并将式(8-16)代入，可得

$$\dot{z}_{\mathrm{d}} t_{\mathrm{go}} = -z_{\mathrm{d}} - V_{\mathrm{r}} t_{\mathrm{go}}^2 \dot{\theta}_{\mathrm{L}} \tag{8-78}$$

综合式(8-78)和式(8-75)，化简可得

$$z_{\mathrm{ZEM}} = -V_{\mathrm{r}} t_{\mathrm{go}}^2 \dot{\theta}_{\mathrm{L}} + a_{\mathrm{TN}y} \tau_{\mathrm{T}}^2 \psi\left(\frac{t_{\mathrm{go}}}{\tau_{\mathrm{T}}}\right) - a_{\mathrm{MN}y} \tau_{\mathrm{M}}^2 \psi\left(\frac{t_{\mathrm{go}}}{\tau_{\mathrm{M}}}\right) \tag{8-79}$$

同理，可得零控脱靶量 y_{ZEM} 的表达式为

$$y_{\mathrm{ZEM}} = V_{\mathrm{r}} t_{\mathrm{go}}^2 \dot{\psi}_{\mathrm{L}} \cos\theta_{\mathrm{L}} + a_{\mathrm{TN}y} \tau_{\mathrm{T}}^2 \psi\left(\frac{t_{\mathrm{go}}}{\tau_{\mathrm{T}}}\right) - a_{\mathrm{MN}y} \tau_{\mathrm{M}}^2 \psi\left(\frac{t_{\mathrm{go}}}{\tau_{\mathrm{M}}}\right) \tag{8-80}$$

式中，$a_{\mathrm{TN}y}$ 和 $a_{\mathrm{MN}y}$ 分别表示目标加速度 a_{T} 和导弹加速度 a_{M} 沿 $Ox_{\mathrm{L0}}z_{\mathrm{L0}}$ 的 y 方向的分量。

8.4.2　零控脱靶量有限时间收敛制导律设计

由于零控脱靶量是当导弹的制导指令为零，目标按照当前的机动状态继续飞行时，所获得的弹目之间的最小距离，所以，若 z_{ZEM} 和 y_{ZEM} 能够在导弹命中目标之前收敛到零，就能够保证导弹-目标的最终脱靶量为零，从而确保导弹的顺利击中目标。如果 z_{ZEM} 和 y_{ZEM} 能够在有限时间内收敛到零或零附近的较小邻域内，则可保证导弹在有限时间内进入零脱靶量状态，这样对提高导弹的制导精度具有重要意义。

由于 z_{ZEM} 和 y_{ZEM} 对控制量（$a_{\text{MN}y}^{\text{c}}$ 和 $a_{\text{MN}z}^{\text{c}}$）的相对阶为 1，故可设计滑模面为 z_{ZEM}。

$$s_z = z_{\text{ZEM}} \tag{8-81}$$

对式（8-66）～式（8-68）的等式两端进行微分，结合式（8-62），化简可得

$$\dot{V}_r = V_{z\perp}^2/r + a_{\text{T}x/\text{L}} - a_{\text{M}x|\text{L}} \tag{8-82}$$

$$\dot{V}_{z\perp} = -\frac{V_r V_{z\perp}}{r} + a_{\text{T}z|\text{L}} - a_{\text{M}z|\text{L}} \tag{8-83}$$

$$\dot{t}_{\text{go}} = -1 + r\dot{V}_r/V_r^2 \tag{8-84}$$

$$\ddot{\theta}_{\text{L}} = \frac{\dot{V}_{z\perp}}{r} - \frac{V_{z\perp} V_r}{r^2} \tag{8-85}$$

对式（8-79）两端进行微分，结合式（8-84）和式（8-85），可得 z_{ZEM} 的一阶导数表达式为

$$\dot{z}_{\text{ZEM}} = \frac{\dot{V}_r r}{V_r^2}\left[V_{z\perp} + \tau_{\text{T}} a_{\text{TN}z}\left(1 - \mathrm{e}^{-\frac{t_{\text{go}}}{\tau_{\text{T}}}}\right) - \tau_{\text{M}} a_{\text{MN}z}\left(1 - e^{-\frac{t_{\text{go}}}{\tau_{\text{M}}}}\right)\right] + \tau_{\text{T}} a_{\text{TN}z}^{\text{c}} \psi\left(\frac{t_{\text{go}}}{\tau_{\text{T}}}\right) - \tau_{\text{M}} a_{\text{MN}z}^{\text{c}} \psi\left(\frac{t_{\text{go}}}{\tau_{\text{M}}}\right) \tag{8-86}$$

由式（8-86）可知，$\tau_{\text{T}} a_{\text{TN}z}^{\text{c}} \psi\left(\frac{t_{\text{go}}}{\tau_{\text{T}}}\right)$ 不可测，为便于设计制导律，按照变结构控制的设计原则，需对 $\tau_{\text{T}} a_{\text{TN}z}^{\text{c}} \psi\left(\frac{t_{\text{go}}}{\tau_{\text{T}}}\right)$ 的有界性进行说明。

证：

由于在导弹拦截目标的过程中，$r \to 0$，而 $t_{\text{go}} = -r/V_r$，所以 $t_{\text{go}} \to 0^+$。

又因为 $\tau_{\text{T}} > 0$，所以 $t'_{\text{go}} = \frac{t_{\text{go}}}{\tau_{\text{T}}} \to 0^+$，进而可知 $e^{-t'_{\text{go}}} \in (0,1)$。

对 $\psi(t'_{\text{go}}) = e^{-t'_{\text{go}}} + t'_{\text{go}} - 1$ 两边对 t'_{go} 求导，可得

$$\frac{\mathrm{d}\psi(t'_{\text{go}})}{\mathrm{d}t'_{\text{go}}} = 1 - e^{-t'_{\text{go}}} > 0$$

易知 $\psi(t'_{\text{go}})$ 为增函数。因此有

$$0 < \psi(t'_{\text{go}}) \leqslant e^{-\frac{t_{\text{go}0}}{\tau_{\text{T}}}} + \frac{t_{\text{go}0}}{\tau_{\text{T}}} - 1$$

继而可知，$\tau_{\text{T}} a_{\text{TN}z}^{\text{c}} \psi\left(\frac{t_{\text{go}}}{\tau_{\text{T}}}\right)$ 有上界。

证毕。

下面，用自适应控制的方法，设计自适应律，对式(8-26)所示的系统的有界不确定性进行估计。令 K_z 为 $\tau_T a_{TNz}^c \psi\left(\frac{t_{go}}{\tau_T}\right)$ 的上界，$\hat{K}_z$ 为 K_z 的估计量，则 $|\tau_T a_{TNz}^c \psi| \leqslant K_z > 0$，进而可得

$$\widetilde{K}_z = K_z - \hat{K}_z \tag{8-87}$$

式中，$\widetilde{K}_z$ 为 K_z 的自适应估计误差。

因此，可设计如下自适应律，对系统不确定性进行估计：

$$\dot{\hat{K}}_z = a_{K_z} |z_{ZEM}| \tag{8-88}$$

式中，a_{K_z} 为自适应参数。

由此，纵向平面的制导律可设计为如下形式

$$a_{MNy}^c = \frac{\dot{V}_r r}{V_r^2 \tau_M \Psi\left(\frac{t_{go}}{\tau_M}\right)}\left[V_{y\perp} + \tau_T a_{TNz}(1-e^{-\frac{t_{go}}{\tau_T}}) - \tau_M a_{MNz}(1-e^{-\frac{t_{go}}{\tau_M}})\right] + \frac{(\mu_z + \hat{K}_z)\operatorname{sgn} z_{ZEM}}{\tau_M \Psi\left(\frac{t_{go}}{\tau_M}\right)} \tag{8-89}$$

式中，$\mu_z = \text{const} > 0$。

同理，侧向平面的制导律和自适应律可设计为如下形式：

$$a_{MNy}^c = \frac{\dot{V}_r r}{V_r^2 \tau_M \Psi\left(\frac{t_{go}}{\tau_M}\right)}\left[V_{y\perp} + \tau_T a_{TNy}(1-e^{-\frac{t_{go}}{\tau_T}}) - \tau_M a_{MNy}(1-e^{-\frac{t_{go}}{\tau_M}})\right] + \frac{(\mu_y + \hat{K}_y)\operatorname{sgn} y_{ZEM}}{\tau_M \Psi\left(\frac{t_{go}}{\tau_M}\right)} \tag{8-90}$$

$$\dot{\hat{K}}_y = a_{K_y} |y_{ZEM}| \tag{8-91}$$

式中，$\mu_y = \text{const} > 0$，a_{K_y} 为自适应参数。

式(8-89)和式(8-90)所示的制导律中含有符号函数，由于导弹控制系统的控制量切换难以在极短时间内完成，所以容易造成抖振，为消除抖振，可以对上述制导律的符号函数进行光滑处理，这里用饱和函数 sat(s)替换符号函数 sgn(s)。sat(s)的表达式如下

$$\operatorname{sat}(s) = \begin{cases} 1 & , s > \Delta \\ ks & , |s| \leqslant \Delta \quad k = 1/\Delta \\ -1 & , s < -\Delta \end{cases} \tag{8-92}$$

式中，Δ 为边界层厚度。

8.4.3 稳定性及有限时间收敛特性证明

设计 Lyapunov 函数为

$$V_1 = \frac{1}{2}s_z^2 + \frac{1}{2a_{K_z}}\widetilde{K}_z^2 \tag{8-93}$$

对式(8-92)等式两边进行微分，可得

$$\dot{V}_1 = s_z \dot{s}_z + \frac{1}{a_{K_z}}\widetilde{K}_z \dot{\widetilde{K}}_z \tag{8-94}$$

将式(8-86)～式(8-89)代入式(8-94)，可得

$$\dot{V}_1 = s_z\dot{s}_z + \frac{1}{a_{K_z}} + \widetilde{K}_z\dot{\widetilde{K}}_z =$$

$$z_{\text{ZEM}}\left\{\frac{\dot{V}_r r}{V_r^2}\left[V_{z\perp} + \tau_{\text{T}} a_{\text{TN}z}(1-e^{-\frac{t_{\text{go}}}{\tau_{\text{T}}}}) - \tau_{\text{M}} a_{\text{MN}z}(1-e^{-\frac{t_{\text{go}}}{\tau_{\text{M}}}})\right] + \right.$$

$$\left.\tau_{\text{T}} a_{\text{TN}z}^{\text{c}}\Psi\left(\frac{t_{\text{go}}}{\tau_{\text{T}}}\right) - \tau_{\text{M}} a_{\text{MN}z}^{\text{c}}\Psi\left(\frac{t_{\text{go}}}{\tau_{\text{M}}}\right)\right\} - \frac{1}{a_{K_z}}(K_z - \hat{K}_z)\dot{\hat{K}}_z =$$

$$z_{\text{ZEM}}\tau_{\text{T}} a_{\text{TN}z}^{\text{c}}\psi\left(\frac{t_{\text{go}}}{\tau_{\text{T}}}\right) - (\mu_z + \hat{K}_z)\,|z_{\text{ZEM}}| - \frac{1}{a_{K_z}}(K_z - \hat{K}_z)\dot{\hat{K}}_z <$$

$$z_{\text{ZEM}}\,|K_z - \hat{K}_z|\,z_{\text{ZEM}}\,| - \frac{1}{a_{K_z}}(K_z - \hat{K}_z)\dot{\hat{K}}_z - \mu_z\,|z_{\text{ZEM}}| =$$

$$-\mu_z\,|z_{\text{ZEM}}| < 0 \tag{8-95}$$

因此，稳定性得证。同理，可证明式(8－90)和式(8－91)所示的侧向平面的零控脱靶量有限时间收敛制导律亦能保证系统 Lyapunov 稳定。

该制导律设计的目的，就是在考虑导弹自动驾驶仪延迟的基础上，设计视线角速率有限时间收敛制导律，因此需要对其收敛特性进行分析，根据引理 2－1，应用有限时间收敛 Lyapunov 稳定性理论，对系统有限时间收敛特性进行证明。

令 $V_2 = \frac{1}{2}s_z^2$，则

$$\dot{V}_2 = s_z\dot{s}_z =$$

$$z_{\text{ZEM}}\left\{\frac{\dot{V}_r r}{V_r^2}\left[V_{z\perp} + \tau_{\text{T}} a_{\text{TN}z}(1-e^{-\frac{t_{\text{go}}}{\tau_{\text{T}}}}) - \tau_{\text{M}} a_{\text{MN}z}(1-e^{-\frac{t_{\text{go}}}{\tau_{\text{M}}}})\right] + \tau_{\text{T}} a_{\text{TN}z}^{\text{c}}\Psi\left(\frac{t_{\text{go}}}{\tau_{\text{T}}}\right) - \tau_{\text{M}} a_{\text{MN}z}^{\text{c}}\Psi\left(\frac{t_{\text{go}}}{\tau_{\text{M}}}\right)\right\} =$$

$$z_{\text{ZEM}}\tau_{\text{T}} a_{\text{TN}z}^{\text{c}}\Psi\left(\frac{t_{\text{go}}}{\tau_{\text{T}}}\right) - (\mu_z + \hat{K}_z)\,|z_{\text{ZEM}}| \tag{8-96}$$

由于 $|\tau_{\text{T}} a_{\text{TN}z}^{\text{c}}\Psi| \leqslant K_z$，故式(8－96)可化简为

$$\dot{V}_2 = z_{\text{ZEM}}\tau_{\text{T}} a_{\text{TN}z}^{\text{c}}\Psi\left(\frac{t_{\text{go}}}{\tau_{\text{T}}}\right) - (\mu_z + \hat{K}_z)\,|z_{\text{ZEM}}| \leqslant -\mu_z\,|z_{\text{ZEM}}| = -\sqrt{2}\mu_z V_2^{1/2} \tag{8-97}$$

令 $c=\sqrt{2}\mu_y$，则 $\dot{V}_2(x) \leqslant -cV_2^K(x)$，满足引理 2－1 所示的系统有限时间收敛稳定性条件，因此式(8－88)～式(8－89)所示的制导律可保证纵向平面的零控脱靶量有限时间收敛。同理，可证得式(8－90)～式(8－91)所示的侧向平面的制导律亦可保证侧向平面的零控脱靶量有限时间收敛。

由于采用饱和函数法对制导律的继电特性进行连续化，所以会对系统的有限时间收敛特性产生一定的影响。如下式所示：

$$\text{sat}_\Delta(s) = \begin{cases} \text{sign}(s) & |s| > \Delta \\ ks & |s| \leqslant \Delta \end{cases}$$

因此，只要 Δ 取得足够小，即可保证所选定的状态在有限时间内收敛到$[-\Delta, \Delta]$的邻域内，继而保证其有限时间收敛特性及制导精度。

8.4.4　仿真方案设计与性能分析

为检验本节所提出的零控脱靶量有限时间收敛制导律的性能，在目标做复杂机动的情况下进行深入仿真分析，其初始仿真参数如下：在地面坐标系下，目标和导弹的初始位置分别为

(26 000 m,2 000 m,21 000 m)和(0 m,0 m,19 000 m);目标和导弹的速度分别为 1 800 m/s 和 1 600 m/s;目标初始弹道倾角为 170°,弹道偏角为 0°,并在俯仰和偏航平面内做正弦型机动,$a_{ty}=a_{ty0}\sin(\pi t/3)$,$a_{tz}=a_{tz0}\sin(\pi t/3)$,由于目标加速度延迟时间常数难以测得,可令其机动时间常数为 0.01 s;导弹初始弹道倾角为 4.39°,弹道偏角为 −4.40°;仿真步长选取为 0.01 s,当弹目距离小于 300 m 时,为 0.01 ms。

在仿真中,将比例制导律(PNG)的仿真结果与本节所设计的零控脱靶量有限时间收敛制导律(Finite Time Convergent Zero-Effort Miss Guidance Law, FZEM)进行对比分析,比例制导律的表达式为 $u=-k_1\dot{\theta}_l\dot{r}$,其中导引系数 $k_1=3$。为突出考虑自动驾驶仪延迟的制导律的优势,自动驾驶仪时间常数取为 0.45 s,导弹的最大可用过载为 20 g;$a_{K_z}=a_{K_y}=0.5$,$\hat{K}_z=\hat{K}_y=50$,$\mu_z=\mu_y=0.5$,仿真结果如图 8-24~图 8-28 和表 8-6 所示。

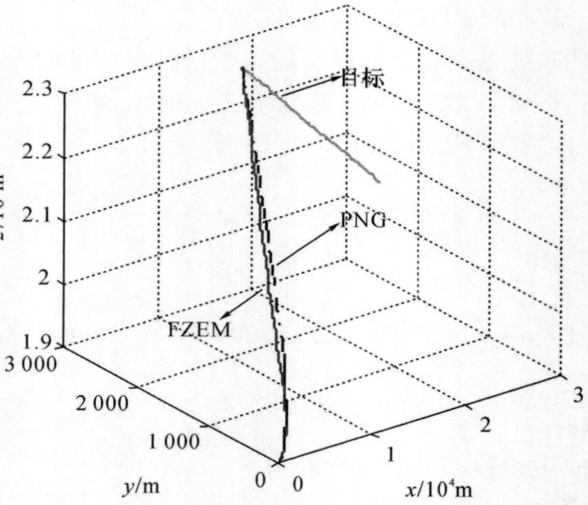

图 8-24 导弹拦截目标轨迹曲线

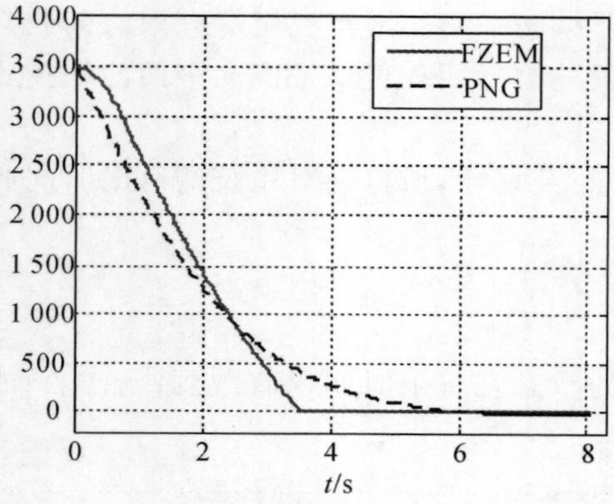

图 8-25 纵向平面零控脱靶量变化曲线

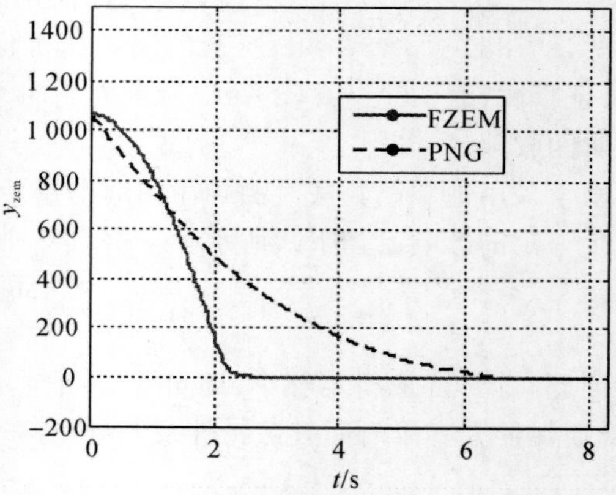

图 8-26 侧向平面零控脱靶量变化曲线

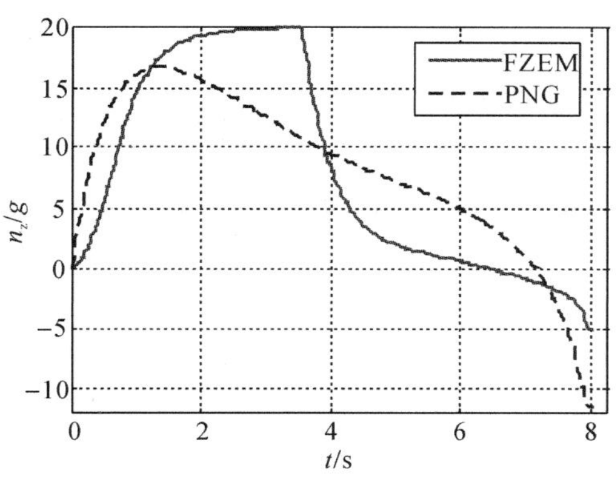

图 8－27　导弹纵向过载变化曲线

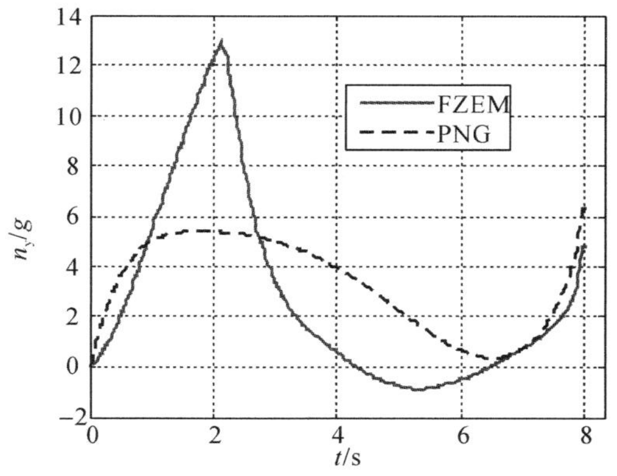

图 8－28　导弹侧向过载变化曲线

表 8－6　制导律拦截性能比较

目标机动过载大小/g	脱靶量/m		目标机动过载大小/g	脱靶量/m	
	PNG	FZEM		PNG	FZEM
$aty_0=3$，$atz_0=0$	7.239 9	0.465 7	$aty_0=3$，$atz_0=1$	7.398 4	0.493 1
$aty_0=2$，$atz_0=0$	3.788 2	0.221 5	$aty_0=2$，$atz_0=1$	3.914 4	0.275 6
$aty_0=1$，$atz_0=0$	1.526 9	0.096 5	$aty_0=1$，$atz_0=1$	1.613 9	0.225 8
$aty_0=0$，$atz_0=0$	0.346 7	0.002 1	$aty_0=0$，$atz_0=1$	0.452 4	0.192 9

由图 8－24～图 8－26 可知，FZEM 可保证导弹纵向平面和侧向平面内的零控脱靶量在有限时间内收敛到零，而 PNG 只能保证零控脱靶量在导弹拦截目标结束时刻收敛到零。由图 8－27和图 8－28 可知，在拦截初始阶段，FZEM 的过载大于 PNG 的过载，此后 FZEM 的过载均小于 PNG，这主要是由于 FZEM 在拦截初始阶段需要较大的过载，使零控脱靶量在有限时间内收敛到零；一旦零控脱靶量达到有限时间收敛，则其过载便会小于 PNG。此外，由表 8－6 可知，在目标做不同形式和大小的机动时，FZEM 均能够以较小的脱靶量准确命中目标，而 PNG 在 a_{ty0} 较大时，总是出现脱靶。因此，与比例制导律相比，零控脱靶量有限时间收敛制导律具有更高的制导精度，且可使零控脱靶量在有限时间内收敛到零。

8.5　本章小结

本章在考虑导弹自动驾驶仪延迟的情况下，分别提出了使导弹视线角速率和零控脱靶量达到有限时间收敛的制导律。首先提出了跟踪微分滤波器及基于跟踪微分滤波器的制导系统加速度 ESO；其次，建立了考虑导弹自动驾驶仪动态特性的弹目非线性相对运动学模型，提出了非奇异快速 Terminal 滑模有限时间收敛制导律，以及基于跟踪微分滤波器 ESO 的有限时间收敛制导律；最后，建立了考虑导弹自动驾驶仪延迟的零控脱靶量三维制导模型，提出了零控脱靶量有限时间收敛制导律。仿真结果表明:①所设计的跟踪微分滤波器和基于跟踪微分滤波器的制导律ESO具有很高的滤波精度和估计精度;②所设计的考虑延迟的视线角速率有限时间收敛制导律在目标做不同类型机动的情况下,均可实现视线角速率有限时间收敛,且比普通滑模制导律具有更小的脱靶量和更短的拦截时间;③所设计的基于跟踪微分滤波器ESO的有限时间收敛制导律具有良好的视线角速率滤波特性及不确定性补偿能力;④所设计的考虑自动驾驶仪延迟的零控脱靶量、有限时间收敛制导律具有良好的零控脱靶量有限时间收敛特性和制导精度。

参考文献

[1] 畲文学,周军,周凤岐. 一种考虑自动驾驶仪动态特性的自适应变结构制导律[J]. 宇航学报,2003,24(03):245-249.

[2] 畲文学,周凤岐,周军. 考虑自动驾驶仪动态鲁棒自适应变结构制导律[J]. 系统工程与电子技术,2003,25(12),1513-1516.

[3] 孙胜,张华明,周荻. 考虑自动驾驶仪动特性的终端角度约束滑模导引律[J]. 宇航学报,2013,34(1):69-78.

[4] 曲萍萍,周荻. 考虑导弹自动驾驶仪二阶动态特性的三维导引律[J]. 航空学报,2011,32(11):2096-2104.

[5] YEOM J, YOO S. Terminal-Phase Optimal Guidance Law for BTT Missiles Considering Significant Autopilot Dynamics[C] //AIAA Guidance, Navigation, and Control Conference, Portland, Oregon, 2011.

[6] 郑立伟,荆武兴,谷立祥. 一种适用于大气层外动能拦截器的末制导律[J]. 航空学报,2007,28(4):953-958.

[7] 陈峰,肖业伦,陈万春. 基于零控脱靶量的大气层外超远程拦截制导[J]. 航空学报,2009,30(9):1583-1589.

[8] 韩京清. 自抗挠控制技术[M]. 北京:国防工业出版社,2008.

[9] 宋金来,甘作新,韩京清. 自抗扰控制技术滤波特性的研究[J]. 控制与决策,2003,18(1):110-119.

[10] 王宇航,姚郁,马克茂. Fal函数滤波器的分析及应用[J]. 电机与控制学报,2010,14(11):88-91.

[11] 姜长生,吴庆宪,旨树岷. 现代非线性系统鲁棒控制基础[M]. 哈尔滨:哈尔滨工业大学出版社,2012.

[12] 李运迁. 大气层内导弹制导控制一体化研究[D]. 哈尔滨:哈尔滨工业大学,2011.

第九章　制导控制一体化有限时间收敛控制算法

9.1 引　　言

第八章将导弹的自动驾驶仪动态特性考虑为惯性环节，提出了考虑导弹自动驾驶仪延迟的制导律；然而，用惯性环节来表征导弹的自动驾驶仪特性还显得太简化，为设计精度更高的导弹制导系统，本章将制导系统和控制系统综合起来考虑，提出制导控制一体化有限时间收敛控制算法。

如图 9－1 所示，典型的导弹制导与控制系统分开设计的方法往往需要设计三个回路[1]。最外层回路往往将导弹视为质点模型，仅考虑其动力学模型和相对运动学关系模型，设计导弹的过载指令，以期达到最小的脱靶量；中间层回路运用导弹的部分六自由度动态模型，将外层回路设计的过载指令转换为等效的绕弹轴旋转的角速率指令；最内层回路通过跟踪中间层回路的绕弹轴旋转的角速率指令，产生舵偏角指令，从而改变导弹的姿态和位置等运动状态。

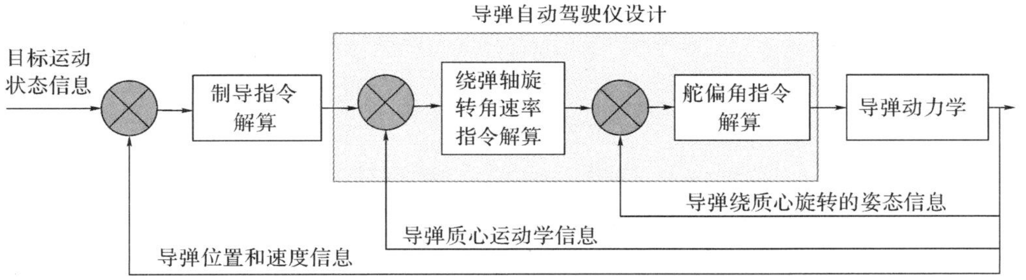

图 9－1　传统的导弹制导与控制系统分开设计原理框图

在一般的拦截情形下，目标速度不高，且导弹的速度远大于目标速度，因此拦截时间较长。当把导弹的制导系统和控制系统分开设计时，制导和控制系统三个回路的综合时间延迟会远远小于末制导的拦截时间，对导弹成功拦截的影响很小。在这种情形下，将制导系统和控制系统分开设计的方法往往可以取得较好的拦截效果。

然而，在高速目标的拦截情形下，末制导拦截时间很短，制导和控制系统分开设计时，为达到直接碰撞杀伤的需求，制导和控制系统三个回路的综合时间延迟难以满足新型拦截情形的需要。此外，由于制导回路在设计中为了确保实现碰撞三角几何关系，忽略了中间层回路的瞬时特性，所以所设计的制导控制系统可能会使导弹在响应中出现难以预料的高频振荡，这样可能会导致导弹的控制量达到饱和，甚至使其捕获区减小。

针对上述问题，近年来国内外大量文献数据提出了制导控制一体化的设计方法，该方法将导弹的六自由度模型整合在一起，将导弹的制导回路和控制回路进行综合设计。制导控制一体化设计方法一般包括部分制导控制一体化设计和完全制导控制一体化设计。

部分制导控制一体化设计的原理如图 9-2 所示，它一般包括两个回路，它们均是导弹六自由度动态模型的一部分；在外层回路，可直接解算出导弹的俯仰角速率和偏航角速率指令，然后内层回路跟踪外层回路的角速率指令，并解算出舵偏角指令，引导导弹飞向目标[2-6]。

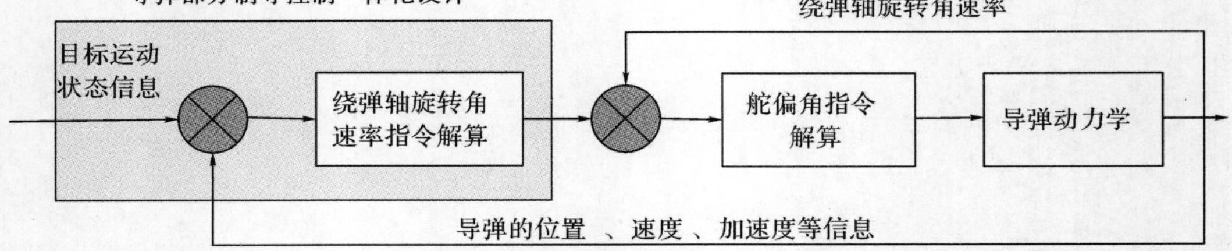

图 9-2　导弹部分制导控制一体化设计原理框图

完全制导控制一体化的原理如图 9-3 所示，通过将导弹的制导系统和控制系统整合为一个回路，可充分利用导弹六自由度动态模型的各种状态信息，从而避免了对各个子系统进行单独优化设计，并可以使制导和控制系统的综合时间延迟达到尽可能小的程度。当前，有不少文献对完全制导控制一体化进行了研究，文献[7,8]采用反馈线性化方法，文献[9]采用 SDRE 控制方法，文献[10]采用 $\theta-D$ 控制方法，文献[11-13]采用滑模控制方法，文献[12]采用考虑角度约束的制导控制一体化模型，提出了完全制导控制一体化控制算法，具有很高的控制精度。

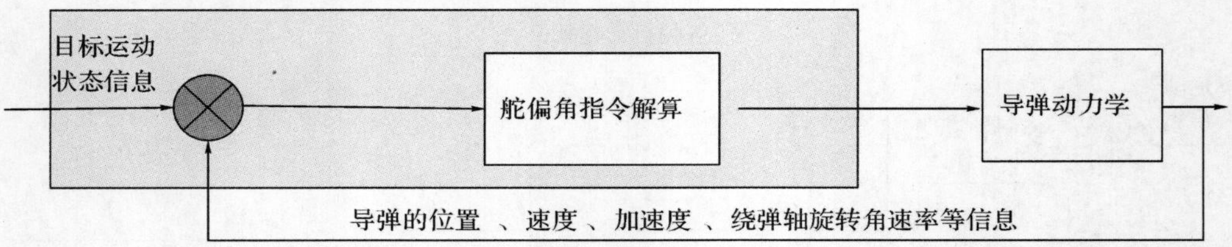

图 9-3　导弹完全制导控制一体化设计原理框图

本章针对完全制导控制一体化开展研究，首先对制导控制一体化进行建模及分析；然后对模型进行适当简化，建立基于制导控制一体化的视线角速率有限时间收敛模型；接着，运用高阶终端滑模控制理论，提出制导控制一体化有限时间收敛控制算法，并对其稳定性和有限时间收敛特性进行分析；最后进行仿真验证。此外，为方便研究，同时也使针对高速机动目标拦截的制导方法研究更具有普遍适用性，本章不研究控制力分配等具体气动力特性，而是采用等效舵偏角来代替各种形式的其他舵偏角。

9.2　末制导段制导控制一体化建模与分析

根据 9.1 节引言的描述，对导弹制导系统和控制的数学模型进行综合，从而获得制导控制一体化模型。当舵偏角改变时，最先改变的是导弹绕弹轴旋转的角速率，因此通常将滚转角速

率 ω_x、偏航角速率 ω_y 和俯仰角速率 ω_z 定义为快状态变量，它们构成控制系统的快回路；其次产生改变的是导弹的姿态角，因此将慢状态变量定义为攻角 α、侧滑角 β 和滚转角 γ，它们构成了控制系统的慢回路。

给出末制导控制系统快回路的控制模型为

$$\begin{bmatrix}\dot{\omega}_x\\\dot{\omega}_y\\\dot{\omega}_z\end{bmatrix}=\begin{bmatrix}\dfrac{\frac{1}{2}\rho V^2SL^2m_x^{\bar{\omega}_x}}{J_xV}\omega_x+\dfrac{\frac{1}{2}\rho V^2SL^{\mathrm{m}}{}_x^{\delta x}}{J_x}\delta_x\\\dfrac{\frac{1}{2}\rho V^2SLm_y^{\beta}}{J_y}\beta+\dfrac{\frac{1}{2}\rho V^2SL^2m_y^{\bar{\omega}_y}}{J_yV}\omega_y+\dfrac{\frac{1}{2}\rho V^2SL^{\mathrm{m}}{}_y^{\delta y}}{J_y}\delta_y-\dfrac{(J_x-J_z)\omega_x\omega_z}{J_y}\\\dfrac{\frac{1}{2}\rho V^2SLm_z^{\alpha}}{J_z}\alpha+\dfrac{\frac{1}{2}\rho V^2SL^2m_z^{\bar{\omega}_z}}{J_zV}\omega_z+\dfrac{\frac{1}{2}\rho V^2SL^{\mathrm{m}}{}_z^{\delta z}}{J_z}\delta_z-\dfrac{(J_y-J_x)\omega_x\omega_y}{J_z}\end{bmatrix}+\begin{bmatrix}d_{\dot{\omega}_x}\\d_{\dot{\omega}_y}\\d_{\dot{\omega}_z}\end{bmatrix} \tag{9-1}$$

式中，$\omega_x,\omega_y,\omega_z$ 为弹体坐标系下，导弹旋转角速率矢量在各坐标轴上的分量；J_x,J_y,J_z 为弹体坐标系下，惯性张量 $\boldsymbol{J}$ 在其各轴上的分量，且 $J_y=J_z$；$m_z^{\alpha},m_z^{\delta_z},m_z^{\bar{\omega}_z}$ 表示俯仰通道的力矩系数；$m_y^{\beta},m_y^{\delta_y},m_y^{\bar{\omega}_y}$ 为偏航通道的力矩系数；$m_x^{\delta_x},m_x^{\beta},m_x^{\delta_y},m_x^{\bar{\omega}_x},m_x^{\bar{\omega}_y}$ 为滚转通道的力矩系数；$\bar{\omega}_x,\bar{\omega}_y$ 和 $\bar{\omega}_z$ 的数学公式分别为 $\bar{\omega}_x=\omega_xL/V,\bar{\omega}_y=\omega_yL/V,\bar{\omega}_z=\omega_zL/V$；$d_{\dot{\omega}_x},d_{\dot{\omega}_y}$ 和 $d_{\dot{\omega}_z}$ 为 $\dot{\omega}_x,\dot{\omega}_y$ 和 $\dot{\omega}_z$ 表达式中由于模型简化所形成的不确定性。

末制导控制系统慢回路的控制模型为

$$\begin{bmatrix}\dot{\gamma}\\\dot{\beta}\\\dot{\alpha}\end{bmatrix}=\frac{1}{2mV_M}\begin{bmatrix}0\\\rho V^2Sc_z^{\beta}\beta\\-\rho V^2Sc_y^{\alpha}\alpha/\cos\beta\end{bmatrix}+\begin{bmatrix}1&-\tan\vartheta\cos\gamma&\tan\vartheta\sin\gamma\\\sin\alpha&\cos\alpha&0\\-\tan\beta\cos\alpha&\tan\beta\sin\alpha&1\end{bmatrix}\begin{bmatrix}\omega_x\\\omega_y\\\omega_z\end{bmatrix}+\begin{bmatrix}d_{\dot{\gamma}}\\d_{\dot{\beta}}\\d_{\dot{\alpha}}\end{bmatrix} \tag{9-2}$$

式中，ϑ 为俯仰角；$d_{\dot{\gamma}},d_{\dot{\beta}}$ 和 $d_{\dot{\alpha}}$ 为 $\dot{\gamma},\dot{\beta}$ 和 $\dot{\alpha}$ 表达式中由于模型简化所形成的不确定性。

参考 4.3.2 节的模型推导，可得导弹-目标的三维相对运动几何关系模型为

$$\begin{bmatrix}\ddot{\psi}_{\mathrm{L}}\\\ddot{\theta}_{\mathrm{L}}\end{bmatrix}=-\begin{bmatrix}\dfrac{2\dot{R}\dot{\psi}_{\mathrm{L}}}{R}-\dfrac{2\dot{\psi}_{\mathrm{L}}\dot{\theta}_{\mathrm{L}}\sin\theta_{\mathrm{L}}}{\cos\theta_{\mathrm{L}}}\\\dfrac{2\dot{R}\dot{\theta}_{\mathrm{L}}}{R}+\dot{\psi}_{\mathrm{L}}^2\sin\theta_{\mathrm{L}}\cos\theta_{\mathrm{L}}\end{bmatrix}+\begin{bmatrix}\dfrac{1}{R\cos\theta_{\mathrm{L}}}&0\\0&-\dfrac{1}{R}\end{bmatrix}\begin{bmatrix}a_{\mathrm{ML}z}\\a_{\mathrm{ML}y}\end{bmatrix}+\begin{bmatrix}-\dfrac{a_{\mathrm{TL}z}}{R\cos\theta_{\mathrm{L}}}\\\dfrac{a_{\mathrm{TL}y}}{R}\end{bmatrix} \tag{9-3}$$

式中，$a_{\mathrm{ML}y}$、$a_{\mathrm{ML}z}$ 和 $a_{\mathrm{TL}y}$、$a_{\mathrm{TL}z}$ 分别为导弹和目标的加速度在视线坐标系下的 y 轴和 z 轴上的分量。

在导弹的末制导飞行中，由于认为导弹的推力为零，根据力学关系，可得

$$a_{\mathrm{M}y}=\frac{\frac{1}{2}\rho V^2SC_y^{\alpha}}{m}\alpha \tag{9-4}$$

$$a_{\mathrm{M}z}=\frac{\frac{1}{2}\rho V^2SC_z^{\beta}}{m}\beta \tag{9-5}$$

同时，在导弹飞向目标的过程中，导弹寻的导引头的主辐射方向始终指向目标，因此其弹体坐标系的 x 轴的方向与导弹-目标联机的方向基本一致，且假设 α 和 β 的数值较小，则可得

到如下关系式

$$\left.\begin{aligned}a_{\mathrm{ML}z}=a_{\mathrm{M}z}\cos(\psi_{\mathrm{M}}-\psi_{\mathrm{L}})=a_{\mathrm{M}z}+d_{a_{\mathrm{ML}z}}\\a_{\mathrm{ML}y}=a_{\mathrm{M}y}\cos(\theta_{\mathrm{M}}-\theta_{\mathrm{L}})=a_{\mathrm{M}y}+d_{a_{\mathrm{ML}y}}\end{aligned}\right\}\tag{9-6}$$

式中，$d_{a_{\mathrm{ML}z}}$ 和 $d_{a_{\mathrm{ML}y}}$ 分别为加速度转换的微小误差项。

因此，将式(9-4)～式(9-6)代入式(9-3)，可得末制导段制导回路的模型为

$$\begin{bmatrix}\ddot{\psi}_{\mathrm{L}}\\\ddot{\theta}_{\mathrm{L}}\end{bmatrix}=-\begin{bmatrix}\dfrac{2\dot{R}\dot{\psi}_{\mathrm{L}}}{R}-\dfrac{2\dot{\psi}_{\mathrm{L}}\dot{\theta}_{\mathrm{L}}\sin\theta_{\mathrm{L}}}{\cos\theta_{\mathrm{L}}}\\\dfrac{2\dot{R}\dot{\theta}_{\mathrm{L}}}{R}+\dot{\psi}_{\mathrm{L}}^{2}\sin\theta_{\mathrm{L}}\cos\theta_{\mathrm{L}}\end{bmatrix}+\frac{\rho V^{2}S}{2mR}\begin{bmatrix}\dfrac{C_{z}^{\beta}}{\cos\theta_{\mathrm{L}}}\beta\\-C_{y}^{\alpha}\alpha\end{bmatrix}+\begin{bmatrix}\dfrac{d_{a_{\mathrm{ML}z}}-a_{\mathrm{TL}y}}{R\cos\theta_{\mathrm{L}}}\\\dfrac{a_{\mathrm{TL}y}-d_{a_{\mathrm{ML}y}}}{R}\end{bmatrix}\tag{9-7}$$

综上所述，式(9-1)、式(9-2)、式(9-7)所组成的系统即为末制导段制导控制一体化综合模型。

9.3 基于制导控制一体化的视线角速率有限时间收敛模型构建

根据 9.2 节给出的导弹末制导段制导控制一体化综合模型可知，这是一个复杂的强耦合、非线性系统。针对该系统，如果直接进行导弹视线角速率有限时间收敛制导控制一体化设计，具有很高的难度。但是可以将其解耦到单平面内进行详细的研究。

因此，可以对式(9-1)、式(9-2)和式(9-7)所组成的模型进行一定的假设，即认为末制导初始时刻，导弹和目标的初始弹道倾角 $\theta_{\mathrm{M0}}>0$、$\theta_{\mathrm{T0}}<0$、$\Psi_{L}=180°$、$\dot{\Psi}_{\mathrm{L}}=\omega_{y}=\omega_{x}=0°/s$、$\beta=\gamma=0°$。在此基础上，对上述模型进行简化，并选取导弹俯仰平面的视线角速率 $\dot{\theta}_{\mathrm{L}}$、攻角 α 和转动角速率 ω_{z} 在弹体 Ox 轴上的分量作为系统的状态变量；选取舵偏角 δ_{z} 为输入变量、视线角速率 $\dot{\theta}_{\mathrm{L}}$ 为输出变量；令 $\boldsymbol{x}=[x_{1}\quad x_{2}\quad x_{3}]^{\mathrm{T}}=[\dot{\theta}_{\mathrm{L}}\quad\alpha\quad\omega_{z}]^{\mathrm{T}}$，可得导弹末制导段制导控制一体化模型如下

$$\left.\begin{aligned}\dot{\boldsymbol{x}}&=\boldsymbol{A}\boldsymbol{x}+\boldsymbol{B}u+\boldsymbol{C}\\y&=\boldsymbol{D}\boldsymbol{x}\end{aligned}\right\}\tag{9-8}$$

式中，$\boldsymbol{A}=\begin{bmatrix}a_{11}&a_{12}&0\\0&a_{22}&a_{23}\\0&a_{32}&a_{33}\end{bmatrix}$；

$\boldsymbol{B}=[0\quad 0\quad b_{3}]^{\mathrm{T}}$；

$a_{11}=-2\dot{R}/R$；

$a_{12}=-\dfrac{c_{y}^{\alpha}QS\cos(\theta_{\mathrm{M}}-\theta_{\mathrm{L}})}{mR}$；

$a_{22}=-\dfrac{c_{y}^{\alpha}QS}{mV_{\mathrm{M}}}$；

$a_{23}=1$；

$a_{32}=\dfrac{QSLm_{z}^{\alpha}}{J_{z}}$；

$a_{33}=\dfrac{QSL^2m_z^{\bar{\omega}_z}}{V_MJ_z}$；

$b_3=\dfrac{QSLm_z^{\delta_z}}{J_z}$；

$\boldsymbol{C}=\begin{bmatrix}\dfrac{a_T\cos(\theta_L+\theta_T)}{R} & d_{\dot{\alpha}} & d_{\dot{\omega}_z}\end{bmatrix}^T$；

$\boldsymbol{D}=[1\quad 0\quad 0]$。

由于 $a_M=L_\alpha\alpha$，结合式(9-3)、式(9-6)、式(9-8)，对 $\dot{x}_1$ 进行求导，可得

$$\begin{aligned}\ddot{x}_1=&[-2\dot{R}-a_M\sin(\theta_M-\theta_L)-a_T\sin(\theta_T+\theta_L)]\frac{x_1}{R}-\\&\frac{3\dot{R}\dot{x}_1}{R}+\frac{a_M^2}{RV_M}\sin(\theta_M-\theta_L)-\frac{a_T^2}{RV_T}\sin(\theta_T+\theta_L)+\\&\frac{\dot{a}_T\cos(\theta_T+\theta_L)}{R}-\frac{\dot{a}_M\cos(\theta_M-\theta_L)}{R}\end{aligned}\tag{9-9}$$

式中，$\dot{a}_M=\dot{L}_\alpha\alpha+L_\alpha\dot{\alpha}=(f_\alpha\alpha+L_\alpha)\dot{\alpha}$，$L_\alpha=c_y^\alpha QS/m$，$\dot{L}_\alpha=\dfrac{\partial L_\alpha}{\partial\alpha}\dot{\alpha}=f_\alpha\dot{\alpha}$。

对式(9-9)两端再次进行求导，可得

$$\begin{aligned}R\dddot{x}_1=&-4\dot{R}\ddot{x}_1+[-2\dot{R}-a_M\sin(\theta_M-\theta_L)-a_T\sin(\theta_T+\theta_L)-3\dot{R}]\dot{x}_1+\\&[a_M\cos(\theta_M-\theta_L)-a_T\cos(\theta_T+\theta_L)]x_1^2-\\&\left[2\ddot{R}+2\dot{a}_M\sin(\theta_M-\theta_L)+\frac{2a_M^2}{V_M}\cos(\theta_M-\theta_L)+\frac{2a_T^2}{V_T}\cos(\theta_T+\theta_L)\right]x_1+\\&\frac{3a_M\dot{a}_M}{V_M}\sin(\theta_M-\theta_L)-\frac{3a_T\dot{a}_T}{V_T}\sin(\theta_T+\theta_L)+\frac{a_M^3}{V_M^2}\cos(\theta_M-\theta_L)-\\&\frac{a_T^3}{V_T^2}\cos(\theta_T+\theta_L)+\ddot{a}_T\cos(\theta_T+\theta_L)-\ddot{a}_M\cos(\theta_M-\theta_L)\end{aligned}\tag{9-10}$$

根据几何关系，可得单平面的距离二阶导数表达式为

$$\ddot{R}=R\dot{\theta}_L^2+a_T\sin(\theta_L+\theta_T)-a_M\sin(\theta_L-\theta_M)\tag{9-11}$$

对式(9-11)两端进行求导，可得距离三阶导数的表达式为

$$\begin{aligned}\dddot{R}=&\dot{R}x_1^2+2R\dot{\theta}_L\dot{x}_1+\dot{a}_M\sin(\theta_M-\theta_L)+\\&\dot{a}_T\sin(\theta_T+\theta_L)+a_T(\dot{\theta}_T+x_1)\cos(\theta_T+\theta_L)+\\&a_M(\dot{\theta}_M-x_1)\cos(\theta_M-\theta_L)\end{aligned}\tag{9-12}$$

将式(9-11)和式(9-12)代入式(9-10)，整理可得

$$\dddot{x}_1=m_3\ddot{x}_1+m_2\dot{x}_1+m_1x_1+n_1u+\chi+\xi\tag{9-13}$$

式中，$m_3=-4\dot{R}/R$；

$m_2=-[5\dot{R}+a_M\sin(\theta_M-\theta_L)]/R$；

$m_1=-2[\ddot{R}+\dot{a}_M\sin(\theta_M-\theta_L)+a_M^2\cos(\theta_M-\theta_L)/V_M-0.5\dot{\theta}_La_M\cos(\theta_M-\theta_L)]/R$；

$n_1=-(f_\alpha\alpha+L_\alpha)\cos(\theta_M-\theta_L)]M_3/R$；

$\chi=3a_M\dot{a}_M\sin(\theta_M-\theta_L)/R/V_M+a_M^3\cos(\theta_M-\theta_L)/R/V_M^2-$
$[(f_\alpha\alpha+L_\alpha)(M_1\alpha+M_2\omega_z-\dot{a}_M/V_M)+(2f_\alpha+\alpha\cdot\partial f_\alpha/\partial\alpha)\dot{\alpha}^2]\cos(\theta_M-\theta_L)/R$；

$$\xi=-3a_{\mathrm{T}}\dot{a}_{\mathrm{T}}\sin(\theta_{\mathrm{T}}+\theta_{\mathrm{L}})/R/V_{\mathrm{T}}-a_{\mathrm{T}}^{3}\cos(\theta_{\mathrm{T}}+\theta_{\mathrm{L}})/R/V_{\mathrm{T}}^{2}+\ddot{a}_{\mathrm{T}}\cos(\theta_{\mathrm{T}}+\theta_{\mathrm{L}})/R-$$
$$a_{\mathrm{T}}\sin(\theta_{\mathrm{T}}+\theta_{\mathrm{L}})\ddot{\theta}_{\mathrm{L}}/R-2[a_{\mathrm{T}}^{2}\cos(\theta_{\mathrm{T}}+\theta_{\mathrm{L}})/V_{\mathrm{T}}+\dot{a}_{\mathrm{T}}\sin(\theta_{\mathrm{T}}+\theta_{\mathrm{L}})]\dot{\theta}_{\mathrm{L}}/R-$$
$$\dot{\theta}_{\mathrm{L}}a_{\mathrm{T}}\cos(\theta_{\mathrm{T}}+\theta_{\mathrm{L}})\dot{\theta}_{\mathrm{L}}^{2}/R+D;$$
$$u=\delta_z$$

由于视线角速率对舵偏角的相对阶为 3，所以，可以选择视线角速率的各阶导数为新的状态变量，构成新的系统模型。即令 $\boldsymbol{x}=[x_1\quad x_2\quad x_3]^{\mathrm{T}}=[\dot{\theta}_{\mathrm{L}}\quad \ddot{\theta}_{\mathrm{L}}\quad \dddot{\theta}_{\mathrm{L}}]^{\mathrm{T}}$，可得

$$\dot{\boldsymbol{x}}=\boldsymbol{A}\boldsymbol{x}+\boldsymbol{B}u+\boldsymbol{\chi}+\boldsymbol{\xi} \tag{9-14}$$

式中，$\boldsymbol{A}=\begin{bmatrix}0&1&0\\0&0&1\\m_1&m_2&m_3\end{bmatrix}$，$\boldsymbol{B}=\begin{bmatrix}0\\0\\n_1\end{bmatrix}$，$\boldsymbol{\chi}=\begin{bmatrix}0\\0\\\chi\end{bmatrix}$；$\boldsymbol{\xi}=\begin{bmatrix}0\\0\\\xi\end{bmatrix}$，为模型总体不确定性。

综上所述，式(9-14)所给出的模型，即为基于制导控制一体化的视线角速率有限时间收敛模型。控制算法设计的任务，即采用适当的控制方法，使模型的视线角速率在有限时间内收敛到零，以期达到导弹攻击目标的准平行接近状态。

9.4 制导控制一体化有限时间收敛控制算法设计

9.4.1 有限时间收敛控制算法设计

根据式(9-14)所示的基于制导控制一体化的视线角速率有限时间收敛模型，令系统状态的期望值为 $\boldsymbol{x}_{\mathrm{d}}=[x_{1\mathrm{d}}\quad x_{2\mathrm{d}}\quad x_{3\mathrm{d}}]^{\mathrm{T}}$，可得状态跟踪误差为

$$\boldsymbol{e}(t)=\boldsymbol{x}-\boldsymbol{x}_{\mathrm{d}}=[e(t)\quad \dot{e}(t)\quad \ddot{e}(t)]^{\mathrm{T}}=[x_1-x_{1\mathrm{d}}\quad x_2-x_{2\mathrm{d}}\quad x_3-x_{3\mathrm{d}}]^{\mathrm{T}} \tag{9-15}$$

接着，设计带补偿函数的高阶非线性终端滑模切换函数为

$$s(\boldsymbol{x},t)=\boldsymbol{c}\boldsymbol{e}(t)-\boldsymbol{c}\boldsymbol{p}(t) \tag{9-16}$$

式中，$\boldsymbol{c}=[c_1\quad c_2\quad c_3]$，$c_1$、$c_2$、$c_3$ 为正常数；$\boldsymbol{p}(t)=[p(t)\quad \dot{p}(t)\quad \ddot{p}(t)]^{\mathrm{T}}$，且非线性函数 $p(t)$ 及其各阶导数满足假设 2-1 中的相关条件。

根据假设 2-1，可解算出 $p(t)$ 的具体表达式为

$$p(t)\begin{cases}e(0)+\dot{e}(0)t++\dfrac{\ddot{e}(0)}{2}t^2+\dfrac{\dddot{e}(0)}{6}t^3+\\ \left(-\dfrac{35}{T^4}e(0)-\dfrac{20}{T^3}\dot{e}(0)-\dfrac{5}{T^2}\ddot{e}(0)-\dfrac{2}{3T}\dddot{e}(0)\right)t^4+\\ \left(\dfrac{84}{T^5}e(0)+\dfrac{45}{T^4}\dot{e}(0)+\dfrac{10}{T^3}\ddot{e}(0)+\dfrac{1}{T^2}\dddot{e}(0)\right)t^5+ & 0\leqslant t\leqslant T\\ \left(-\dfrac{70}{T^6}e(0)-\dfrac{36}{T^5}\dot{e}(0)-\dfrac{15}{2T^4}\ddot{e}(0)-\dfrac{2}{3T^3}\dddot{e}(0)\right)t^6+\\ \left(\dfrac{20}{T^7}e(0)+\dfrac{10}{T^6}\dot{e}(0)+\dfrac{2}{T^5}\ddot{e}(0)+\dfrac{1}{6T^4}\dddot{e}(0)\right)t^7\\ 0 & t>T\end{cases} \tag{9-17}$$

Lyapunov 函数可设计为如下形式：

$$V=\frac{1}{2}s(\boldsymbol{x},t)^{\mathrm{T}}s(\boldsymbol{x},t) \tag{9-18}$$

对式(9-16)两边求导，可得

$$\dot{s}(\boldsymbol{x},t)=\boldsymbol{c}\dot{\boldsymbol{e}}(t)-\boldsymbol{c}\dot{\boldsymbol{p}}(t) \tag{9-19}$$

式中，$\dot{\boldsymbol{e}}(t)=\dot{\boldsymbol{x}}-\dot{\boldsymbol{x}}_{\mathrm{d}}=[\dot{e}(t)\quad \ddot{e}(t)\quad \dddot{e}(t)]^{\mathrm{T}}$，$\dot{\boldsymbol{p}}(t)=[\dot{p}(t)\quad \ddot{p}(t)\quad \dddot{p}(t)]^{\mathrm{T}}$。

在控制算法的设计中，期望视线角速率达到有限时间收敛，故可令$[x_{1\mathrm{d}}\quad x_{2\mathrm{d}}\quad x_{3\mathrm{d}}]=[0\quad 0\quad 0]$，将式(9-18)两边求导，可得

$$\begin{aligned}\dot{V}=&s(\boldsymbol{x},t)\dot{s}(\boldsymbol{x},t)=\\&s(\boldsymbol{x},t)[\boldsymbol{c}\dot{\boldsymbol{e}}(t)-\boldsymbol{c}\dot{\boldsymbol{p}}(t)]=\\&s(\boldsymbol{x},t)[c_1\dot{x}_1+c_2\dot{x}_2+c_3\dot{x}_3-c_1\dot{p}(t)-c_2\ddot{p}(t)-c_3\dddot{p}(t)]=\\&s(\boldsymbol{x},t)[c_1x_2+c_2x_3+c_3(m_3x_3+m_2x_2+m_1x_1+n_1u+\chi+\xi)-\\&s(\boldsymbol{x},t)[c_1\dot{p}(t)+c_2\ddot{p}(t)+c_3\dddot{p}(t)]\leqslant\\&s(\boldsymbol{x},t)[\zeta(\boldsymbol{x},t)+c_3n_1u]+c_3|s(\boldsymbol{x},\mathrm{t})|\xi\end{aligned} \tag{9-20}$$

式中，

$$\zeta(\boldsymbol{x},t)=c_1x_2+c_2x_3+c_3(m_3x_3+m_2x_2+m_1x_1+\chi)-c_1\dot{p}(t)-c_2\ddot{p}(t)-c_3\dddot{p}(t)$$

有限时间收敛控制算法可设计为

$$u=-\frac{1}{c_3n_1}\zeta(\boldsymbol{x},t)-\frac{1}{c_3n_1}(\hat{\xi}_{\max}+L)\mathrm{sgn}[s(\boldsymbol{x},t)] \tag{9-21}$$

式中，模型总体不确定性 $\xi\leqslant\hat{\xi}_{\max}$，$L$ 为正的常数。

对系统不确定性最大值的估计可用如下自适应方法求得

$$\hat{\xi}_{\max}=\hat{\xi}_0+\nu\int_0^t|s(\boldsymbol{x},t)|\,\mathrm{d}t \tag{9-22}$$

式中，$\hat{\xi}_0$ 为不确定性估计值的初值，ν 为自适应参数。

由式(9-22)及动态滑模面的特性可知，$\hat{\xi}_{\max}$有界。通过自适应估计的方法，可大大提高有限时间收敛算法的控制精度。

将式(9-21)代入式(9-20)，可得

$$\dot{V}\leqslant-(\hat{\xi}_{\max}+L)|s(\boldsymbol{x},t)|+c_3|s(\boldsymbol{x},t)|\xi=|s(\boldsymbol{x},t)|(-\hat{\xi}_{\max}-L+c_3\xi) \tag{9-23}$$

令 $c_3=1$，则式(9-23)可化简为

$$\dot{V}\leqslant|s(\boldsymbol{x},t)|(-\hat{\xi}_{\max}-L+\xi)\leqslant-L|s(\boldsymbol{x},t)|\leqslant0 \tag{9-24}$$

当 $s(\boldsymbol{x},t)=0$ 时，$\dot{V}=0$；当 $s(\boldsymbol{x},t)\neq0$ 时，$\dot{V}<0$。因此，所选取的有限时间收敛控制算法能够满足 Lyapunov 稳定性要求。

为减小抖振，可考虑运用将滑模控制继电特性连续化的方法。由于双曲正切函数 tanh(x)在$[-\pi,\pi]$区间内，其取值范围为[-0.996 3,0.996 3]，并很快趋向于[-1,1]，且具有良好的光滑特性，本节采用双曲正切函数 tanh[$s(\boldsymbol{x},t)/d$]进行连续化，其中 d 为控制边界层大小的参数，其边界层厚度 Δ 的计算方法为：$\Delta=2d\pi$。

因此，导弹制导控制一体化有限时间收敛控制算法的最终表达式为

$$u=-\frac{1}{c_3n_1}\zeta(\boldsymbol{x},t)-\frac{1}{c_3n_1}(\hat{\xi}_{\max}+L)\tanh[s(\boldsymbol{x},t)/d] \tag{9-25}$$

由于采用双曲正切函数法对制导律的继电特性进行连续化，所以会对控制系统的有限时间收敛特性产生一定的影响。如下式所示

$$\mathrm{sat}_\Delta(s)=\begin{cases}\mathrm{sign}(s) & ,|s|>\Delta\\ \tanh(s(\boldsymbol{x},t)/d) & ,|s|\leqslant\Delta\end{cases}$$

因此，只要 Δ 取得足够小，即可保证所选定的状态在有限时间内收敛到$[-\Delta,\Delta]$的邻域内，继而保证其有限时间收敛特性及制导精度。

在仿真和应用中，由于导弹的视线角速率的高阶导数及弹目相对距离的高阶导数无法直接测得，所以，本节采用 Levant[15-17] 提出的具有强鲁棒性、高精度和快速收敛特性的高阶滑模微分器对视线角速率和弹目相对距离的高阶导数进行解算。该微分器是近年来发展较快、性能较好的微分器之一，还具有独立于控制系统等优点。所采用的有限时间收敛滑模微分器的算法如下：

$$\left.\begin{aligned}&\dot{z}_0=\nu_0,\nu_0=z_1-\lambda_k L^{1/(k+1)}|z_0-f(t)|^{k/(k+1)}\mathrm{sgn}(z_0-f(t))\\&\dot{z}_1=\nu_1,\nu_1=z_2-\lambda_{k-1}L^{1/k}|z_1-\nu_0|^{(k-1)/k}\mathrm{sgn}(z_1-\nu_0)\\&\cdots\cdots\\&\dot{z}_{k-1}=\nu_{k-1},\nu_{k-1}=z_k-\lambda_1 L^{1/2}|z_{k-1}-\nu_{k-2}|^{1/2}\mathrm{sgn}(z_{k-1}-\nu_{k-2})\\&\dot{z}_k=-\lambda_0 L\mathrm{sgn}(z_K-\nu_{k-1})\end{aligned}\right\}\tag{9-26}$$

式中，z_i 为滑模微分器内部状态变量，$f(t)$为输入函数信息，ν_i 为 $f(t)$中原始信号的第 $i+1$ 阶导数，λ_i 和 L。

根据式(9-26)，可将导引头可测的视线角速率 $\dot{\theta}_L$ 及弹目相对距离 R 作为输入量，运用上述滑模微分器，解算出有限时间收敛所需要的 $\ddot{\theta}_L$、$\dddot{\theta}_L$、$\dot{R}$ 和 $\ddot{R}$ 等高阶导数信息。

9.4.2 有限时间收敛特性分析

根据假设 2-1 中对 $p(t)$的定义，及式(9-16)可知，在系统状态的初始时刻 $t=0$，有 $s(\boldsymbol{x},0)=\boldsymbol{ce}(0)-\boldsymbol{cp}(0)=0$，因此所设计的控制算法可保证在初始时刻，系统的状态即位于滑模面上。同时，根据式(9-23)可知，系统状态一旦到达滑模面，便保持在滑模面上运动了，即 $s(\boldsymbol{x},0)\equiv0$。该算法可消除滑模面的到达阶段，增加了控制系统的鲁棒性和全局稳定性。

此外，由式(9-17)可知，当 $t>T$ 时，$p(t)$及其各阶导数均为零。根据上述分析可知，$e(t)$及其各阶导数亦均为零。这表明制导控制一体化模型中的视线角速率可以在有限时间 T 内收敛到零。

虽然理论上时间常数 T 可以设计的无限短，但针对实际的导弹制导控制一体化系统，由于受到各种不确定性的影响，T 的设计也受到一定的限制；同时，在实际应用中，还要考虑到滑模控制中的抖振的影响，为消除抖振，采用饱和函数法对控制算法的继电特性进行改进，也在一定程度上降低了最初控制算法的控制精度。因此，所设计的有限时间收敛算法可使系统状态在有限时间内收敛到零附近的邻域中。

9.5 仿真方案设计与性能分析

为验证本章所设计的制导控制一体化有限时间收敛控制算法的性能，将所设计的控制律与文献[18]中给出的滑模控制律进行仿真对比分析；同时，分别针对导弹模型的气动参数相对

标称数据不摄动、摄动 20% 和摄动 −20% 三种情况进行仿真，并给出脱靶量和拦截时间的均值。由于在拦截高速目标的过程中，导弹很有可能采用直气复合的执行机构，但是涉及直接力和气动力分配的控制算法不是本书的研究重点，所以，本章给出的控制量，即舵偏角，为等效舵偏角；并将该执行机构视为一阶惯性环节，其时间常数 $\tau=25$ ms，最大等效舵偏角为 25°。制导控制一体化滑模控制律的表达式为

$$u'=-\frac{1}{b_3'}[a_1'x_1'+(a_2'+c_1')x_2'+(a_3'+c_2')x_3'+k's'+(c_1'\hat{M}_1'+c_2'\hat{M}_2'+\hat{M}_3')\operatorname{sgn}(s')] \tag{9-27}$$

式中，$\dot{\hat{M}}_1'=c_1'\lambda_1'|s'|$，$\dot{\hat{M}}_2'=c_1'\lambda_2'|s'|$，$\dot{\hat{M}}_3'=\lambda_3'|s'|$，$s'=c_1'x_1'+c_2'\dot{x}_1'+\ddot{x}_1'$。

导弹和目标的初始状态参数为 $x_{t0}=29\ 978$ m、$y_{t0}=22\ 523$ m、$x_{m0}=0$ m、$y_{m0}=21\ 000$ m、$\theta_{t0}=0°$、$\theta_{m0}=4.409\ 2°$、$v_m=1\ 800$ m/s、$v_t=1\ 600$ m/s、$\alpha_0=0°$、$\omega_{z0}=0°$/s。导弹制导控制一体化有限时间收敛控制算法（IGC_FTC）的参数为 $c_1=33$、$c_2=10$、$c_3=1$、$d=0.05$、$\nu=0.25$、$\lambda_1=1.5$、$\lambda_2=2$、$k=2$、$L=1$；制导控制一体化滑模控制律（IGC_SM）的参数为 $c_1'=10$、$c_2'=5$、$c_3'=1$、$k'=0.1$、$\lambda_1'=0.01$、$\lambda_2'=0.02$、$\lambda_3'=0.03$。仿真步长为 1 ms，目标做过载为 $2g$ 的圆弧形机动，且设定导弹的导引头盲区为 300 m，当导弹到达盲区后，导引头停止工作，执行机构保持现有的控制量向前飞行，直至命中目标。仿真结果如表 9-1 和图 9-4～图 9-11 所示。

表 9-1　脱靶量和拦截时间统计值

IGC	脱靶量/m		拦截时间/s	
	均　值	散布标准差	均　值	散布标准差
IGC_FTC	0.390 8	0.007 3	8.833 0	0
IGC_SM	55.495 7	49.466 4	8.834 7	0.000 6

由表 9-1 可知，本书所设计的 IGC_FTC 算法与 IGC_SM 算法相比，其脱靶量和拦截时间的统计值更小，且均能够达到有效杀伤目标的要求，而 IGC_SM 的脱靶量统计值出现了脱靶。这表明在导弹气动数据出现摄动时，IGC_SM 不能保证每次都命中目标。

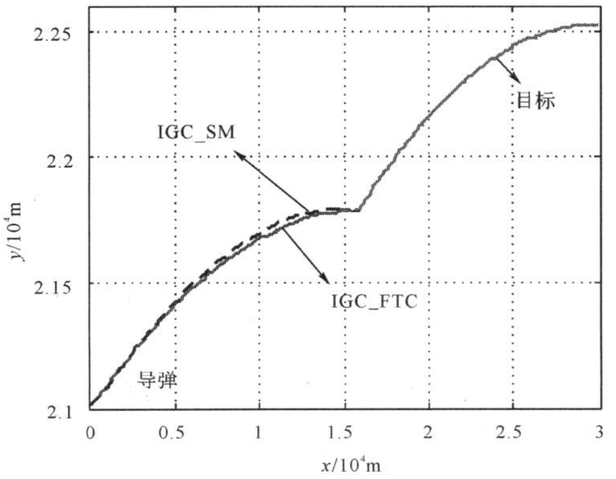

图 9-4　导弹拦截目标轨迹曲线

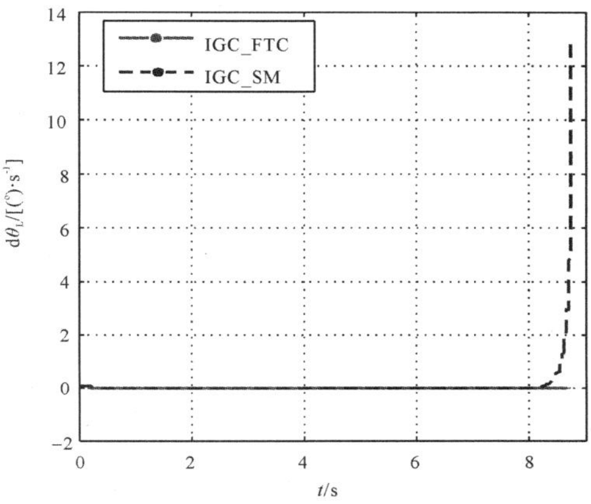

图 9-5　导弹视线角速率曲线

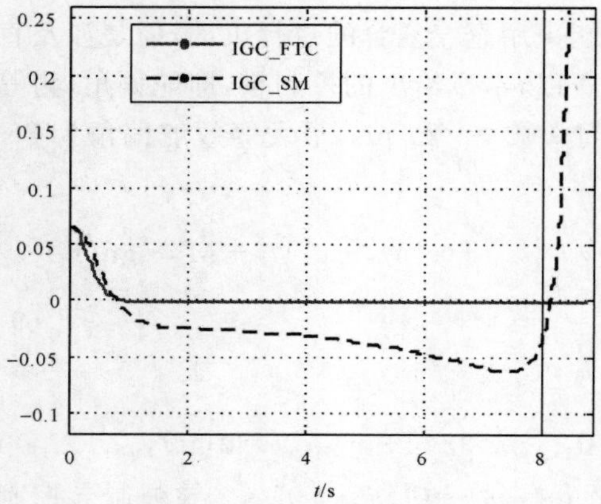

图 9-6　导弹视线角速率放大曲线

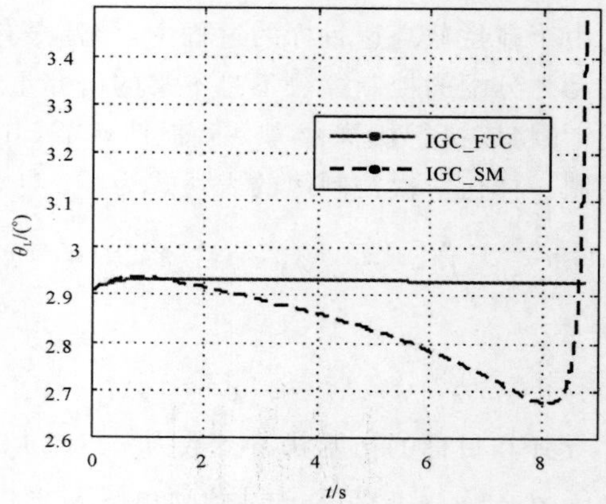

图 9-7　导弹视线角曲线

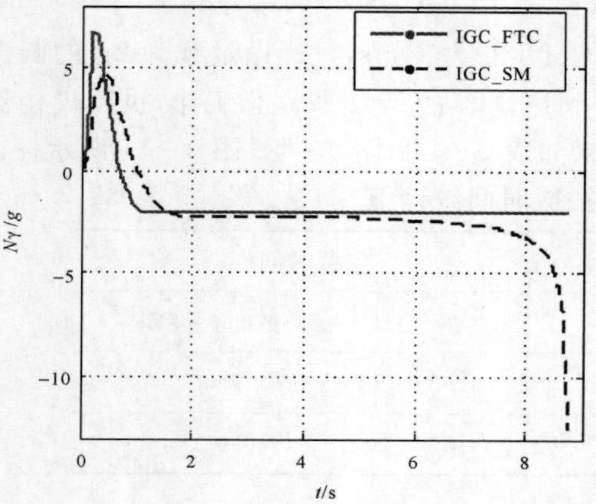

图 9-8　导弹过载曲线

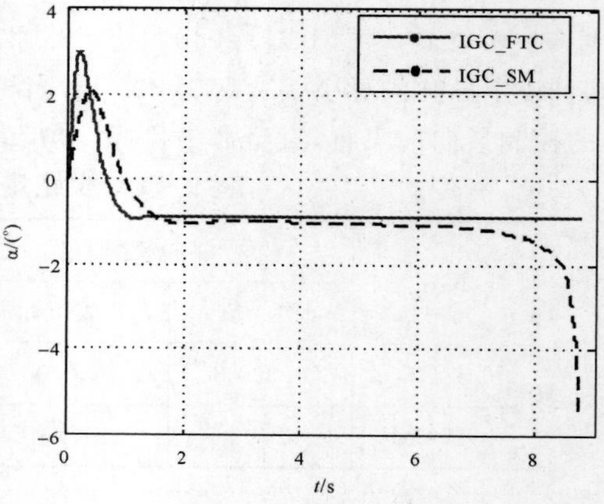

图 9-9　导弹攻角曲线

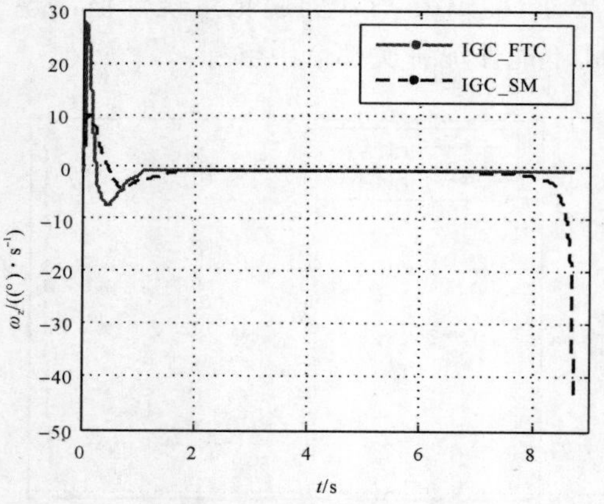

图 9-10　导弹俯仰角速率曲线

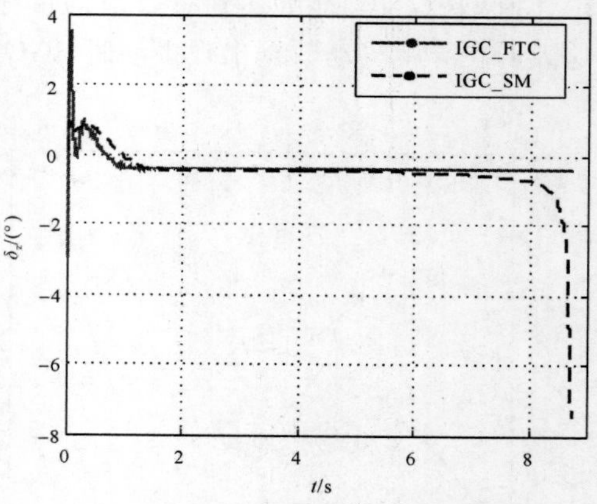

图 9-11　导弹舵偏角曲线

图 9-4～图 9-11 是导弹模型数据不摄动时的仿真数据，在此拦截情形下，两种制导控制一体化算法均命中了目标。其中，IGC_FTC 的拦截时间为 0.833 s，脱靶量为 0.395 1 m，IGC

_SM 的拦截时间为 0.835s，脱靶量为 2.515m。由图 9－4 可知，IGC_FTC 算法的弹道整体上低于 IGC_SM 算法的弹道，这也表明 IGC_FTC 比 IGC_SM 拦截时间更短。由图 9－5～图 9－6 可知，本书所设计的 IGC_FTC 算法可使导弹的视线角速率在 0.957s 时达到有限时间收敛，而 IGC_SM 算法没有这个能力。此外，在拦截末端，IGC_SM 算法出现了较大地发散，对精确拦截十分不利。由图 9－7 可知，由于 IGC_FTC 算法可保证视线角速率达到有限时间收敛，因此，其视线角在视线角速率达到有限时间收敛之后，便保持比较稳定的数值，而 IGC_SM 算法则变化较大，尤其在拦截末端变化更大。由图 9－8～图 9－11 的导弹过载曲线、攻角曲线、俯仰角速率曲线、俯仰舵偏角曲线可知，它们有相似的变化规律，即在视线角速率未达到有限时间收敛之前的较小时间段内，IGC_FTC 算法的数值高于 IGC_SM 算法的数值；当视线角速率达到有限时间收敛之后，IGC_FTC 算法便以较低的数值保持稳定，直至命中目标，而 IGC_SM 算法的数值则较大、变化较快，且在拦截末端出现了发散，这表明 IGC_FTC 算法具有更好的控制特性。

9.6 本章小结

本章将导弹有限时间收敛制导方法研究拓展到制导控制一体化设计当中，构建了基于制导控制一体化的导弹视线角速率有限时间收敛模型；根据高阶非线性终端滑模有限时间收敛控制理论，构造了带补偿函数的切换函数，提出了制导控制一体化有限时间收敛控制算法，并通过自适应方法对模型不确定性最大值进行了估计，运用高阶滑模微分器对视线角速率和弹目相对距离的高阶导数进行了解算；除了所提出的控制算法具有有限时间收敛特性之外，本书所运用的高阶滑模微分器亦具有有限时间收敛特性；最后进行了仿真对比分析，结果表明，与文献中的滑模控制算法相比，所提出的制导控制一体化有限时间收敛控制算法可保证视线角速率达到有限时间收敛状态，且具有更小的脱靶量、更短的拦截时间和更好的过载特性。

参考文献

[1] SIOURIS G M. Missile guidance and control systems[M]. New York: Springer-Verlag, 2004.

[2] PADHI R, KOTHARI M. Model predictive static programming: a computationally efficient technique for suboptimal control design[J]. International Journal of Innovative Computing, Information and Control, 2009, 5(2): 399－411.

[3] OZA H, PADHI R. Impact angle constrained suboptimal mpsp guidance of air-to-ground missiles[J]. Journal of Guidance, Control and Dynamics, 2012, 35(1): 153－164.

[4] DWIVEDI P N, BHATTACHARYA A, PADHI R. Suboptimal mid-course guidance of interceptors for high speed targets with alignment angle constraint[J]. Journal of Guidance, Control and Dynamics, 2011, 34(3): 860－877.

[5] DAS P G, PADHI R. Nonlinear model predictive spread acceleration guidance with impact angle constraint for stationary targets[C]// Proceedings of 17th World Congress of the

International Federation of Automatic Control, Seoul, South Korea, 2008: 13016 - 13021.

[6] ENNS D, BUGAJSKI D, HENDRICK R. Dynamic inversion: an evolving methodology for flight control design[J]. International Journal of Control, 1994, 59(1): 71 - 91.

[7] MENON P K, OHLMEYER E J. Nonlinear integrated guidance-control laws for homing missiles[C]// Proceedings of AIAA Guidance, Navigation, and Control Conference and Exhibit, Roston, VA, 2001: 1 - 9.

[8] MENON P K, OHLMEYER E J. Integrated design of agile missile guidance autopilot system[J]. Control Engineering Practice, 2001, 9(10): 1095 - 1106.

[9] PALUMBO N F, JACKSON T D. Integrated guidance and control: a state dependent ricatti differential equation approach [C]// Proceedings of IEEE International Conference on Control Applications, Piscataway, NJ, 1999: 243 - 248.

[10] XIN M, BALAKRISHNAN S N, Ohlmeyer E J. Integrated guidance and control of missiles with θ - D method[J]. IEEE Transactions on Control Systems Technology, 2006, 14(6): 981 - 992.

[11] SHIMA T, IDAN M, GOLAN O M. Sliding-mode control for integrated missile autopilot guidance[J]. Journal of Guidance, Control and Dynamics, 2006, 29(2): 250 - 260.

[12] IDAN M, SHIMA T, GOLAN O M. Integrated sliding mode autopilot-guidance for dual-control missiles[J]. Journal of Guidance, Control and Dynamics, 2007, 30(4): 1081 - 1089.

[13] SHKOLNIKOV I, SHTESSEL Y, LIANOS D. Integrated guidance-control system of a homing interceptor-sliding mode approach [C]// Proceedings of AIAA Guidance, Navigation, and Control Conference and Exhibit, Roston, VA, 2001: 1 - 9.

[14] HOU M Z, DUAN G R. Integrated guidance and control of homing missiles against ground fixed targets[J]. Chinese Journal of Aeronautics, 2008, 21(2): 162 - 168.

[15] ARIE L. Finite differences in homogeneous discontinuous control[J]. IEEE Transactons on Automatic Control, 2007, 52(7): 1208 - 1217.

[16] ARIE L. Exact differentiation of signals with unbounded higher derivatives[J]. IEEE Transactions on Automatic Control, 2012, 57(4): 1076 - 1080.

[17] 薄明，吴庆宪，姜长生，等. 高阶滑模微分器的分析与改进[J]. 控制与决策，2011，26(8)：1136 - 1146.

[18] 段广仁，侯明哲. 基于滑模方法的自适应一体化导引与控制律设计[J]. 兵工学报. 2010，31(2)：191 - 198.